JN261803

無の本

目次

無の本

デニス・シアマを偲んで

ときおり、若い人たちが、書いたものをもってわたしの助言を求めにやってくる。ところが中身はなかなかよくできているが、題名がついていない。これが不思議だ。わたしからすれば、題名は、全体の方向性を定めるものであるからだ。もちろん、後から考え直して題名を変更することもあるが、そういうときには、あちこちの方向を向いたものができあがってしまう。二人の主人に仕えることはできないのだ

ジョン・L・シング『相対性理論の考え方』

序章

本の書き始めをどうするか決めることは、宇宙の起源を突き止めることくらいに複雑だ。

ロバート・マクラム

「無」についての本を書く理由として、「そういう本がないから」で十分かもしれない。しかも、その著者が、「万物」についての本をすでに著している場合には。しかしながら、幸いなことに、それよりもよい理由がある。はるか昔から人々が執拗に探求し続け、進歩を遂げる原動力となった特別な問題に目を向ければ、都合よく何かに見せかけた「無」が、その中心からとても近いところにいることがわかるだろう。

さまざまな姿をもつ無は、何千年にもわたり人々を惹きつけてやまなかった。哲学者はそれを理解しようともがき、神秘家はそれを思い描けないかと願い、科学者はそれを作り出そうと励み、天文学者はそのありかを突き止めようとして失敗に終わり、論理学者は壁に跳ね返された。一方、神学者は、そこからあらゆるものを呼び出そうとし、数学者がそれに成功した。その間、作家や道化は、これ以上にないほどに無について楽しそうに大騒ぎをしてきた。このような真実にいたるあらゆる道筋において、無は、予期せぬほどに重要な何かとして浮かび上がってきた。そしてその上には、私たちが抱いている多数の重要な疑問が、微妙なバランスで乗っているのだ。

これから、無について私たちのもつ概念が、知の進展にどのように影響したかを、いくつかの例に沿って見ていこう。古代西洋においては、論理学と分析哲学に偏っていたために、無を、目に見える事物の説明の一角をなす何かであるとする有益な見方になかなか近づくことができなかった。それとは対照的に、東洋の哲学者によって、無は何かであるとする概念は単純で理解しやすいものであり、そこから派生するものも否定的なものばかりではないという思想が作られた。この簡単な第一歩の次には、人類にとっての大きな跳躍が待っていた。普遍的な数え方を作り出し、それがいっそうの発展を遂げ、現代数学という深遠な領域にまで到達したのだ。

また、科学の世界において、本物の真空を作ろうとする試みをいくつか見てみよう。どの程度の可能性があるのか、それは好ましいことなのか、どこでなら可能なのかについて、一〇〇〇年もかけてあれこれと議論がなされてきた。そうしてできあがった概念によって、物理学や工学の多くの部分のその後の方向性が形づくられると同時に、真空、すなわち物理的な無の可能性や好ましさについての、哲学的、神学的な論争に変化が生じた。神学者にとっては、こうした論争は、ひとつには、宇宙が、物理的にも精神的にも無から創造されたはずだとするきわめて重要な議論の延長にあるものだった。ところが、そうした議論に批判的な哲学者にとっては、事物の究極的な性質について不適切に設定された問題の一例にすぎず、徐々に注目されなくなっていった。

無にどういった意味があるのかという問題は、最初は困難な問題のように、その後は回答不可能なもののように、最終的には無意味な問いのように受け止められた。つまり、無についての問題は、何かについての問題ではないのだ。それでも科学者は、真空を作り出すことは物理的に可能ではないかと考えた。真空についての実験を行い、真空を使って機械を作り、真空が現実に存在するかどうかを厳密に確かめるのだ。だが、まもなく、真空は、受け入れられないものであるとみなされるようになった。宇宙は一面、エーテルという液体に満たされている、という概念が出現したからだ。空っぽの空間などどこにもない。あらゆるものがエーテルのなかを動き、その存在を感じている。エーテルは、あらゆる物がそのなかを泳ぎ回る海だった。宇宙には、どこもかしこも、空っぽなところなどありえないということになったのだ。

この気味の悪いエーテルは、なかなかしぶとかった。これを宇宙から一掃するには、アインシュタインの力が必要だった。しかし、取り除けるものをすべて取り除いた後に残ったものは、アインシュタインの予想を超えていた。相対性理論と量子力学という概念が合体すると、驚くべき新たな可能性が出現し、現代天文学における最大の未解決の問題が目の前に提示された。この二〇年のあいだに少しずつ、真空は、アインシュタインが思い描いたであろうものよりも、もっと見慣れぬものであり、さらに流動的で中身があり、いっそう実体のあるものであることがわかってきた。真空の存在は、自然の力が作用する最小の範囲においても、最大の範囲においても感じ取られる。真空にたいする量子の微妙な影響が明らかにされて初めて、物質のもっとも基本的な部分の存在する、激しく渦巻く微小な世界において、自然のもつ多様な力がひとつになる様子を見ることができるのだろう。

天文学の世界も同様に、真空の性質に追従する。現代の宇宙論は、真空のもつ途方もない性質にもとづいて、宇宙の過去、現在、未来の図を描いてきた。こうした構想が、刻々と変化する砂地の上に築かれたものなのかどうかは、時間が経たないと判断できない。だが、そう長く待つ必要はないだろう。注目すべき観測結果が次々と得られ、今や、宇宙にある真空が、宇宙の膨張に影響を与えてきたことが明らかになりつつあるようだ。その他の実験に目を向けると、そうではないかとにらんだとおり、およそ一五〇億年前に、真空がエネルギーの運動を引き起こして、宇宙を今日の姿にし、最終的に到達するであろう姿へと導かれる特別な進路に置いたことがわかる。

本書を読んで、無には、見た目よりもはるかに多くのものがあると読者の方々が納得できることを願っている。無の性質と特性、急激な変化と緩やかな変化の両方にたいする傾向を正しく把握することは、私たちがどのようにしてここまでたどり着き、今のような考え方をするようになったのかを理解したいのであれば、不可欠なことなのだ。

本書の各章扉の、0から9までの番号の上に置いた絵文字は、顔をモチーフにした美しいマヤの数字を再現したものだ。これらは数々の有名な神や女神を表しており、日付や時間の経過を記録するために、一五〇〇年以上、マヤ族のあいだで広く使われていた。

レイチェル・ビーン、マルコム・ボシャー、マリウス・ダブロウスキー、オーウェン・ギンガリッチ、ヨルグ・ヘンスゲン、エド・ヒンズ、サバッシュ・カク、アンドレイ・リンデ、ロバート・ローガン、ジョアオ・マゲイジョ、マーティン・リーズ、ポール・サメット、ポール・シェラード、ウィル・サルキン、マックス・テグマーク、アレックス・ビレンケンには何度も助けてもらい、議論の相手をしていただいた。ここに感謝する。本書を、デニス・シアマの思い出に捧げる。彼の導きなしには、本書も、過去二五年間に著した他の著書も、完成にいたらなかっただろう。

本書の執筆中、自宅は一回、仕事場は三回引っ越しをした。真空状態がこれほどまでに変化したなかで、何かがつねに無に勝っていることを保証してくれた妻のエリザベスと、この仕事のすべてに変わることのない懐疑を抱いていた子どもたち、デイヴィッド、ロジャー、ルイーズに、感謝したい。

ジョン・D・バロウ

二〇〇〇年五月、ケンブリッジにて

階段を上がっているとき
そこにいない男を見た
今日も男はそこにいなかった
どこかにいってくれればいいのに

ヒュー・マーンズ

0 無の学問——どこにもないところへの飛翔

非存在の謎

君はまだ、無も見ていない。

アル・ジョルソン[1]

「無とは、畏怖の念を起こさせるものだが、その本質は十分には理解されていない概念である。神秘主義や実存主義に傾倒している作家たちには高く評価されているが、その他のほとんどの人からは、不安や吐き気や怯えをもって受け止められる」[2]、という文章がある。無をどのように扱うべきかを知っている人はいないようだし、困惑させられるほど多様な概念が、いろいろな分野に存在する。[3] どれかきちんとした辞書を手に取って、「nothing」〔無〕の説明を調べてみたら、nil, none, nowt, nulliform,[4] nullity[5] など戸惑うほどたくさんの同義語が見つかることだろう。あらゆる場面に応じて、それぞれの無というものが存在するのだ。ゼロを表す言葉に絞っても、ゼロ点からゼロ時間、零からゼロ宇宙まで、さまざまなものがある。[6] 中身の空っぽな概念とか、中身を空にした場所、ありとあらゆる形や大きさの空虚などという表現もある。人間を形容する言葉としては、nihilists[7] や nihilianists[8]、nihilarians[9]、nihilagents[10]、nothingarians[11]、nullifideans[12]、nullibists[13]、nonentities、それに nobodies などがある。あらゆる生き方に、無を擬人化した言葉がつけられているようだ。筆者の購読している新聞の経済面にすら、「zeros」[14]が、ますます魅力的な収入源になりつつあると書かれている。

まったく曖昧な、もって回った表現のようなゼロもある。テニスでは得点を記すのに、「nil」とか「nothing」とか「zero」とかいった言葉を使う気にはとうていなれないようだ。代わりに、「love」〔ラヴ〕という古くさい用語をいまだに使っている。これは期待されるようなロマンティックな意味ではなく、卵を意味するフランス語の「*l'oeuf*」に由来する。卵の形が、ゼロの記号の丸い形に似ているからだ[15]。それでも、「ラヴ」を「無」の意味で使うときもある。たとえば、〔お金のためではなく〕愛《ラヴ》のために戦うとか。これが、真の「アマチュア」の定義なのだ〔amateur の原義は、フランス語の「愛する者」〕。あるいは、何かを「愛《ラヴ》のためにもお金のためにも」するつもりはないというのは、どんな状況でもそれをすることはできない、という意味になる。他のスポーツにも、この、テニスをする人なら誰でも知っているゼロの別名の英語版がある。アメリカのボーリングでは、ピンが一本も倒れなかったフレームを「グース・エッグ〔ガチョウの卵〕」と呼ぶ。イングランドでは、いろいろな競技で、得点がゼロの場合の独自の呼び方があり、その伝統が守られている。たとえばサッカーでは「nil」、クリケットでは「nought」となるが、陸上競技のタイムでは「ow」となる。電話番号やジェームズ・ボンドのコードネームの読み方のようなものだ。今度タイプライターの前に座ったときには、0とOの区別がつけられるようになっていることだろう。

「Zilch」は、第二次世界大戦中にゼロを表す一般的な用語になり、イギリスに駐屯するアメリカ軍の軍人を通じてイギリス英語に浸透していった。これはもともと、無名の人を指す俗語だった。これに似た、同じ音から始まる用語が「zip」だ。フクロウがワニと赤ちゃんウサギに、新しい種類の算数を教えるという有名な漫画がある。「アフターマス」〔Aftermath〕という教科で、そこでは数字はゼロしか使えない。すべての問題の答えは、ゼロだけだ。だから、勉強の中身は、その決まった答えが出る新しい問題を探すことになる。[16]

もうひとつ、取るに足らない人を指す「cipher」というおもしろい言葉がある（かつて、無力な夫や父親は「家庭内の cipher」と評されていた）。今日 cipher は、記号をもちいた暗号という意味で使われるが、もともとは算数のゼロ記号だった。cipher に暗号とゼロの二重の意味があることを利用した、おもしろい謎かけがある。

U 0 a 0, but I 0 thee
O 0 no 0, but O 0 me.
O let not my 0 a mere 0 go,
But 0 my 0 I 0 thee so.

これを解読すると、次のようになる。

You sigh for a cipher, but I sigh for thee
〔あなたは暗号に吐息をつくが、わたしはあなたに吐息をつく〕
O sigh for no cipher, but O sigh for me.
〔ああ、暗号にではなく、わたしに吐息をついて〕

O let not my sigh for a mere cipher go,
〔ああ、わたしの吐息は、暗号などに向かいはしない〕
But sigh for my sigh, for I sigh for thee so.
〔わたしの吐息に吐息をついて、わたしはあなたに吐息をつくのだから〕

cipherという単語をこのようなふざけたやり方で使うわけは簡単だ。算数のゼロという記号は、何かに足しても、何かから引いても、何の影響も与えない。この手のもので、現代的な専門用語に由来するもっと独特なアメリカ英語風の用語がある。ヌル操作〔null operation〕とは、実行しても何も起こらないような動作を指すテクノロジー関係の専門用語だ。コンピュータは、次のキーを押されるのを待つあいだ、ヌル操作を何百万回も繰り返す。計算やデータ操作を一切行わない、コンピュータ内部での中立的な操作なのだ。これをもちいて、人について「ゼロ、まったくのヌル操作」だと評する表現をさらに解説する必要はない。もちろん、負の数を使えば、新しいジョークも作れる。たとえば、負の要素の強い性格の人がパーティーにやってくると、客たちがまわりを見渡して「誰か帰った?」と口々に言ったり、科学者が帰国すると、頭脳の流出がさらに進んだと言われたり。「なくなった/片づいた」という意味の「napoo」は、フランス語の *il n'y a plus*〔何も残っていない〕を縮めたものだ。

「無」にまつわる名前をもつことが、すべて悪い方向に向かうわけではない。ときには、特別な目的をともなうこともある。ルイ一四世の迫害を逃れてスコットランドに渡ったフランスのユグノーたちは、ニモ〔Nimmo〕という姓を名乗り、本名を隠そうとした。これは、誰でもない人とか、無名を意味する

ラテン語の *ne mot* に由来する。

現代の記数法では、1123000000000…のように、どんな数でもその右側にゼロをどんどん足していくだけで、無限の大きさをもつ数を表せる。一九二〇年代のハイパーインフレ下のドイツでは、通貨が暴落し、数千億枚ものマルク紙幣にゴム印を押して額面を訂正する必要に迫られた。経済学者のジョン・K・ガルブレイスは、ゼロの連なる巨大な数が引き起こした心理的なショックについてこう書いている。[17]

現在の法外な通貨の値によってもたらされた流行神経病を指して、ドイツの医者たちが「ゼロ卒中」という用語を作り出した。あらゆる階級の男女に、この「卒中」の症例が多数認められている。みな、数十億の桁を数えようとして疲弊した人たちだ。彼らの多くは一見すると異状はないが、ゼロを延々と書きたいという欲求にかられている。

ハイパーインフレの発生している地域は今でも世界中にいくつもある。実際、今日には、過去のいかなる時代よりも多くのゼロが存在している。コンピュータの計算に二進法を導入したことと、ほぼすべてのことがらの制御にコンピュータコードが大量に使われていることから、機械の中身は0と1だらけになっている。かつてはゼロに出くわす確率が一〇パーセントだったのに、今では五〇パーセントだ。また、今や平凡と言ってもいいくらいになった巨大な数もある。宇宙には数十億掛ける数十億の星があることは誰でも知っているし、国債の額からは、それくらいの天文学的な数字が思い起こされる。それでいて、ゼロを隠す方法も見つけた。1,000,000,000を10^9とすれば、さほどみっともなくない。「無」の同義語の数だけとってみても、それらの言葉が表現しようとしている概念の微妙さがはっきりとわかる。ギリシア文化や、ユダヤ教やキリスト教の文化、さらにはインドや東洋の文化でも、無の概念にさまざまな形で向き合い、その結果、さまざまな歴史が生まれた。何らかの隙間を埋めるためにそれぞれの舞台で発展した無の概念が、その後、独自の命をもつようになり、非常に重要な何かを記述するようになったことを、これから見ていこう。もっとも典型的な例が、物理学における無の概念、すなわち真空だ。最初は、空っぽの空間や空虚を意味し、アウグスティヌスによって「無同然」に希釈されたがそれを乗り越え、(18)流れのないエーテルに姿を変えて、宇宙のなかのあらゆる運動がそのなかを泳いだ。真空はその後、アインシュタインの手によって姿を消したが、二一世紀になって、量子力学のとらえた自然の働きのなかにふたたび姿を見せた。こうした見方をすることで、真空は、唐突にも段階的にも性質を変えることのできる複雑な構造であることが明らかになった。そうした変化は宇宙にも影響を及ぼす可能性があることから、宇宙に、その独特な性質の多くを与えたはずだ。そうした変化によって、宇宙において生命が存在することが可能になったかもしれないし、またいつか、その生命が終焉を迎えることになるかもしれない。

古代人が無の概念やゼロを表す数字を受け入れることに困難を示したという話を聞いても、その気持ちを想像するのは難しい。無の概念は、今ではありふれたものになっているようだからだ。しかし、数学者や哲学者たちは、この平凡な概念に順応するために、頭脳を駆使して途方もない離れ技をやってのけなければならなかった。そうして出現した無の概念を芸術家が探索するまでには、さらに長い時間がかかった。しかし現代では、その芸術家たちが、衝撃や驚きや楽しみを与えようと計算して、無のパラドックスを探求し続けている。

危険を冒さなければ……

えーと、アートって、線で絵を描くこと? それとも色を塗ること?

アリ・G

今の平凡な時代、無にたいする先入観ほどの平凡の極みはない。……実際、無は、奇想天外な装飾にはまったく向かない。

ロバート・M・アダムズ(19)

一九五〇年代、芸術家は、多色から単色、そして無色へと狭まっていく道を探索し始めた。アメリカの抽象画家のアド・ラインハルトは最初、赤一色や青一色でキャンバスを塗りつぶしていたが、その後、一五〇センチ平方のキャンバスを黒一色で塗りつぶした作品ばかりを描くようになり、一九六三年にはその作品群が、アメリカとロンドン、パリの一流の画廊で持ち回りで展示された。当然ながらはったりと評する批判の声もあったが(20)、アメリカ人の美術評論家、ヒルトン・クレイマーが「究極の美の純度」と言ったように、黒の芸術を賛美する者もいた(21)。ラインハルトはその後、赤一色、青一色、黒一色の作品だけの展覧会をそれぞれに開き、自分の作品の存在理由を文章でくわしく説明している(22)。純粋主義者にとっては、無を完璧に表現しているかどうかを判断する課題としては、ロバート・ラウシェンバーグの白一色の作品よりも、ラインハルトの黒一色の作品のほうが、挑戦しがいがあるのだ。筆者としては、ジャスパー・ジョーンズの「ナンバー・ゼロ」のような派手な色遣いのほうが好きなのだが。[23]

目に見えるゼロは、絵画で明示したり、その不在によって遠回しに指し示したりする必要はなかった。ルネサンスの芸術家が一五世紀に視覚的なゼロを発見し、これが、無限の数の表現を可能にする世界の新たな表象として、もっとも重要な要素となった。「消点」とは、平面上に現実味のある三次元の光景を作り出すための仕掛けだ。画家たちは、描かれた物と作品を観る人の目とを結ぶ線を想定することで、観る人の目をだます。キャンバスは、実際の光景と目とのあいだに介在するスクリーンにすぎない。想像上の線がそのスクリーンと交差するところに、画家は印をつける。スクリーンと平行に走る線は、はるか彼方の地平線へと退いていく線として描かれるが、スクリーンにたいして垂直とされる線は、ひとつの点、すなわち消点に向かって収束する円錐形の線の集まりとして描かれる。この消点が、観る人の視点を形づくるのだ。

音楽家も、笛吹きの後を追って無の町に続く道を進んでいった。ジョン・ケージの作曲した「四分三三秒」は、四分と三三秒間、ひたすら沈黙が続くという作品で、正装をした熟練のピアニストが、ちゃんと音の出るスタインウェイのピアノの前の椅子に身じろぎせずに座ったままで披露される。演奏会で、熱狂的なアンコールを求められたことも何度かあるくらいだ。すべての熱運動が停止する絶対零度に相当するものを音楽で作る意図があったとケージは説明している。[24] なかなかうまい思いつきだが、そんなものを鑑賞するのに、お金を払う人がいるというのか。マーティン・ガードナーはこう言っている。「私は『四分三三秒』の演奏を聴いたことはないけれども、聴いたことのある友人たちは、ケージの最高傑作だと言っていた」[25]。
作家も同じくらい熱心に、この路線を信奉している。エルバート・ハバードの美しい装幀の著書『沈黙について』には、何も書かれていないページしかない。また、イングランドのサッカー選手レン・シャクルトンの自伝の、「平均的な監督がサッカーについて知っていること」と題された章も同じだ。一九七四年には『無の本』という題名の、中身がまっ白な本が刊行され、幾度か版を重ねた。さらには、まっ白なページだけの本を書いた別の作家から、著作権侵害の申し立てがなされたが、これを何とかしのいだ。
もうひとつの作品スタイルとしては、無を支点として、その周囲に、無を相殺するような反対の物を回転させるというものがある。ゴーゴリの『死せる魂』の冒頭では、何の特徴ももたず、Nとだけ呼ばれるひとりの紳士が、ある町に到着する。

馬車に乗っていた男は、美男子ではなく、かといって、とくに醜くもなかった。太りすぎでもやせすぎでもない。年を取りすぎているというわけでもなく、とても若いというわけでもなかった。

このように反対の描写が対になり、属性とその反対の属性が相殺してゼロになるというスタイルの典型的な例が、ノーサンバーランド〔イングランド北東部の州〕のとある女性の墓に認められる。そこには遺族の手で次のような文が刻みつけられている。

温和で貞節で慈悲深くあり、しかし誇り高く強情で激情的でもあった。愛情深い妻であり優しい母であったが、夫と子どもは、苦々しいしかめ面ではない表情を目にしたことはほとんどなかった[26]……。

もちろん、忘れてはならないのは、たいていの人間が何がしかの元手で稼ぐよりも、ずっと多くを無から儲けることのできる広告界の天才たちだ。「ポロ、穴あきミント」は、イギリスでは非常に有名なキャンディの宣伝文句だ。この商品は、アメリカでは「ライフセーバー」という名称で売られている。四〇年以上も売上は好調で、ミント味そのものよりも、真ん中にある穴のほうが売り込まれてきた。自分の買っているのは、かなりの大きさの空間のあるドーナツ型の菓子だということに気づいている人はいないようだ。それに気づいていたら、買いはしないだろう。

何も得られない

何もリアルなものはない。

ビートルズ「ストロベリー・フィールズ・フォーエバー」

こんな、無についての断片はもうやめにしよう。そんなことをしても、無について、かなり深くて幅広い思索がなされているということしかわからない。次章以降では、そうした予測のつかない方向への思索をいくつかたどってみることにしよう。そうすれば、無は、気まぐれな付け足しなどでは決してなく、思想史のなかでも中心となる位置につねに近いところにあるとわかるはずだ。どの分野を探索しても、まさに無の概念にかかわる重要な課題が存在し、無が適切に表現されていることがわかるだろう。人類の思想史における重要な考え方を哲学的な視点から眺めると、無限のような概念はつねに重視されているが、[27] 無という概念はあまり重視されていないとわかる。一方、神学は、私たちが無から創造されたのか否か、神を忘れ去る状態へとあえて立ち戻るのかどうかを論じることから、無の複雑さと深く関わっている。宗教的な慣習では、死をつうじて、無の現実とたやすく接触することができた。個の消滅である死は、古代からどこにでも見られる形の無であり、芸術の表現において、古くから役割を果たしてきた。無は、終着点であり、距離を置くことであり、究極の眺めやおそらくは最後の審判を意味するものだ。そうした冷たい現実は、読者が当然ながら無頓着に受け入れている「今、ここ」を脅かすために利用される。

本書の目的のひとつは、無がこうして無視されることを正し、さまざまな見せかけをもつ無が、人類の幾多の探究における主要な概念であることが明らかにされた興味深い道筋をいくつか紹介することだ。無を正しくとらえることで、世界について考える新たな道が開かれた。愛情あふれる無の探索を始めるにあたり、まずは数学におけるゼロの概念や記号の歴史をひもといてみよう。そこでは、意外なことばかりが見えてくる。ギリシアの論理学では、ゼロについて考えることすら許されない。無が何かであるかもしれないとする認識を心地よく感じる思想家を探すなら、インドの文化に他ならない。その次は、ギリシア人たちが流れに追いついてからのできごとをおさらいする。彼らのゼロとの闘いは、ゼロの物質的な姿、すなわち空っぽの空間、真空、空虚といったゼロに集中していた。これらの概念のもつ意味を理解して、現実の物質に囲まれた毎日の体験に影響を及ぼす宇宙の枠組みのなかに組み込もうともがくことで、議論の端緒が開かれた。その勢いは二〇〇〇年近くものあいだ減じることなく、さらに洗練されていった。中世の科学や神学は、真空の概念と絶えず格闘し、物理的に実在するものなのか、論理的に可能なのか、神学的に好ましいものなのかどうかといった問題に決着をつけようと奮闘していた。

ゼロについての問題の一部は、補い合う関係にある無限の概念の場合と同じく、パラドックスと紛らわしい自己言及が入り込んでいるところにあった。それがために、多くの慎重な思想家たちが敬遠していたのだ。しかし、論理学者にとっての異端は、作家にとっては天恵だった。数え切れないほどの作家たちが、手を替え品を替えゼロについてのパラドックスや語呂合わせを描いては、読者を楽しませたり惑わせたりして、無につきものの厄介ごとをうまくかわしてきた。哲学者は、そのような神を冒涜する概念を真剣に受け止めるとは何ごとだという神学者からの批判にさらされていたようであったのに、ユーモア作家は、フレディ・マーキュリーのように軽やかに、「何もたいしたことはない」〔クイーンの「ボヘミアン・ラプソディ」の歌詞の結び〕には二つの意味が同時に成り立つことを読者に示そうとしていた。もしも他の人たちによって無が否定されたら、作家の手による駄洒落やパラドックスは、無が意味のある概念であるとする一貫性を揺るがすさらなる武器となるだけだ。ところが、無の概念が、堅い思想家たちの心をふたたびつかんだら、作家の言葉遊びは、無が指し示す奥底の知れない哲学的な概念を深く探索していることにはならないだろうか。

中世では、無と空虚の意味が探し求められるとともに、真空を真剣に扱う実験哲学が発展していった。真空が本当に存在しうるのかどうかを言葉で論じるだけでは、足らなかったのだ。知にいたる道は、他にもあった。真空を作ることができるかどうか、試してみるのだ。真空が実在するかどうかという神学的な論争は、徐々に、空間の一区域を完全に空にすることが可能かどうかを判断するために考案された、多数の簡単な実験と深く関わるようになっていった。こうした試みがついには、トリチェリや、ガリレオ、パスカル、ボイルなどの科学者を動かした。彼らはガラス容器からポンプで空気を取り除き、人々の頭上にある空気には圧力と重さがあることを実証してみせた。こうして真空は、実験科学の一部となった。そしてまた、真空はとても有用なものでもあった。

それでもなお物理学者は、真の真空が可能かどうかを疑っていた。宇宙には、膨大な量の希薄な物質が存在し、わたしたちはそのなかで動くことはできるが、その物質に目に見える影響を及ぼすことはできないと想定されていた。一八世紀から一九世紀の科学は、このとらえどころのない流体に着目し、その想像上の物質をもちいて、電気や磁気という新たに認識された自然の力を説明づけようとした。この流体が一掃されたのは、アインシュタインの鋭い才気と、アルバート・マイケルソンの実験技術が世に出てからのことだった。それとともに、宇宙のエーテルの必要性もその証拠もなくなった。一九〇五年には、宇宙の真空はふたたびありうるものとなった。

事態はすぐさま変化した。アインシュタインが、新しく鮮やかな重力理論を打ち立てると、質量もエネルギーももたない空間を、数学的な完璧な精度でもって描写することが可能になった。空っぽの宇宙は、存在しうるのだ。

それでも、微小な世界のなかで何かが見落とされていた。量子力学の発展によって、真空が空っぽの箱であるとする旧来の考え方が成立不可能であることがはっきりとした。それ以降、真空は、箱のなかから取り除くことのできるものをすべて取り除いた後の状態である、とだけ表現されることになった。そうした状態は決して空っぽではない。単に、エネルギー状態がありうるなかで最小であるというだけだ。わずかな乱れがあったり、干渉しようとしたりするだけで、エネルギーレベルは上昇するだろう。

こうした一風変わった量子力学的な無の世界も、実験によって少しずつ探索されていった。一九世紀の終わり、科学者が人工の真空をいくつも作り、真空管や白熱電球、X線などの、今ではすっかり普及しているさまざまな有用な物へと発展した。今では、「空っぽ」の空間そのものの探索が始まっている。そうして物理学者たちは、取り除けるものをすべて取り除いた後に残ったものが真空であるとする受け身的な定義が、さほど間違ってはいなかったことに気づいた。実際に、つねに何かが残るのだ。それは、宇宙の隅々にまで充満する真空のエネルギーである。この、遍在し、取り除くことのできない真空エネルギーは、検出され、物理的な実体のあることが証明された。宇宙の枠組みのなかでの真の重要性が認識され始めたのは、かなり最近になってのことだ。世界にはいろいろな真空状態があることが、今後わかってくるだろう。ある状態から別の状態へと移り変わることは、特定の状況下でなら可能かもしれず、その帰結はめざましいものになるだろう。まさに、宇宙の最初の爆発の瞬間には、そうした遷移はとうてい避けがたいものだったようだ。さらに興味深いことに、そうした遷移が、多くの素晴らしい結果をもたらしてくれたのかもしれない。それを見ると、まったくの謎でしかないような、数多の独特の性質が宇宙にある理由がわかるのだ。

ついには、無についての二つの宇宙の謎に出会うことになる。ひとつは古くからある謎で、無からの創造、すなわち、宇宙には始まりがあったのか、という問題だ。もしもあったのなら、いったい何から宇宙は出現したのか。そうした観念の由来となる宗教的な概念にはどういうものがあり、現在の科学的な状況はどうなっているのか。二つめは新しい問題だ。そこには、真空についての現代のありとあらゆる考え方や、重力の説明、量子的真空にはエネルギーが避けがたく存在することなどがつまっている。アインシュタインは、宇宙には、謎めいた姿をした真空エネルギーが含まれているかもしれないと語った。ごく最近までは、宇宙を観測しても、真空エネルギーが存在し、宇宙の隅々にまで行き渡っているとしても、宇宙にあるすべてのものの優位に立つまでいかなければ、その力の強さは非常に小さなものであるはずだ、ということしかわからなかった。物理学者は、真空エネルギーの影響がなぜそれほど小さなものにすぎないのか、まったく理解できないでいる。そこから、真空エネルギーはそもそも存在しないのだ、という明白な結論が引き出される。真空状態を回復して、真空エネルギーをゼロにするような、まだ発見されていない単純な自然法則があるにちがいない。だが、そうした望みも、おそらくは見込みがないのだろう。昨年、二つの天文チームが、地上にある最高性能の望遠鏡と、比類ない光検出力をもつハッブル宇宙望遠鏡をもちいて、宇宙に真空エネルギーが存在することを示す説得力のある証拠を集めた〔本書の刊行は二〇〇〇年〕。真空エネルギーの及ぼす影響はものすごい。宇宙の膨張を加速させているのだ。それに、もしも本当に真空エネルギーが存在するなら、それによって、宇宙が将来たどる道と、終着点が定まってくる。さて、どこから話を始めようか。

存在するものについてよりも存在しないものについてのほうが多くのことを知ることができるのは、不思議でも何でもない。

アルフレッド・レーニイ[1]

丸めた数はいつだって間違いだ。

サミュエル・ジョンソン[2]

1 ゼロ――すべての物語

ゼロの起源

ゼロの最大の謎は、ギリシア人の手をもすり抜けたことだ。

ロバート・ローガン(3)

初めて学校で習った数え方を振り返ると、ゼロがいちばん簡単なように感じられる。6引く6は0のように、何も残っていない状態を示すために使ったり、5×0＝0のように、何に0を掛けても0になるというようなときに使ったりする。それだけでなく、百とひとつを101と書くように、数を書くときに、桁が空白であることを示すために使ったりもする。

こうしたことがあまりにわかりやすくて――割り算の筆算やピュタゴラスの定理や代数よりもわかりやすい――つい、数の数え方を考案したどの文化でも、算数において最初にできた要素のなかにゼロが入っていたはずであり、幾何や代数といったもっと難しい概念は、非常に高度な文化でしか作られなかったと考えがちになる。しかし、それはまったくの間違いだ。現代数学のすべての基礎となる論理学と幾何学を作り上げた古代ギリシア人は、ゼロという記号を取り入れることはなかった。ゼロの観念そのものに、深い懐疑心を抱いていたのだ。ゼロをもちいた文明は三つしかなく、そのどれも、いわゆる西洋社会へと発展するような文明とはほど遠く、ゼロのもつ役割や意味についての見解も大きく異なっていた。では、ゼロの記号が西洋で誕生することが、なぜそれほど難しかったのか。その困難は、無とはどういう関係にあったのか。

一九九九年が終わりに近づくにつれ、新聞には、もうすぐ二〇〇〇年問題のために生じるとされる悲惨な事態についての記事がますます多く載るようになった。世界中で睡眠時間とお金と信用が奪われた元凶は、ゼロという記号、正確に言えば二個のゼロにあった。輸送システムや金融システムを制御するプログラムが作成された当初、コンピュータのメモリ容量の節約が必要とされていた。メモリが、今日よりもずっと高価だったのだ。(4) コスト節減のためなら、容量を節約できることは何でも喜ばれた。そういうわけで、コンピュータの実行した個々のことがらに日付を記すところで、たとえば1965と書き込むのではなく、下二桁の65だけを書き込むようになった。二〇〇〇年になって、コンピュータが、00という省略形を解読するのに苦労することになろうとは、誰も想像していなかった。それでも、コンピュータが本気で嫌うことがひとつだけあるとしたら、それは曖昧さだ。00は、コンピュータにとって何を意味するのか。私たちからすれば、二〇〇〇年の短縮形だとすぐにわかる。しかしコンピュータは、一九〇〇年を短くしたものか、さらに言うなら一八〇〇年を短くしたものかの区別がつかない。とつぜん、有効期限が〇〇年までのクレジットカードが、すでに九九年前に無効になっています、と言われたらどうなるか。それに一九〇五年生まれの人にコンピュータがもうすぐ、小学校への入学手続き書類を発送するかもしれない。しかし、悲観的な予想ほどのひどいことは起こらなかった。(5)

数の数え方は、文字の読み方と同様に、学校に入った初日に教えられる。人類としても同じことを学んできたが、それには何千年もの年月を要した。それでも、言語は数千年前から存在し、その特殊性が国家のアイデンティティや影響力の強烈な象徴としておおいに奨励されているが、数え方は、まさに人類共通のものとなっている。今日、近くの星から訪問客がやってきたら、言語や、それを書き記す文字が過剰なほどにある一方、計算の方法が完璧に統一されていることに驚くだろう。数の数え方は、どこに行ってもまったく同じだ。1、2、3、4、5、6、7、8、9、0という一〇個の数字と、どんな量でも表すことのできる簡単な方法。これは、世界共通の記号言語である。それを表す言葉は言語によって異なるだろうが、記号はどこでも同じだ。数は、人類最大の共通体験なのだ。

数の数え方をはっきりと決定づける最大の特徴は、底《てい》の使い方にある。私たちは、一〇がひとつで一〇、一〇が一〇個で一〇〇などのように、一〇のまとまりで数えている。多くの文化では一〇が底になっているが、そのきっかけは明らかに、とても身近な一〇本の指にある。指は、最初の計数器なのだ。さらに高度な文化では一〇の底と二〇の底（手の指と足の指）を混合した数え方も存在するが、底に二や五をもちいる簡易な方法が使われるところもある。(6) アメリカでは、インディアンが底に八をもちいる数え方をしていて、一見すると奇妙だが、これもまた指を使って数えているのだとわかる。つまり、一〇本の指ではなく、指と指のあいだの八個の溝を数えているのだ。

歴史家や数学者でなくても、過去のさまざまな時代に、いろいろな数え方が使われていたということは想像できるだろう。今でも、一〇進法とは少々異なる数え方の痕跡を見つけることができる。時間は、六〇秒で一分、六〇分で一時間というように、六〇を基本に数えられる。この習慣は、分度器や羅針盤にあるように、角度の計測にも引き継がれている。ほかにも、二〇を基本にした数え方の名残もある。(7)「三掛ける二〇足す一〇年」とは、人の寿命を表現するものであり、フランス語では、八〇と九〇をそれぞれ、*quatre-vingts*、*quatre-vingt-dix*、つまり、四掛ける二〇、四掛ける二〇足す一〇と言う。商売では、一二ダース〔グロス〕や、ダース〔一二個〕単位で注文をすることが多いが、これは昔、一二を底とする数え方があったことの証拠である。

0、1、……9という一〇個の数字はいたるところで使われているが、もうひとつの種類の数字も今なお身近にある。ローマ数字は、ヘンリーVIIIのように王家に関わるものに使われたり、町の広場にある時計の盤のような昔ながらの物に使われたりとけっこう目につく。ただし、ローマ数字は、算数にもちいる数字とはかなり異なる。ゼロを表す記号がないのだ。それに、記号に込められた情報も異なっている。IIIと書けば、私たちなら、一〇〇足す一〇足す一、すなわち百十一と解釈するが、ローマ皇帝カエサルにとってのIIIという記号は、一と一と一、すなわち三になる。ゼロの記号と、数の値を読み取る際の位置の重要性という、ここでは欠けている二つの要素が、有効な記数法を作り上げるにあたり中心となる特徴なのだ。

エジプト

ヨセフは穀物を海の砂のように大量に集めた。数え切れなくなったので、ついには数を数えることをやめた。

創世記四一章

いずれも紀元前三〇〇〇年あたりに、古代エジプトで使われていたものと、現在のイラクにあたる南バビロニアでシュメール人に使われていたものが、最古の記数法だ。エジプトの初期ヒエログリフでは、

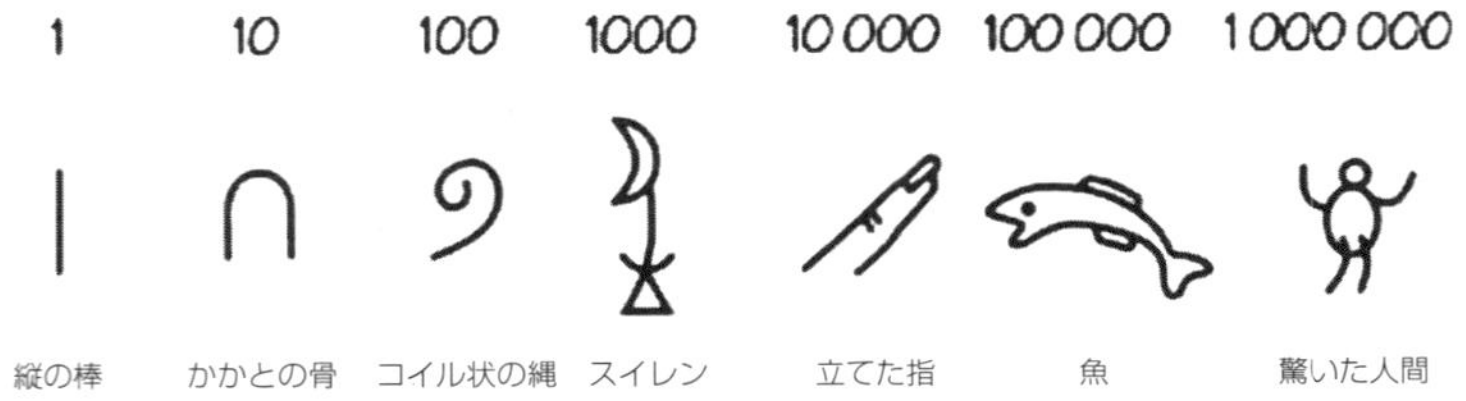

図1・1　エジプトのヒエログラフの数字

一、十、百、千、万、十万、百万をそれぞれ別の記号で表していた[8]。**図1・1**にその記号を示す。一から九の数字を表すエジプト式の記号はとても簡単で、縦線|をその数の分だけ並べて書いていた。この縦線は一の記号なので、三は|||となる。十の倍数の記号はさらに絵に近い。十はUを逆さにしたもの、百はコイル、千はスイレン、一万は曲げた指、十万はカエルかしっぽの生えたおたまじゃくし、百万は両腕を天に突き上げた人間だ。

一の記号以外は、表している量とは明らかな結びつきはないようだ。絵が指し示す物と、量を表すもともとの言葉の音が似ているという、音声的な結びつきなら多少はある。一万を意味する曲げた指だけは、指を使って数える方法に立ち帰っているようだが、その他のものについては推測するしかない。おそらく、おたまじゃくしは、魚の卵が孵化する春にナイル川に大量にいたことから、大きな数を象徴するのだろう。また、百万は、天空にある星の数というような、すさまじく大きな量だったのだろう。

記号の書き方は、書かれたものを右から読むか左から読むかで違ってくる。ヒエログリフはふつう、右から左に書くので、3,225,578という数は**図1・2**のようになる。

これらの数字の最古のものが、紀元前三〇〇〇年から二九〇〇年のあいだに生存していたナルメル王の王笏の柄に記されている。ある戦《いくさ》の戦利品が、四〇万頭の雄牛と、一四二万二〇〇〇頭のヤギと、一二万人の奴隷だったという記録だ。**図1・3**の絵の右下にある雄牛と山羊と奴隷の絵の下に、それぞれの量を表す記号が記されている。

一、十、百の記号はそれぞれ異なるものであるため、記号の書かれる順番は重要ではない。

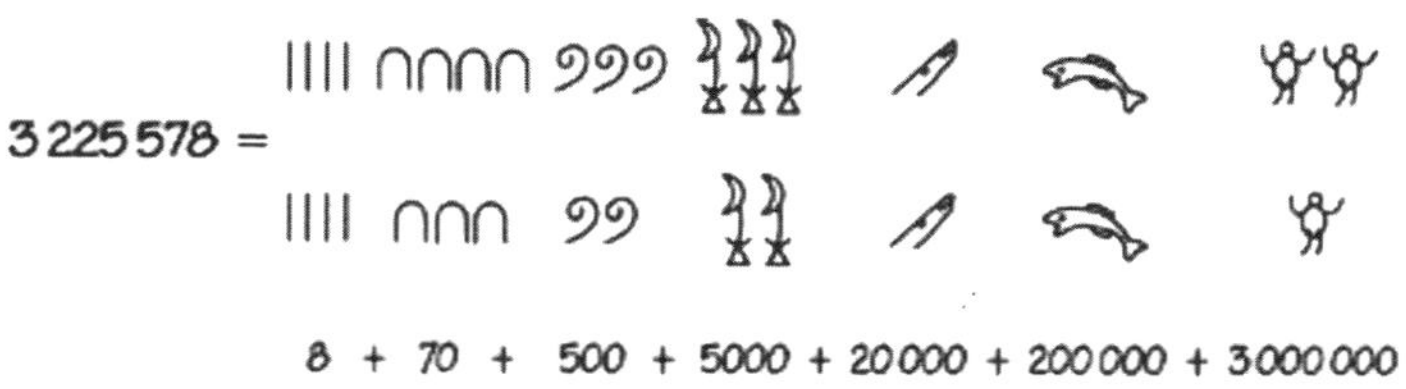

図1・2　三百二十二万五千五百七十八を表すヒエログリフ

図1・3　ナルメル王の王笏の柄に記されたヒエログリフ[9]。紀元前三〇〇〇～二九〇〇年。

このヒエログリフは、順序を逆にしても、表す量は変わらない。記号をどのように配置しても、表す数の値は変わらないのだ。しかし、エジプトの石工は、数を書き記す厳密なルールを科されていた。数える対象の物を表す記号の下に引かれた線の上に、大きいものから小さいものへと、右から左に記号を並べなければならない（図1・3を参照）。しかし、**図1・4**のように、二列か三列にわけて、類似した記号をまとめて書き、合計をすぐに読み取れるようにする傾向もあった。

このように、エジプトの数の記号では、相対的な位置に数の情報が含まれていないため、ゼロの記号が必要ないとわかる。数の記号をどの場所に置いても表す合計の量が変わらないなら、空の「穴」ができる可能性も、そういう穴を表すための記号を作る意味もない。ゼロが必要になるのは、数えるものが何もないときだ。でもそういう場合には、記号を書かなければよい。エジプトの記数法は、位置についての情報はもたない数記号をもちいた一〇進法（一〇がひとまとまり）の初期の例なのだ。そうした記数法では、ゼロの記号の入る余地はない。

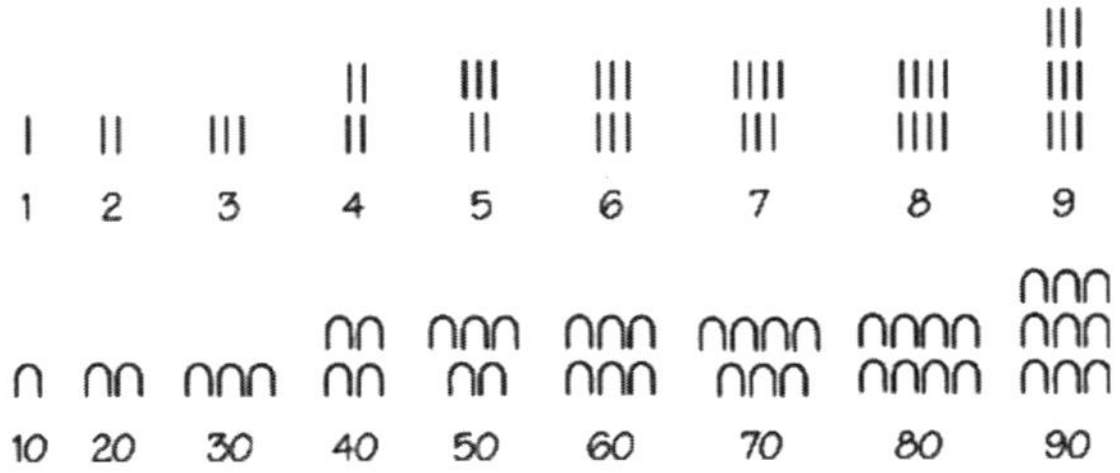

図１・４　読み取りやすくするために数の記号をまとめる

バビロン

すると突然、人間の手の指が現れ、王の宮殿の塗り壁の、燭台の向こう側の所に物を書いた。……その書かれた文字はこうです。「メネ、メネ、テケル、ウ・パルシン」。その言葉の解き明かしはこうです。「メネ」とは、神があなたの治世を数えて終わらせられたということ。「テケル」とは、あなたがはかりで量られて、目方の足りないことがわかったということ。「パルシン」とは、あなたの国が分割されるということです。

ダニエル書五章[10]

同じく紀元前三〇〇〇年頃に使われていたシュメール人の最古の記数法は、エジプトの記数法よりも複雑で、独自に発展したものであると思われる。後にバビロニア人にももちいられたため、シュメールとバビロニアの二つの文明は、通例、ひとつの文化の流れのなかにあるとみなされている。この二つの文明では、文字と数字は当初、行政上と経済上の目的でもちいられ、交易や蓄えや賃金の記録が詳細につけられていた。たいてい、石版の片面に品物の詳細な目録が記され、もう片面に合計が記された。

初期シュメールの記数法は、一〇進法には限らなかった。量を表すのには一〇を底とすることが多かったが、その次に、六〇を底に使うこともあった(11)。

六〇秒を一分、六〇分を一時間と数える方法は、この古い記数法に由来する。一〇時間一〇分一〇秒をすべて秒で表すと、六〇を底とする数え方の仕組みがわかる。答えは、(10 × 60 × 60) + (10 × 60) + 10 = 36,000 + 600 + 10 = 36,610 秒となる。

シュメール人は、1, 60, 60 × 60, 60 × 60 × 60……などの量を表す言葉を使っていた。さらに、2, 3, 4, 5, 6, 7, 8, 9, 10と、60以下の10の倍数を表す言葉もあった。20には特別な言葉があり（2や10の言葉とは別）、「三十」を表す言葉は「三十と十」を意味する複合語で、「四十」は「二十が二個」、「五十」は「四十と十」だった。そうして、10の底と20の底の両方を使いこなして、一から六十まで楽々と数えられるようになっていた。

エジプト人が金槌とのみで石に記号を刻みつけたり、葦でパピルスに描いたりしていたのにたいして、シュメール人は、粘土板に印を付けて記録していた。石はシュメールでは豊富になく、パピルスや木材といった媒体はすぐに朽ちたり腐ったりするが、粘土ならどこでも手に入った。粘土に、太さの異なる鉛筆のような形をした、葦か象牙から作られた二種類の先のとがった道具を押しつけて記号を記す。とがっていない丸い端を使えば刻み目や丸い形を記すことができ、とがった端を使えば線を記すことができる。とがった端は文字を書くために、丸い端は数を記すために使われた。最初に使われていた、曲線記号と呼ばれるものを**図1・5**に挙げる。

数の記号はふつう、数える対象となる物の絵の上に記され、そこにはエジプトにはなかった特徴が認められる。[12] 600を表す記号は、60を表す大きな刻み目と、10を表す小さな円を組み合わせたものだ。同様に、36000の記号も、3600を表す大きな円と、10を表す小さな円を組み合わせている。手数の節約に励むことから、掛け算方式の記数法が生まれた。おぼえるべき記号の数は少なくてすみ、大きな数を表す記号は、新たな記号を作らなくても、小さな数の記号を使って表すことができるようになっている。ただしこれでは、大きな数を読み取ろうとするたびに、多少の暗算をしなければならなくなる。数と数を足す仕組みになっていて、ここでもまた、粘土板に記号を刻みつけるにあたっての位置的な意味は何もない。エジプトの記数法と同じく、見た目とわかりやすさのために、同じ種類の記号がまとめられる。初期には、記号は二つ一組にまとめられていた。たとえば、4980は、次のように分解される。

$$4980 = 3600 + 1380$$
$$= 3600 + 600 + 600 + 60 + 60 + 60$$

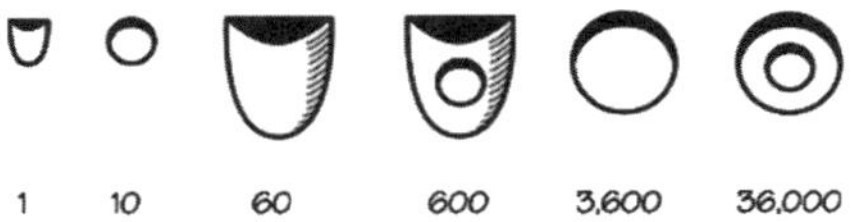

図1・5　粘土板に刻まれたシュメールの数字を表す形

粘土板の文字は上から下へ、かつ右から左へと読んでいくので、図1・6のように記される。

この手法でやっかいなのは、60の倍数ではない大きな数を表すには、記号をずらずらと並べなくてはならないことだ。この問題を克服するために、書記たちは、簡便な引き算の表記を考案した。今のマイナス記号の働きをする「羽根」の記号を取り入れて、たとえば59を60引く1のように書けるようにしたのだ（図1・7）。こうすれば、記号を一四個も使わずにすむ。[13]

紀元前二六〇〇年になる頃には、シュメールの数字の書き方が大きく変わっていた。そのわけは、新たな技術が生まれたからだ。つまり、筆記用具が変わったのだ。くさび形の尖筆が使われるようになり、はっきりとした線や、さまざまな大きさのくさび形を描くことができるようになった。これらは「くさび形」文字と呼ばれるようになり、「一」を示す縦長のくさび形と、「十」を表す山形の、二つの記号だけが使われた[14]（図1・8）。

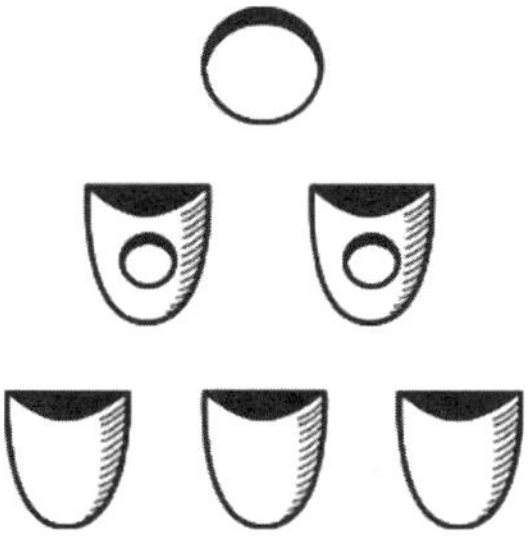

図1・6　紀元前2700年以前に、初期シュメール文字で記された4980

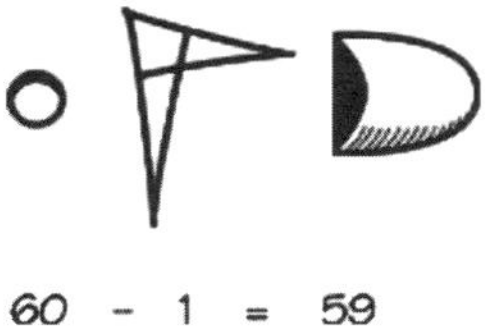

図1・7　59を、60引く1と書く

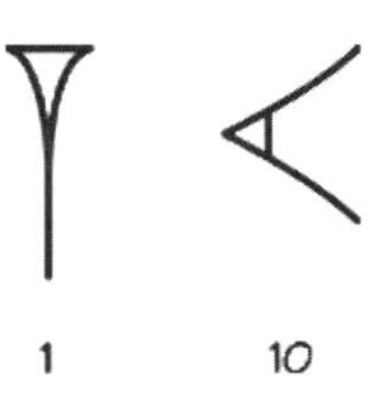

図1・8　尖筆の両端を押しつけて描かれたくさび形文字。数の1と10を示す。

ここでもまた、小さな数の記号を組み合わせて、大きな数を作ることができる。60の記号と10の記号を並べれば、それらの値を掛け合わせたものを表し（600）、離れて記せば足したものを表す（70）。しかし、こうやって記号を近づけることで混乱が生じないように気をつける必要がある。シュメール文字では、それぞれの記号の形がはっきりと異なるため、そうした問題は避けられた。

もうひとつ、1と60の記号の区別が問題になる。どちらの形も同じくさび形で、当初は、60の記号を大きくすることで区別していた。その後、60のくさび形を、9より小さい数の記号から離して区別するようになった。63の書き方は**図1・9**のようになる。

古代文明には他にもいろいろな数え方があるが、一般的な原則はこれまで紹介したものと同じだ。アステカ文明（一二〇〇年）では1と20の記号を使った二〇進法がもちいられ、たとえば400＝20×20、8000＝20×20×20と表していた。古代ギリシア（紀元前五〇〇年）では一〇進法が使われ、1、10、100、1000、10000それぞれの記号があり、それらを補足する5の記号も作り、他の記号と組み合わせて、50、500、5000などの新しい記号を作った（**図1・10**を参照）。

これらの数の書き方は、掛け算や割り算を含む計算をする場合には面倒で手間がかかる。記号を使うことによる効果は何もなく、数を言葉で書くよりも多少短くてすむくらいだ。さらに高い次元に上るために必要なステップには、ゼロの記号の発明が必要とされた。つまり、記号の位置で数の値が決まるような、位取り記数法を導入することだ。そうすれば、使う記号の種類が少なくてすむ。なぜなら、同じ記号でも、使われる位置によって、あるいは使われる文脈によって、異なる意味をもつことができるからだ。

位取り記数法が初めて出現したのは、紀元前二〇〇〇年頃のバビロニアだ。くさび形文字による記数法と、もともとの六〇進法を拡張して、位についての情報が取り入れられた。しかし、従来の方法のほうが、数の相対的な大きさがつかみやすかったため、日常的な計算よりも、数学者や天文学者に使われることが多かった。そのために書記たちは、両方の方法を使わなくてはならなかった。しかし、位取り記数法は国の法律の記録にもちいられたため、国民の幅広い層が理解する必要があった。たとえば10,292は、[2; 51; 32] = (2×60×60) + (51×60) + 32のように認識され、くさび形文字では**図1・11**のように記される。

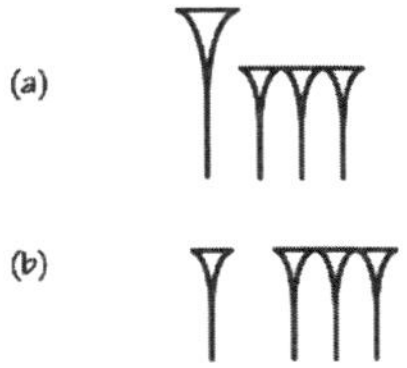

図1・9　63の二通りの書き方。(a) 大きめの記号を使って、63を60と3に分けて書く。あるいは (b) 60の記号と3の記号のあいだに空白をあける。

図1・10　紀元前五〇〇年あたりに出現したギリシアの数字。記号を組み合わせて大きな数を表した。例として、6668を書いてみた。

これは、たとえば123を(1×10×10)+(2×10)+3とする現代の手法に似ている。現在の記数法では、一〇を何回掛けるかを読み取っているのだ。バビロニアの時間の数え方は、今でもなお残っている。七時間五分六秒は、(7×60×60)+(5×60)+6=25,506秒となる。

現在使われているような一〇進法の位取り記数法が出現したのは、紀元前二〇〇年のことだった。中国人が、以前からあった一〇進法に、位取りの概念を取り入れたのだ。中国の算木による記数法と位取りの例を、**図1・12**に示す。

図1・11　くさび形文字で10,292を表す

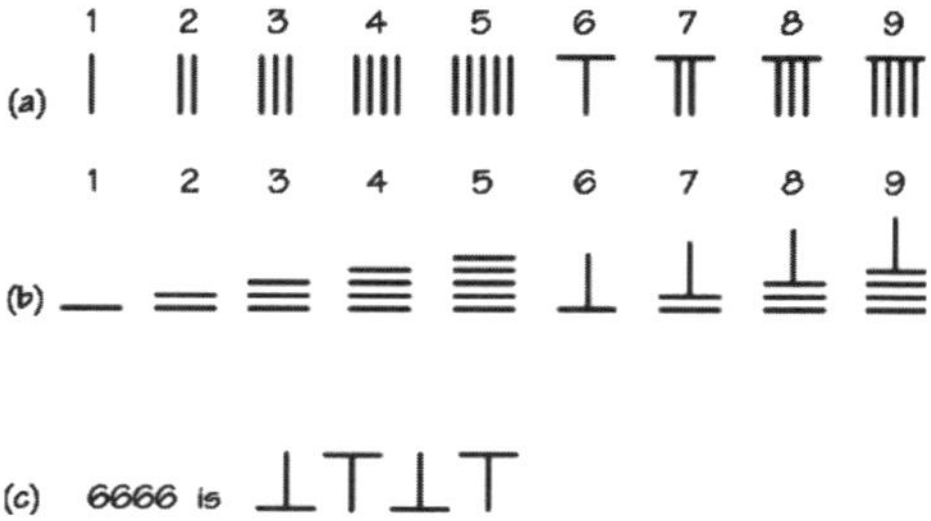

図1・12　(a) 中国の算木数字。竹や骨から作られた計算用の木を描いたもの。これを十や百０の位でもちいるときには、(b) のように回転させる。よって6666は、(c) のように書かれる。

記入なし問題とバビロニアのゼロ

多数の要求に応えるだけの小さな数が足りない。

リチャード・K・ガイ[15]

こうした進歩にも問題はつきものだった。バビロニアの記数法は、実のところ、位取り記数法と加法型記数法とが混ざり合ったものだった。60のべきとなる数の記号が、いまだに加法で書かれていたからだ。そのために、60の位と次の数とのあいだに十分な空間がないと曖昧になる。たとえば**図1・13**にあるように、610＝[10; 10]＝(10×60)＋10の記号と、10＋10の記号が、混同されやすくなってしまうのだ。

この問題はたいてい、60の異なる次数の位をはっきりと分けて書くことで対処されてきた。ついには、明確に区別できるように、分離記号が使われるようになった。図1・14に示したように、くさび形の記号が二つ重なったものだ。

位のどれかに記号が入っていないなら、数の読み取りがいっそう困難になるだろう。空間をあけると、さらに読み取りにくくなる。今の記数法に0の記号がなく、72（七十二）と7 2（七百二）を区別するには、うまく空間をあけるしかすべがないと想像してみよう。人によっていろいろな書き方があるために、7 2と72だけでなく、7　2（七千二）の区別もつけようとなると、いろいろな問題が噴出することだろう。空間をたくさんあけるとなると、判断がますます難しくなる。[16] こういう理由から、数の位のなかであいた場所を示すために、ゼロの記号を発明することがついに求められたのだ。商売の方法がより高度になるにつれ、その必要性は高まっていく。バビロニア人は一五〇〇年近くも、「記入なし」を表す記号を使わずに、一〇や六〇のべきを記してきた。単に、空間をあけただけで。それでも問題が生じないためには、扱っている天文学的、数学的な問題の大きさを的確につかむ感覚をもち、予想される

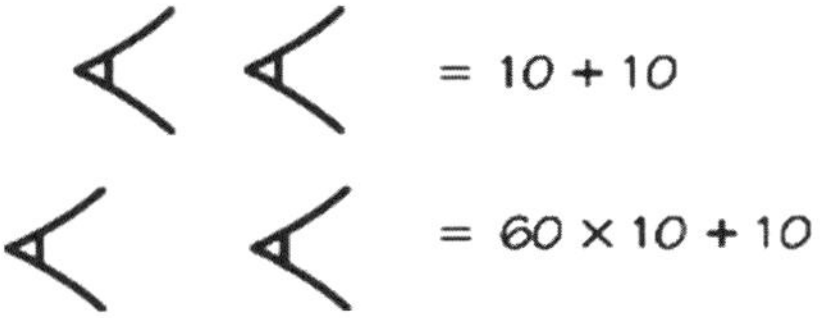

図1・13　バビロニア記数法では610と20が混同されやすい。

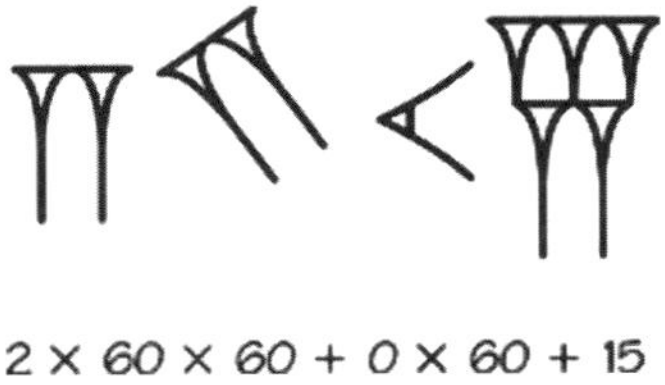

図1・14　数式の空の位置を示すために「分離」記号をもちいたのはバビロニア人が初めて。二つの山のような形で、尖筆の刻み目を重ねてつけて作る。この例は、紀元前三世紀後半から紀元前二世紀前半のものとされる、天文観測の記録を記した粘土板に見つかった。

答えとの大幅な食い違いをすぐに察知できる力が必要とされた。

記入のない位という問題にたいするバビロニア人の解決策は、以前からあった分離記号の形を変えて、ある位には何も書かれていないことを明示することだった。書かれたものとしては紀元前四世紀のものが最初だが、それより一世紀前にすでに行われていたかもしれない。古い時代の文書があまり残っておらず、現存する記録の一部は、それ以前に記されたものの写しである可能性が高いからだ。バビロニアでのゼロの使い方の一例を**図1・15**に示す。$3612=1\times(60\times60)+(0\times60)+(1\times10)+2$ が次のように書かれている。

図1・15　紀元前二世紀もしくは三世紀にバビロニアで使われていたゼロの例。3612＝1×(60×60)＋(0×60)＋(1×10)＋2

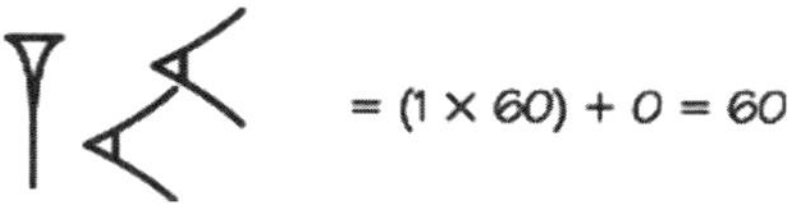

図1・16　天文学の観測記録にある六十の数字。このように、列の最後に使われている。

バビロニアの天文学者たちも、数字の列の最後にゼロをよく使った[17]。**図1・16**のように、60と1を区別して書いている例がある。

これで、バビロニアのゼロが、現代のゼロと同じような働きをしていたことがわかってきただろう。最初は、バビロニアの数学者たちが、位取り記数法の場合と同様に、簡略化のために使い始めた。それから、バビロニアの天文学者たちが広く使うようになった。バビロニアの記数法の影響力が数百年後まで色濃く残ったのは、バビロニアの天文学が非常に重要で、長くにわたって発展していたからだ。

ここで、バビロニアの記数法が頂点を極めた。人類の文化において初めて、ゼロを記号で表したのだ。振り返ってみると、もともとの記数法にゼロを付け加えただけのことに思えるため、位取り記数法の導入という重要な段階から、はっきりとしたゼロの記号を取り入れるまでになぜ一五世紀以上もかかったのかは、謎である。

それでも、バビロニアのゼロを、現代のゼロとまったく同一ととらえるべきではない。粘土板に二重の山形の記号を刻む書記にとっては、その記号は、計算の記録にある「あいた空間」以外の何物でもなかったからだ。バビロニアの「無」には、それ以外の意味合いはなかった。6-6のような計算の答えとしてゼロの記号が書かれることもなかった。計算の最後に何も残らないことを表すために、ゼロの記号が使われることはなかった。そういうことは、つねに言葉で説明されていた。また、バビロニアのゼロが、形而上学的な無の概念と関係づけられることもなかった。数字を神秘的なものと絡めるなどといった抽象的な概念は、まったく存在しなかったのだ。[18] バビロニア人は、根っからのやり手の商売人だったのだ。

マヤ族のゼロ

私には何も話すことはない。それは本当だし、私が語っているのは、詩だ。

ジョン・ケージ[19]

位取り記数法を三番めに発明したのは、西暦五〇〇年から九二五年まで存続していた特筆すべき文明を作り上げたマヤ族だった。理屈に合わないようだが、建築や彫刻、芸術、道路の建設、文字の記録、計算、暦、天体観測をもとにした予言などが高度に発達したにもかかわらず、マヤ族は、車輪を発明したり、金属やガラスを発見したりすることはなく、一日よりも細かい間隔で時間を測る時計ももたず、荷役用の家畜を利用することもなかった。石器時代の生活と、驚くほど高度な算数とが共存していたのだ。なぜマヤ文明があれほど唐突に終焉を迎えたのかは、いまだ謎のままだ。残っているものといえば、現在のメキシコとベリーズ、ホンジュラス、グアテマラのジャングルや草原に放置された都市の残骸だけ。人々が忽然と姿を消した理由として、ありとあらゆる災難が挙げられてきた。伝染病や内戦や地震のせいではないかと論じられた。なかでも可能性が高いのは、集約農業や土地の過剰な利用が続き、土壌がやせてしまったことだろう。

マヤ族の数え方では、20を底として、点（ひとつが「一」を指す）と線（一本が「五」を指す）を組み合わせてできた数がもちいられた。最初の一九個の数は、点と線を単純に足し合わせる方法で作られている。おそらく、それより以前の手の指と足の指を使った数え方に由来するのだろう。[20] 点（小さな円の場合もある）を「一」の記号にもちいる例は、古い時代の中米で広く見られるものだが、これはおそらく、カカオの豆を通貨の単位として使っていたことと関係があるのだろう。バビロニアと同様に、日常的な計算と、数学者や天文学者の行う計算には、違いがあった。

20より大きい数を書くとなると、たくさんの記号を積み重ねることになる。一番下の層が1の倍数で、その上の層が20の倍数となる。ところが、もうひとつ上の層は、20×20の倍数とはならない。なんと、360の倍数なのだ。ただしその後は、それまでのパターンが続く。その上の層は20×360＝7200の倍数、その上は20×7200＝144,000の倍数というように、下の層をそれぞれ二〇倍したものとなる。これらの数を上から下に読んでいく。4032＝(11×360)＋(3×20)＋12は、**図1・18**のように記される。

このように、マヤ族は位取り記数法をもち、そこにゼロの記号を加えて、数の塔の階層のどこかに数が記入されていないことを示した。ここでゼロに使った記号が、とても興味深い。貝殻や目のようで、形が少しずつ異なる。次に述べるが、数を表すにあたっての美的な側面に目を向けると、完結という概念を伝えているようにも思える。ゼロの記号の例をいくつか**図1・19**に示す。

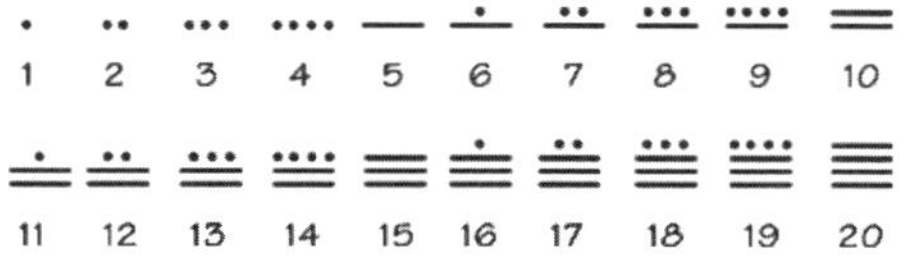

図1・17　マヤ文明で、神官や天文学者がもちいていた1から20の数

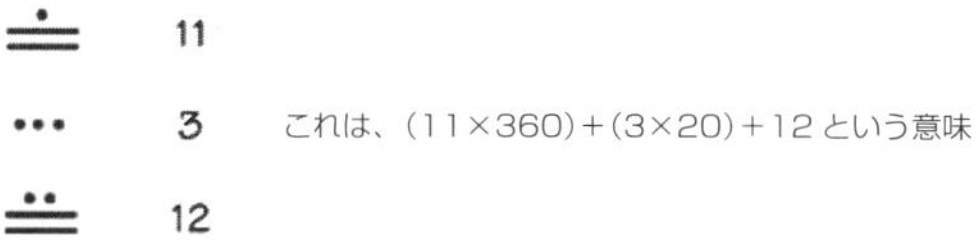

図1・18　4032のマヤ族の表記

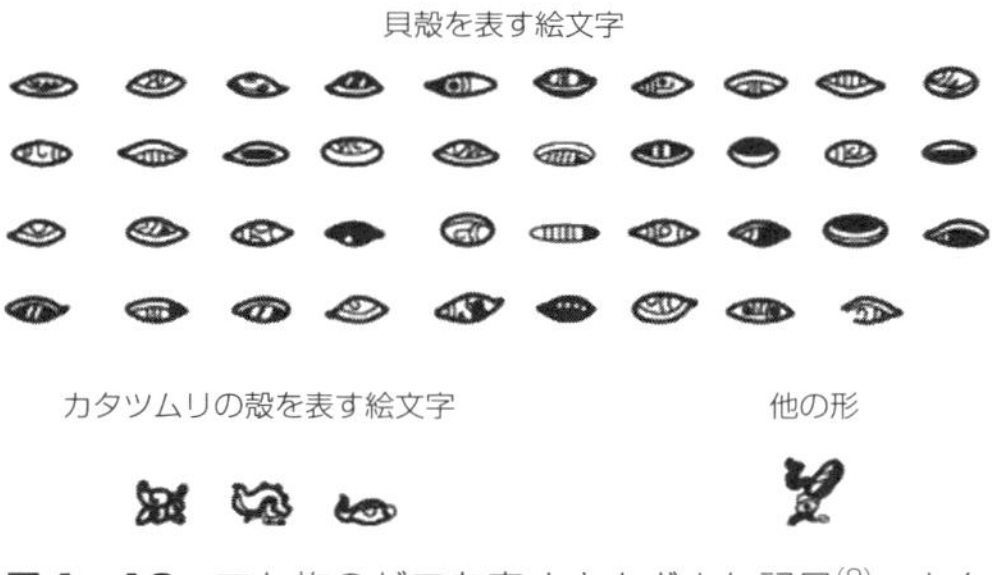

図1・19　マヤ族のゼロを表すさまざまな記号[9]。カタツムリの殻や、海の生物、人間の目などに似ている。

よって、400＝(1×360)＋(2×20)＋0は、**図1・20**のように書く。

マヤ族は、現在の表記と同じように、記号の列の途中や最後の位置のどちらにもゼロの記号をもちいた。マヤの記数法の奇妙な点は、図1・20の一番上の部分にある。本来の20を底とする記数法なら400になるところを、360にするところだ。そこから、ゼロの記号が、とても重要な点において現在のものとは異なることがわかる。現在では、どの数でもその右端にゼロの記号を置けば、その数に、底である10を掛けていることになる。よって170＝17×10である。底がどんな数でも、それぞれの位が、ひとつ下の位と、底のべきで関連している記数法なら、記号の列の最後にゼロを付け加えれば、つねに、その数に底の数を掛ける効果になる。マヤの記数法は、位によって仕組みがまちまちなので、そうした整った特性に欠ける。そのために、マヤの記数法は十分に発達しなかった。

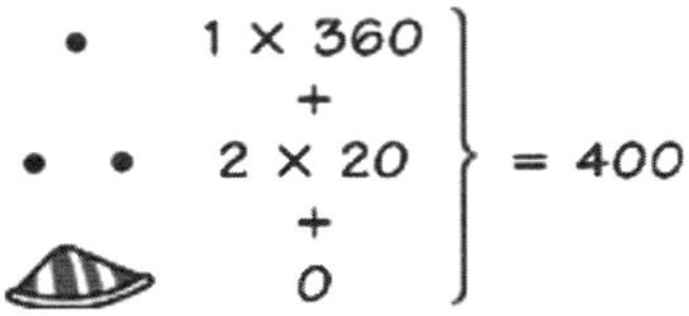

図1・20　400のマヤ族の表記

　マヤの記数法で位から位へのつながりが規則正しくないのには、理由がある。この記数法には、果たすべき別の役割があったからだ。凝った暦の記録をつけるという特別な仕事のために作られていたものだったのだ。マヤには三種類の暦があった。ひとつは、ツォルキン暦という、二六〇日の神聖な周期にもとづくもので、一三日間の二〇周期に区切られる。ふたつめがハアブ暦と呼ばれる三六五日からなる常用の暦で、二〇日間が一八周期あり、それに五日間の移行期間がつく。三つめの暦は、トゥン暦という三六〇日間周期を基本とするもので、二〇日間が一八周期ある。二〇トゥンで一カトゥン（「カ」は二〇を意味する言葉）となり、二〇カトゥンで一バクトゥン（「バク」は20×20を表す言葉）、一ウィナルは二〇日間だ。[21] これらの周期を表すために、特別なヒエログリフが使われた。日数を示す完全な記述は、期間を表す記号と、その期間を何倍するかを示す記号を組み合わせたものになる。**図1・21**のヒエログラフは、上から下、左から右に読み、9バクトゥン、14カトゥン、12トゥン、4ウィナル、17キン（日）という時間を記録したものだ。

これらの象形文字のなかで、ゼロは、数々の風変わりな絵文字で表されている。[22] そのうちのいくつかを、**図1・22**に紹介する。

この仕組みにおいて、ゼロの記号は、日付を記録するのに不可欠ではない。マヤのゼロについて斬新な点は、美的観点から使われるようになったということだ。ゼロの絵文字がないと、日付を表す絵文字には空間が生じ、見た目のバランスがよくない。凝ったゼロの絵文字がその隙間を埋めて、日付の劇的な表現を生み出し、表記される数の宗教的な意味合いを強めたのだ。

図1・21　時間の長さを示すマヤのヒエログリフ。バクトゥン、カトゥン、ウィナル、日それぞれの単位を表す特別の絵が使われていた。通常、頭部に、何か明確な特徴や装飾を添えたもの。それぞれの絵の横に、線からなる数字が添えられ、それぞれの単位が何個あるかを示している。ときには、線か点が二つしかない小さな数に、空間のバランスを取るために装飾をたくさんつけることもある。これを上から下、左から右へ読むと、9バクトゥン、14カトゥン、12トゥン、4ウィナル、17キン（日）となる。合計は、3892トゥンと97キン、あるいは1,401,217キン（日）となる。

図1・22　マヤの石碑や彫像に記されていたゼロを表すさまざまなヒエログラフ

インドのゼロ

インドのゼロは空虚や不在を表すものだったが、それと同時に、空間でも、天空でも、天蓋でも、大気でも、エーテルでもあった。さらには無でもあり、勘定に入れられない量でもあり、取るに足らない要素でもあった。

ジョルジュ・イフラー(23)

バビロニア文明とマヤ文明が崩壊すると、それぞれが独自に発明したゼロの記号が、その後の表記の規範となる道が閉ざされた。その名誉は、ゼロを三番めに発明した文明に与えられ、そこでもちいられたあらゆる数の表記は、今なお全世界で使われている。

インドのインダス渓谷には、紀元前三〇〇〇年にすでにかなり高度な文明が存在していた。水道があり、装飾の施された大きな都市が建設されていた。印章や文字が使われ、計算が行われていた記録があることから、高度な社会が発達していたことがうかがわれる。その後の一〇〇〇年間で文字と計算はインド亜大陸全体へと広がった。さまざまな装飾書体で書かれた数字や数の体系は、中央インド全域や、インドに近く、ブラーフミー文字の数字をもちいていた東南アジア諸国にも認められる。この表記が初めて出現したのは紀元前三五〇年頃だが、現在も石碑に残っている数字は、1と2と4と6くらいだ。紀元前一世紀と二世紀の記録を転写したものを見れば、おそらくどういうものだったのかがわかるだろう。(24)

図1・23を参照してほしい。

ブラーフミー数字の形は、今でも謎に包まれている。4から9の記号は、それらが示す量とは明らかな関連はない。だが、すでに姿を消している文字体系に由来するものであるかもしれないし、今では失われてしまったが、その時代より前にあった、明確な解釈のできる数字体系が進化したものだったかもしれない。

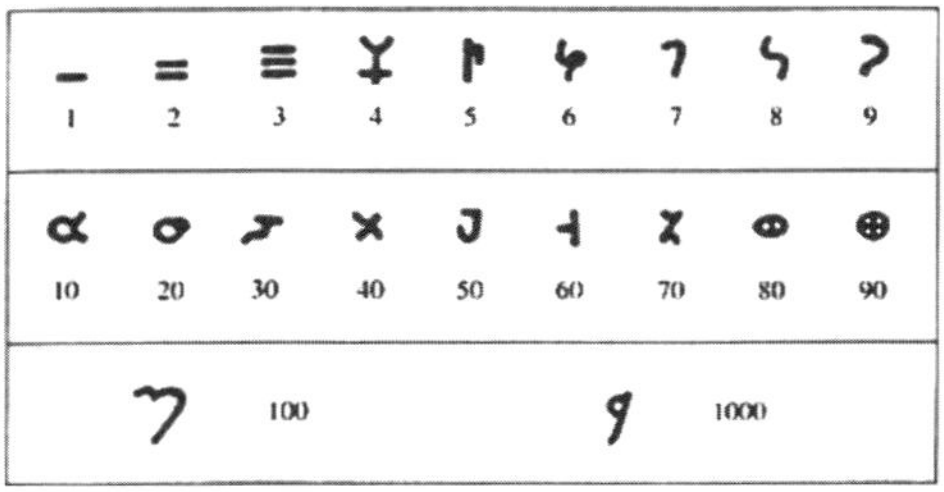

図1・23　1から9までの初期のインドの数字

ブラーフミー数字は六世紀に、底を10とする位取り記数法、すなわち一〇進法の記数法へと変化していった。1から9までの数に別々の数字があり、大きな数や、一〇のべきを表す言葉を書く簡潔な表記がある。実際に使われていた最古の例は、サーンケダで見つかった銅板に書かれた証文である[25]。

板の上に小石や種を並べて数を数えていたことが、おそらく、この素晴らしい記数法の発想の発端だったのだろう。小石を使って102のような数を表したければ、一〇〇の位に小石を一個置き、一〇の位は空けておき、一の位には二個置く。巨大な数を表すための明快で論理的な記数法を開発しようとする意欲は、インド人天文学者の研究から生まれたとされている。彼らは、さらに古い時代のバビロニア人天文学者の記録や記数法から影響を受けていた。ブラーフミー数字から発達した、もっとも一般的な位取り記数法では、図1・24に示したようなナガーリー数字をもちいる。

インドで開発された位取り記数法の独特な点は、ずっと昔からあった数字をそのまま使うことである。他の文化では、位取り記数法が誕生すると、数字そのものの表記も変える必要に迫られた。知られているなかで最古のインドの位取り記数法は、五九四年のものだ。

バビロニアやマヤの文明から学んだように、位取り記数法がいったん導入されると、ゼロの記号が出現するのは時間の問題だ。インドでゼロが使われた最古の事例は四五八年のもので、今も伝えられているジャイナ教の宇宙論に記されている。しかし、間接的な証拠によると、早くも紀元前二〇〇年にゼロが使われていたはずだとなる。最初は、小さな丸ではなく、点が書かれていたようだ。六世紀の戯曲、『ヴァーサヴァダッター』には次のように謳われている。[26]

星たちが遠くで輝いていた……まるでゼロの点のように……空にちりばめられている。

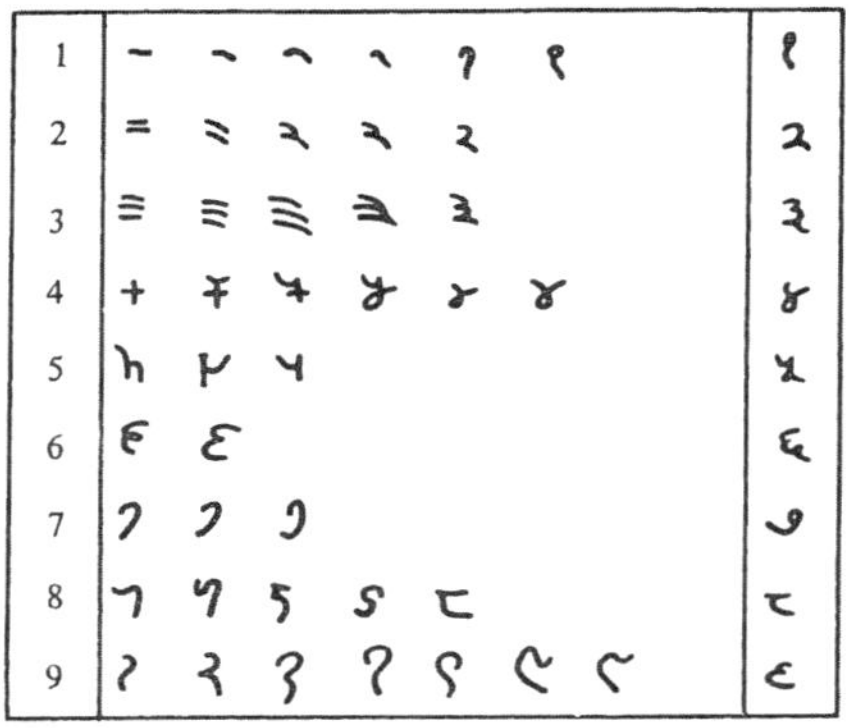

図1・24 ナーガリー数字の発展。多くの数字が、今日使われているものとよく似ていることに注目。

その後、見慣れた丸い記号の0が点に取って代わり、東方へと伝わって中国に持ち込まれた。この記号は、一〇進法のどの位（百、十、一）においても、書き入れる数字がないことを示すためにもちいられた。また、インドの一〇進法が、下の位を一〇倍したものが次の位になるという規則正しいものであったために、ゼロは、演算子としても作用した。したがって、数列の最後にゼロを置くことは、現在と同じく、一〇を掛けるようなものだった。ビハリラルの書いたサンスクリット語の詩に、この原理が美しく応用されている。(27) 額に描かれた点（ティラカ）を数学的に描写することで、美女への賞賛を謳いあげているのだ。(28)

彼女の額にある点は
その美しさを十倍にする
ゼロの点［シューニヤ・ビンドゥ］が
数を十倍にするように。

インドのゼロはもともと、バビロニアやマヤのゼロと同じく、数字がないことを示すためにもちいられたが、すぐさま、数字としての身分ももつようになった。さらに、ゼロを発明した他の文化とは異なり、インドではすぐに、ある数からそれ自体を引いた結果を表すものとしても定義された。六二八年には、インド人天文学者、ブラフマグプタが、ゼロをそのように定義したうえに、ゼロの足し算、引き算、掛け算、さらには何よりも驚くべきことに、割り算の代数規則を、次のように記述してみせた。

シューニヤをある数に足したり、ある数から引いたりしても、その数は変わらない。また、ある数にシューニヤを掛けると、それはシューニヤになる。

また、ブラフマグプタはなんと、無限を、ゼロ以外の数をゼロで割ったときの数であると定義して、正の数と負の数の一般的な乗除の方法を定めた。

なぜインドのゼロの記号は円形なのかについて、いくつかのおもしろい考察がなされている。[29] 何にせよ、マヤやバビロニアのゼロ記号とは大きく異なっていることはわかっている。スブハシュ・カクは、ゼロの記号は、ブラーフミー数字の一〇から発展したものではないかと考えた。簡単な魚の絵や、比例記号の∝に似たものだ。その後、一世紀から二世紀には、**図1・25**にあるように、円に1を付けたような記号になっていった。

そのために、一〇の記号が自然と二つに分かれて、一方は1を表すただの縦線となり、もう一方の円形が、ゼロを表すものになったのではないか、と言われている。

インドのゼロ記号には、豊富な概念を含んでいるという魅力がある。バビロニア文明では、ゼロの記号を、数の表記にある空白を表す記号であるという表面的なとらえ方しかしていないが、インドでは、無や空虚を表す幅広い哲学的な意味合いのひとつとみなしている。ここで、ゼロを意味するインドの言葉をいくつか紹介しよう。[30] その数からだけでも、インド哲学における無の概念がいかに豊かであるか、そして、非存在のもつさまざまな側面が、それぞれ別個の名前を必要とするものとしてとらえられている様子がうかがわれる。[31]

サンスクリット語の言葉	意味
Abhra	大気

Akâsha	エーテル
Ambara	大気
Ananta	空間の広大さ
Antariksha	大気
Bindu	点
Gagana	天蓋
Jaladharapatha	航海
Kha	空間
Nabha	空、大気
Nabhas	空、大気
Pûrna	完全性
Randhra	穴
Shûnya/sunya	空虚
Vindu	点
Vishnupada	ヴィシュヌの足
Vyant	空
Vyoman	空または空間

図1・25　魚に似た記号が二つに分かれて10の記号になり、さらには1を表す縦線が離れて円だけが残り、ゼロの記号になったのかもしれない。

ビンドゥは、もっとも単純な幾何学図形、すなわち、ひとつの点や、中心がひしゃげて定まった範囲をもたない円を表すためにもちいられる。文字通りにただの「点」を意味するが、私たちが今、体験しているような中身のある世界へと具体化する以前の、宇宙の本質を象徴してもいる。いまだ創造されていないが、そこからすべてのものが創造される可能性をもつ宇宙を表しているのだ。その創造の可能性は、簡単な類推によって明らかにされる。ひとつの点は、その動きによって線を作ることができ、線の動きによって面を作ることができ、面の動きによって、身の回りにあるすべての三次元空間を作ることができる。ビンドゥは、そこからあらゆるものが生じることのできる無であった。

無から何かが発生するという概念から、瞑想用の絵にもビンドゥが使われるようになった。タントラの伝統では、瞑想を行うときには、まず一面の空間について思いをめぐらせてから、線が少しずつ中心に向かって収束し、ひとつの焦点に集まっていくのに意識を向ける。その後、この瞑想を逆向きに行うこともできる。まずは点を思い浮かべ、その点が、**図1・26**のように外側に向かって膨らみ、すべてを包み込むのを意識する。そこでは、複雑な幾何学的構造物であるスリヤントラが形づくられ、目と心が、中心の点から広い外側を結ぶ、収斂、発散の道筋に集中する。

インドのゼロの概念から、シューニヤには豊富な意味が含まれていることがわかってくる。シューニヤの字義通りの意味は「空っぽ」や「空虚」であるが、空間や無為、無意味、非存在という概念も、さらには無価値や不在という概念も包含する。複雑さの塊であり、そこから予測できないほどの連想があふれ出ており、正式な論理構造のなかでの一貫性を確認するために論理解析を施す必要性もない。そういう意味で、インドにおけるゼロの発明は、開放的で自由な連想をともなった、かなり現代的なものに思われる。本質的には、数字としての記数法的な具体的機能をもちながら、その概念が他の方向にもちいられたり拡張されたりするのを制限する必要もない。これは、現代アートや現代文学で目にするようなものだ。つまり、特定の分野内での形式や意味がしっかりと定義されているイメージや概念でありながら、さまざまな目的やビジョンをもったアーティストによって、つねに磨きをかけられたり、改革されたりするのだ。

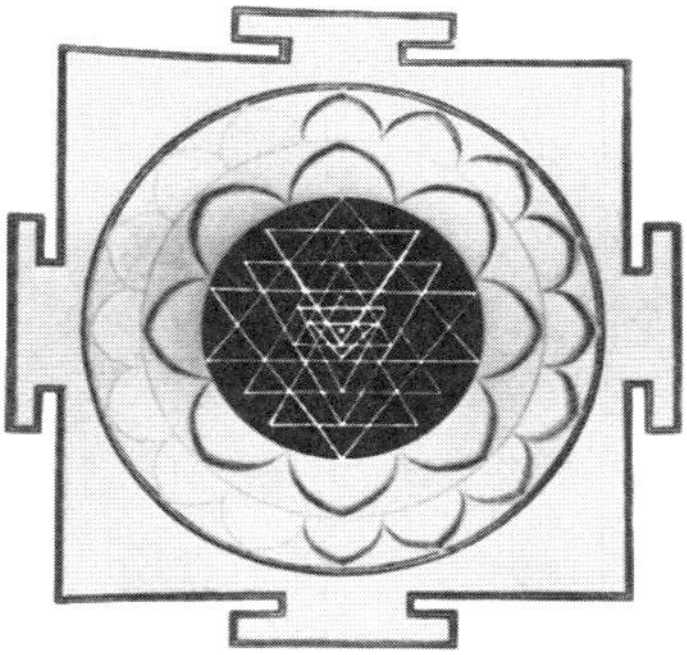

図1・26　タントラ派の一部で瞑想にもちいられる幾何学的構造物の「スリヤントラ」。知られているなかで最古のものは七世紀のものだが、もっと単純なパターンなら紀元前一二世紀にまで遡る。三角形や多角形や円や線が入れ子状になった複雑なパターンからできており、中心点のビンドゥに向かって収束する。ビンドゥは、パターンのなかを内側に、あるいは外側に向かって動き、瞑想の出発点にも終着点にもなる。中心にある九個の三角形のうち、四つは上向きになっていて「男性的」な宇宙のエネルギーを表し、五つは下を向き、「女性的」なエネルギーを表す。こうしたスリヤントラや、ヴェーダの瞑想図を作図するには、かなりの幾何学的な知識が必要とされる(32)。

無についてのインドの概念

空っぽの空虚と陰惨な原野がゼロに属し、神の霊とその光が全能の一に属していることは真実である。

ゴットフリート・ライプニッツ(33)

インド人がゼロの記号を取り入れたのは、無や空虚についての多様な概念がもともと存在していたことによるところが大きい。インドの文化にはすでに、「無」についての種々多様な概念があり、広くもちいられていた。無の量や、空いたスペースを示すための数字を作り出して商人の帳面に書きつけることは、世の中にある広義の哲学をあれこれと調整し直さなくても可能だったのだ。これとは対照的にヘブライ人は、神の動作と言葉によって、空虚から世界が創造されたとみなしていた。空虚には、好ましくない言外の意味が多数もたせられている。空虚とは、そこから後ずさりすべき状態であり、貧困と不毛を暗示するものだ。神から離れることと、神の恩寵を受けられないこと、すなわち神の呪いでもある。同じく、ギリシア人にとって空虚とは、哲学的なジレンマだった。論理を重んじていた彼らは、無をあたかも何かであるように扱うといった窮地に立たされた。

インド古来の宗教は、こうした神秘的な概念となじみやすかった。非存在が存在と同じ基盤の上にあるとする概念をすでに受け入れていたからだ。東洋の多くの宗教と同じように、インドの文化でも、無を、人がそこからやってきて、そこに帰るような状態としてとらえていた。しかもこうした移り変わりは、始まりも終わりもなく、幾度となく起こりうるものなのだ。西洋の宗教では、無から逃れようとする伝統がある一方で、瞑想の訓練においてゼロを表す点の記号を使うことから、非存在の状態が、仏教徒やヒンズー教徒が、ニルヴァーナ〔涅槃〕、すなわち宇宙との一体性に到達するために懸命に追い求めるものであることがよくわかる。

インドの「無」の概念の階層には、全体的な一貫性がある。その概念には、数学で使われるゼロの記号が、他と一体となって含まれている。**図1・27**に、ジョルジュ・イフラーの集めた無の意味の関係を示した[34]。意味の織りなす網の目が、54、55ページに挙げたゼロを表す言葉が示す概念とどのように関連しているかを見てほしい。関連性のある意味の網の目のなかに、無にまつわる多様な意味の根源となるものが少しずつ見えてくる。

いちばん上にはサンスクリット語の単語があり、そのいくつかは、空やその彼方にあるものと関わりがある。それらに加えて、潜在的な宇宙を表象するビンドゥがある。下へと進むと、非実在とか、形をなさないとか、生み出されないとか、創造されないとかいった、あらゆる種類の性質の不在を示すさまざまな言葉と、さらには、取るに足らないとか、無意味であるとか、価値がないとかいった言葉の集まりに行きあたる。

これら二つの別々の意味の流れが合わさって、抽象的なゼロの概念になり、その結果、遅くとも五世紀以降は、無の概念が、平凡な空の器から神秘家の言う非存在の状態にいたる、初期のインド思想における無の概念の連なりのすべての側面を表すようになっていた。

ギリシアの伝統は、東洋のものとはまったく対照的だった。タレス派をはじめとするギリシア人は、人間の思考の最高峰は論理であると考えた。「非存在」を、論理的な展開の対象になりうるある種の

「何か」として扱うことに、懐疑的だった。その一例が、空っぽの空間という概念にたいしてパルメニデスが行った決定的な議論である。パルメニデスは、ヘラクレイトスなどの先達はみな、すべての物（「有る」と言えるもの）は同一の基本的な素材でできているとしながらも、空っぽの空間（「ない」と言えるもの」）について語るという間違いを犯していたと主張した。そうして、有るものについてのみ語ることができ、ないものは思考することもできず、思考することのできないものは有ることもできない、と主張した。

パルメニデスは、この「自明」な言説から多くの結論が引き出されると考えた。そのなかには、空っぽの空間は存在しえない、という定理がある。しかし、さらに意外なことに、時間も運動も変化も存在しえないという結論にも到達した。パルメニデスは、思考したり語ったりするときにはいつでも、何かについて思考したり語ったりしているはずであり、思考したり語ったりする対象となる実際の事物がつねに存在するはずだと、信じ込んでいたのだ。すなわち、事物はつねに存在するはずであり、それらは決して変化しない、ということになる。プラトンはテアイテトスに次のように語っている。

偉大なるパルメニデスは……散文でも韻文でも、つねにこう繰り返した。ないものがあるという考えを広めてはいけない。このような思考から、意識を遠ざけておくべきである。(35)

こうした考え方には、ありとあらゆる問題がつきまとう。パルメニデスはいったいなぜ、何かが真実

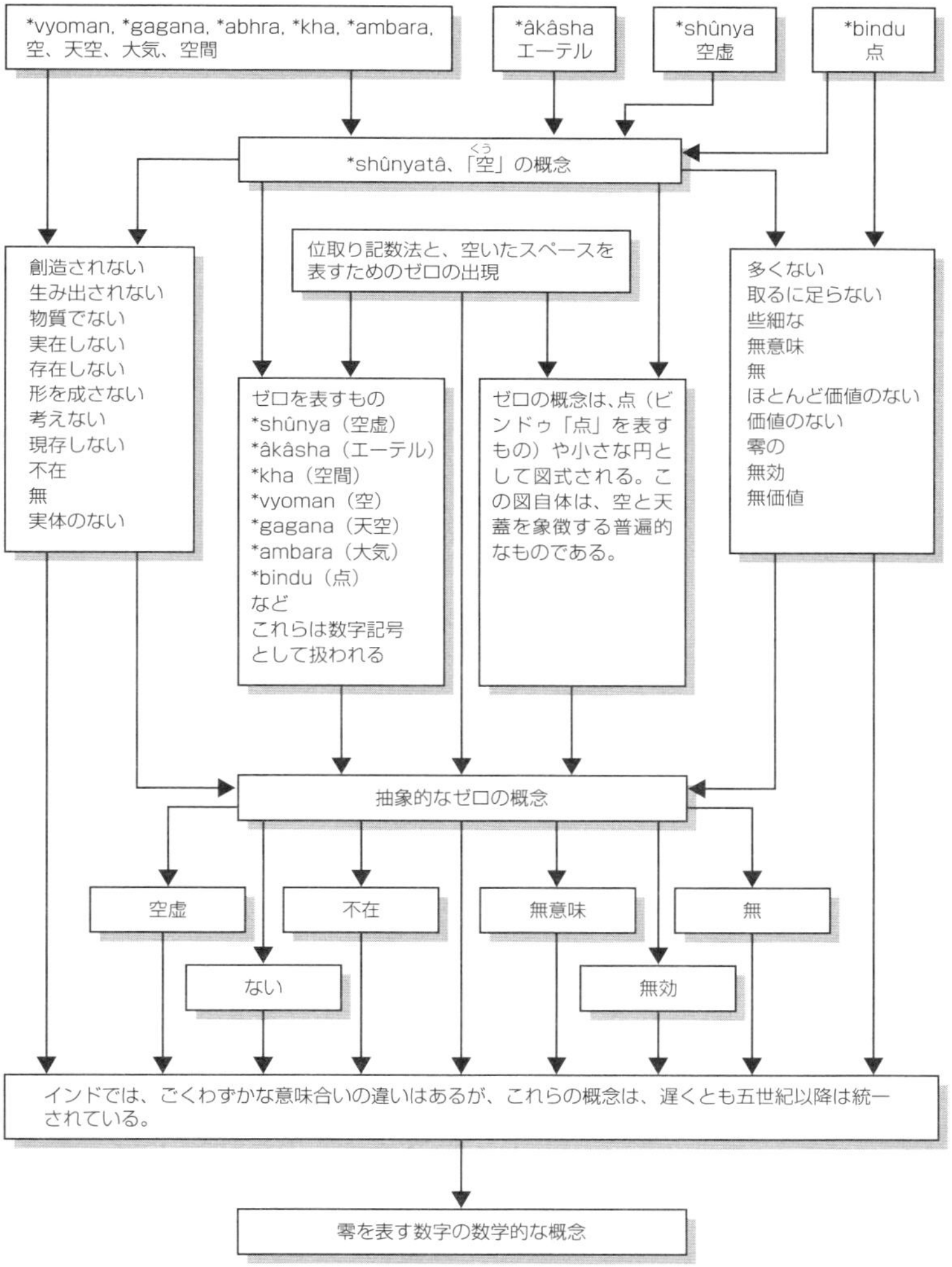

図 1・27　初期のインド思想において、無のもつさまざまな側面に相互に関連する意味。最終的には数学のゼロに行き着く。

ではないとか、何かが存在しえないとか言えるのか。それだけではなく、語る対象は実際にある「何か」であるべきだと主張したことが後を引き、真空や、無や、さらには数学のゼロの概念についてさえ、議論しにくくなってしまう。見晴らしのきく私たちの立場からすれば、そうした境界をもうけるのは奇妙に思える。それでも、インドでは哲学的な立場をひずませることなくゼロを取り入れることができたが、ギリシアではそれができなかった。

旅するゼロ

一〇個の記号（それぞれの記号が、位の値と絶対値をもつ）をもちいて考えうるすべての数を表すという独創的な手法がインドで出現した。今日ではこの考え方はとても単純なものと受け止められているため、それがいかに意義があり、重要なことかが認識されなくなっている。……二人の古代ギリシア人、アルキメデスとアポロニウスにすら思いつかなかったことだという点に鑑みると、数字の発明がいかに重要であったかが容易に理解できる。

ピエール・シモン・ラプラス（一八一四）[36]

インド式の数え方はおそらく、人類の発明のなかでもっとも大きな成功を収めたものだろう。[37] 何と言っても、全世界で取り入れられているのだ。フェニキア文字を発祥とするアルファベットの使われていない社会でさえ、インド式の数え方が採用されている。これは、全世界の共通言語にもっとも近いものだろう。どの地域においても、インド式の数え方とその他の土地の数え方が商売の場で出会った結果、インド式の数え方が採用されるか、少なくとも、インド式のもっとも有用な特徴が後者の方式に導入されるかになった。八世紀にインド式の数え方に出会った中国人は、インドの円形のゼロの記号と、九個の数字からなる位取り記数法を取り入れた。インド式数え方をヘブライ文化に持ち込んだのは、アジアから東洋まで広く旅した学者、アブラハム・イブン・エズラ（一〇九二〜一一六七）だ。エズラは、重要な著書、『数の本』において、インド式の数え方を解説した。[38] そこでは、ヘブライ語のアルファベットのうちの最初の九個をもちいて、1から9のインド数字と位取り記数法を書き表したが、ゼロの記号には、インド式の小さな円をそのままもちい、「車輪」を意味するヘブライ語（*galgal*）にちなんだ名前をつけた。[39] イブン・エズラは、なんと独力で、旧来のヘブライ式の数え方を位取り記数法とゼロの記号をもつ方式へと改めたが、この素晴らしい業績への関心は薄く、これに着目して発展させようとした者はいなかった。

インドのゼロの記号は、主にスペインから、アラビア文化を通じてヨーロッパに進出した。[40] アラビア人はインド人と交易を行っていたことから、インド式の数え方の効率性を実感していた。そうして徐々に、インドのゼロの表記方法を、アラビア文化の高度な数学と哲学へと取り入れていった。アラビア人の偉大な数学者、アル・フワーリズミー（アルゴリズムは彼の名前に由来する）は、インドの計算技術についてこう記している。[41]

［引き算の後に］何も残らないときには、インド人は小さな円を書き、その位があいたままにしないようにする。小さな円でその位を埋める必要があるのは、そうしなければ、位の数が減り、二番めと一番めを取り違える恐れがあるからだ。

アラビア人は、独自の数字を発明することはなかった。数学の書物においても、数を言葉でもって書き記し、別の方式の計算、たとえばギリシア式の計算式を付記していた[42]。

八世紀に建設された都市バグダッドは、おおいなる文化の中心地であり、インドやギリシアの数学の書物がここで翻訳された。七七三年に、バグダッドのカリフが一五〇年前に書かれたインドの天文学の著作、『ブラフマシッダーンタ』(『ブラフマの改良天文学手引』)を入手した。そこには、インド数字と、ゼロを使う位取り記数法がもちいられていた。それから四七年後にアル・フワーリズミーは、算術についての代表的な著作を著し、その新しい記数法を解説し、計算上便宜性が高いと評価した。さらに、大きな数を記す際、1,456,386 のように、数字を三つごとにコンマで区切ってまとめる手法を導入した。これは今日でも使われているが、年号の場合には、2,000 年ではなく 2000 年と表記する。この著作はラテン語に翻訳され、一二世紀以降、ヨーロッパ諸国に普及することになる。

言葉やギリシア数字で数を書き表す習慣は一〇世紀まで続いたが、その頃、「東方」と「西方」アラビア数字という二つの数字が出現した。これら二つの方式には、1から9までのインドの数字を取り入れたが、ゼロは採用しなかったという興味深い特徴がある。ゼロを使わない代わりに、簡便な位取り記数法が考案された。十の位の数を表す数字には、その上に点をつける(5の上に点がついていれば50を意味する)。百の位の数を表す数字には、その上に点を二個つける。したがって、三百二十四という数は、今では 324 と書くが、この方式では次のように書き表された。

…
324

これなら、320は32、302は32のように表記されたのだろう。後に、東方アラビアではゼロを表す小さな円が使われるようになり、インドの記数法とまったく同じ方式へと移行した。

インドとアラビアの記数法をヨーロッパに導入し普及させたのは、フランス人、オーリヤックのジェルベール（九四五〜一〇〇三）の業績とされている。スペインに長く滞在していた時期に、アラビアの学問と数学に親しんでいた人物だ。最初はフランスで、後にはヨーロッパ各地で神学を教え、大きな影響を与えた人物だ。出自は庶民ではあったが、修道院で優れた教育を受け、ラヴェンナの大修道院長およびランス大司教となり、ついには九九九年に、ローマ教皇シルウェステル二世に選ばれた。ジェルベールは、スペイン以外でインドとアラビアの記数法をもちいた初めてのヨーロッパ人であり、当時、もっとも重要な数学者の一人であった。数学者として幾何学、天文学、計算方式についての書物を著した、唯一の教皇だった。

インドとアラビアの記数法の影響力が次第に増し、一三世紀には、交易の場でかなり広く使われるようになっていた。しかし、高い効率性にもかかわらず、意義を唱える者もいた。一二九九年にフィレンツェで、インドとアラビアの記数法を禁止する法律が制定された。詐欺の可能性がある、というのがその理由だ。この二つに相対するローマ数字は、位取り記数法ではなくゼロもない。印刷が発明される前は、商売の記録はすべて手書きされ、悪徳商人によって不正に数を書き換えられないように、特別な手立てが講じられなければならなかった。数の最後にローマ数字のIがくるとき、たとえばIIと書いて「二」を表す場合には、IJと書いて、右側の記号が数の最後であることを示した。こうすることで、数がIIIと書き換えられる（XIIIでもよいのだが）ことが防がれた。小切手の支払額の後に「only」と書く習慣と似たようなものだ。残念ながら、インドとアラビアの記数法は、この種の詐欺に遭いやすいようだ。ローマ方式とは異なり、数の最後に数字をひとつ足すと、それより大きな別の数になる（ローマ方式では、数字を加えても、意味のある数にはならない場合が多い）。さらに悪いことに、ゼロの記号は、手を加えて、6や9に変えられてしまう恐れがある。これらの問題が大きな要因となり、惰性や保守的な雰囲気が助長され、ヨーロッパ北部では一六世紀に入るまで、大半の商人のあいだで、インドとアラビアの記数法が広く導入されるようにはならなかった(43)。

ゼロを表す言葉の発展

ケンブリッジ出身の学者たちはゼロをオート〔aught〕と言い、オックスフォード出身の学者たちはノート〔nought〕と呼ぶらしい。

エッジワース(44)

数字のゼロは、空隙や空虚を表すインドの言葉、シューニヤ〔*sunya*〕に由来するということは先述のとおりだ。もともとは、空虚を表す印という意味のサンスクリット語、シューニヤ・ビンドゥ〔*sunya-bindu*〕（空っぽの点という意味）からきている。これらの言葉は六世紀から八世紀のあいだに誕生した。九世紀には、インド数学がアラビア文化に融合され、シューニヤが、文字通り「空《から》」や「何物かの不在」を意味するアラビア語のアス・シフル〔*as-sifr*〕へと翻訳された。この言葉の名残は今でも見られる。英語の「零」〔cipher〕の語源がそれなのだ。もともとの意味は「無」であり、人に対して侮蔑的に使われる場合には、つまらない人物、すなわち無名の人という意味合いになった。『リア王』では道化師が王に向かってこう言い放つ(45)。

今ではあんたはただのゼロ。おいらのほうがまだましだ。おいらは阿呆だけれど、あんたは何でもなし。

この言葉の変遷をたどるとおもしろい。アラビア語のシフルはまず、一三世紀に中世ラテン語の *cifra* と *zefrum* という二つの言葉に翻訳され、それがギリシア語では τζιφρα になり、ここから、タウの文字 τ がゼロの略語となった。しかし、この二つのラテン語の言葉は、まったく異なる意味をもつようになった。*zefrum* は（一三世紀にピサのレオナルドは *cefirum* と書いている(46)）、本来の意味のゼロを保持していたが、一四世紀のイタリア語では、*zefiro*、*zefro*、または *zevero* へと変化した。これがついにはベネツィア方言で *zero* に短縮され、現在でも英語とフランス語で使われている。これと同様の短縮に、通過単位のリラが、*libra* から *livra* へ、さらには *lira* になった例がある。

これとは対照的に、*cifra* のほうは、さらに一般的な意味をもつようになった。0、1、2、……9の一〇個の数字のいずれをも指すようになったのだ。これが、フランス語の *chiffre* と英語の *cipher* となった。フランス語の意味も、英語同様、曖昧だ。もともと *chiffre* の意味はゼロだったが、*cipher* と同じように、どの数字も指すようになっていった。ゼロの意味と無の意味が合体して、「無」と数字のゼロのどちらにも使われる言葉「null」ができた。これは、「無の数字」という意味であり、ラテン語では *nul-*

la figura だ。サクラボスコのヨハネス〔一二五六〕が著書『アルゴリスムス』〔計算法〕において、ゼロの記号となる一〇番めの数字についてこう書いている。

一〇番めの数字は、「無」を意味することから、*theca* または *circulus*、あるいは *figura nihili* と呼ばれている。それでいて、適切な位置に置かれると、他の数字に値を与える。(47)

一五世紀にフランスで書かれた、商人向けの算術の書物にはこうある。

chiffres には一〇個の文字があり、そのうち九個には値があり、一〇番めの数字は値が無い〔*rien*〕が、他の数字に値を与えるものであり、ゼロ〔*zero*〕もしくは *chiffre* と呼ばれる。(48)

どちらの著者も、ゼロを含む一〇個の数字について書いているところが興味深い。指を使って数える文化において、一〇本の指で、1から10ではなく、0から9の数を指す方法がどのように生まれたのかを想像することは難くない。だが、一本めの指と無とを関連づけるためには、発想の大きな飛躍を要しただろう。もちろん、実際に指を使って数えていた人たちがそのように発想したわけではないが、指を一本も立てていない手をどのように使って、何も残っていないという直観的には単純な情報を伝えたのかは、わからない。(49)

ドイツ語では、数字を表す言葉と、ゼロを表す言葉の曖昧さはなくなった。数字を *Figuren*、ゼロは

*cifra*または*Ziffer*となったのだ。[50] 英語の「figures」は現在では数字と同義語になっていて、「being good with figures」という言い回しは、計算の能力が高い人をほめる場合によく使われる。[51] *theca*や*circulus*（小さな円）といった言葉も、ゼロと同義に使われる場合がある。どちらも、ゼロ記号の円い形を指す。*Theca*は、中世の罪人の額や頬に焼き付けられた円い印のことだ。

最後の計算

位は何でもない。空間ですらない。ただし、その中心に数字がある場合には、そうではない。

ポール・ディラック[52]

ここまで、今日では身近にある数学のゼロ記号が受け継がれてきた歴史を振り返った。ゼロ記号は、数の世界共通言語のひとつである。今ではその必要性は当然のように思われているが、それを認識していた古代の文化はとても少なく、発明をした文化から刺激を受けて初めて取り入れたところがほとんどだった。数字の列のどの場所に置くかによって異なる値が与えられるという仕組みは、人類の最大の発見のひとつである。この方式が確立されると、数字の列のなかのあいた場所には値が与えられないということを示す記号を発明する必要に迫られた。バビロニアとインドの文化が最初にこの意義深い発見をして、それが、アラビア文化を通じて、さらにはアラビア人の数学、哲学、科学の高度な教養を通じて、ヨーロッパやその先の世界へと広がった。不思議なことに、古代ギリシア人は、あれほど非凡な知的偉業を成し遂げたのに、この基本的な発見をしそこねた。実のところ、先述のように、彼らの世界観と、その仕組みを解明するためにもちいていた論理が大きな障害となって、ゼロの概念が生まれなかったのだ。概念間の論理的な整合性を求めたため、「無」が何かであるとする考え方を容認できなかった。彼らは、ゼロの概念を実際の計算に縫い込むことを可能にする神秘の糸を手にしていなかったのだ。インドの方式が成功したこと、しかも明白な成功を収めたことから、ゼロは文句なく世界に普及した。無が、他のあらゆるものの不在を示すだけでなく、それ自体が好ましいものであるという哲学に親しんでいたからこそ、ゼロの記号は、無という言葉について今なお存在している幾多の意味をまとうことになった。無のはじまりは小さな一歩だったが、それは、人類の思考や記録や計算の有効性に大きな飛躍をもたらした。通商や航海、工学、科学においてゼロが有効で有用であったことから、いったん手に入れたゼロの記号を手放すことは決してなかった。ナポレオン・ボナパルトの言うように、「数学の進歩と完成は、究極的には国家の繁栄と結びつく」からだ。

ゼロは精霊《ジン》に似ている。いったん解き放たれると、引き留めることも、ましてや取り消すこともできない。ゼロの記号が表す概念にいったん言葉が与えられると、ゼロは独自の生命をもつようになり、数学の制限や、さらには論理の制限からも自由になる。定義と統制がもっとも容易な場所において無の概念を正当化することに重要な役割を果たしたのは数学者たちだ。その後の数百年で、無は、姿をさまざまに変え、いっそう重要性を増し、今よりもっと謎めいた形をとって、他の場所に現れることだろう。

2　から騒ぎ

身の回りにある重要なことがらのなかで、もっとも重要なものは無の存在である。

レオナルド・ダ・ヴィンチ[1]

何もたいしたことはない。

クイーン

無限ホテルへようこそ

……図書館には……すべてのものがある。事細かに描かれた将来の歴史、大天使の自伝、図書館の正確な目録、無数にある間違った目録、真の目録が間違いであることの証明、バシレイデスのグノーシス派の福音書、その福音書についての注釈、福音書についての注釈についての注釈、あなたの死についての真実の物語、すべての本のあらゆる言語への翻訳、すべての本のなかにすべての本を書き入れること。

ホルヘ・ルイス・ボルヘス(2)

無は何の価値もないけれど、ただで手に入る。

クリス・クリストファーソン&フレッド・フォスター(3)

無から生じる謎をめぐるヨーロッパの思想は、二つの立場のあいだで板挟みになりながら発展していった。五〇〇年前の哲学者なら、無についてのとらえどころのない抽象的な概念をつかみとり、同業者を、無は結局のところ何かであるかもしれない、少なくとも、研究に値するものであるかもしれない、と説得する必要があったろう。ところが、科学に携わる者、すなわち「自然哲学者」は、物理的な無、すなわち空っぽの空間のなかに完全な真空が存在しうるかどうかという根深いパラドックスに直面していた。もっともやっかいなのが、どちらの場合でも、思想が異端の領域へとさまよい出るかもしれないために宗教体制から否認される恐れがあるということだ。無は、今日なら「人生の意味を問う問題」と呼ばれるような、究極的な問題だった。答えによっては、新しい発想がもたらす揺れにも耐えるよう入念に構築された思想体系の根本を突き崩す可能性がある。世界がどのように始まり、どこから生じたのかを教義に定めるいかなる宗教も、無についての見解をもつ必要があった。しかも、それにたいするいかなる答えも、予想されるほど単純なものではない。たとえば、世界の始まる前には何があったかという問いにたいして「一切何もない」と答えるとすると、やっかいな問題が待ち構えていることだろう。

今の私たちには、無とは不可能な状態なのかもしれないという考えは、すぐには思い浮かばない。しかしかつては、多くの人にとって、無が存在しうるとは考えにくい時代があった。影響力の大きなプラトン哲学では、身の回りの物は、完璧な理想の型の集まりを不完全な形で表したものにすぎない、と説かれていた。そうした青写真から、すべての物質的なものの特徴が生じるのだ。その型は永遠不変、不朽不滅である。物理的な宇宙から物質的なものをすべて取り除いても、永遠の型が残るとプラトン主義者はなおも主張するだろう。現代的な用語では、それは「神の意志」となる。[4] もしも、無がそうした型のひとつであるとみなすなら、それでもなお無と称するに値するような、不完全な発現を想像することさえ不可能になる。何かひとつでも含んでいるような真空は、そもそも真空の範疇に入らない。無について考える人が直面する問題は、いわゆる「無限」について考える人が直面する問題とよく似ている。ゼロと無限という両極端のあいだの有限の立場にしっかりと立っているからこそ、そうした問題が生じるのだ。ゼロと無限は一見すると、密接に関連しているように思われる。どの数も、ゼロで割ると答えは無限になる。どの数も、無限で割ると答えはゼロになる。しかし、女を追いかけ回す妻帯者と、妻帯者を追いかけ回す女であふれかえっているスキー場のように、状況は、最初に受けた印象ほどには対称的ではない。数学者にとっては、ゼロの概念は単純明快で、議論の対象にはならない。何かの品物がひとつ残らず消費されたときなどが、具体的なよい例だ。ゼロは、足し算と掛け算の単純な規則に従う(5)。しかし無限となると、話は違ってくる。過去には、数学では、ひとつずつ数え上げることのできる有限の事物の集まりだけを扱うようにすべきだとする風潮もあった。もう少し一般的な見方で言えば、形式的な無限を数学に取り入れるのはよいが、扱いには十分に注意すべきだ、となる。無限は、有限の量を対象とする通常の計算の法則には当てはまらない。無限から無限を取り除いても、無限が残る。たとえば、自然数を列挙したもの（1, 2, 3, 4, 5, ……）には、無限の数の奇数と（1, 3, 5, 7, ……）、無限の数の偶数が含まれている（2, 4, 6, 8, ……）(6)。無限にあるすべての数から、無限にある奇数を取り除くと、無限にある偶数が残るのだ。

　無限の問題を見事にとらえたのが、ヒルベルトのホテルだ(7)。ふつうのホテルには、有限の数の客室がある。すべての部屋が埋まっていれば、宿泊中の客をひとり部屋から追い出さないかぎり、そのホテルに泊まることはできない。ところが無限ホテルなら、状況は違ってくる。ひとりの客が、無限の数の客室がありながら（1、2、3、4……と部屋番号が無限につけられている）、全室が埋まっている「無限ホテル」の受付に現れたとしよう。それでも問題はない。支配人が、番号1の部屋の宿泊客に番号2の部屋に移り、番号2の部屋の客に3の部屋に移るようにと、すべての客に依頼する。これで1の部屋があいて新しい客が入ることができるようになり、しかも宿泊客全員にもちゃんと部屋がある。

　客はこのサービスに満足し、次にこの町を訪れたとき、無限の数の友人を連れて無限ホテルにやってきた。今回も、この人気のホテルは満室だ。だが今回も、支配人は落ち着いて対応する。番号1の部屋の客を2の部屋に移し、2の部屋の客を4の部屋に、3の部屋の客を6の部屋に、と全員を移動させる。これで、奇数番号の部屋がすべてあく。無限の数の空き室ができ、この客と無限の数の友人たちが難なく宿泊できる。もちろん、ルームサービスには少しだけ時間がかかるが。

「数」を物理的に具現化すると、ゼロと無限の対比がいっそう際立つ。ゼロのほうは問題ない――車輪がひとつもついていない車を思い描けばよい。ところが、無限を物理的に表現できるかどうかは、誰にもわからない。ほとんどの科学者は、それはできないと考える。計算に無限が関わると、現在もちいられている理論の有効性が限界に達し、新たに改良された理論と取り替えて、数学的な無限を、有限で計測可能な量に置き換えなければならないことが明らかになるからだ。液体の流れなどといった制御可能な状況なら、見せかけの無限が発生すると予測される物理的な状態を観察することができ、物理的な無限は生じないことをその目で確かめ、状況をより正確に数学的にモデル化すれば、予期される無限を取り除けると確信をもつことができる。しかし、もっとめずらしい状況もある。たとえば、宇宙が膨張を始めたように見えるときがそうだ。そういう状況を観察すれば、あらゆるものが物理的には有限であると確信がもてる。ここで想定する状況は、多くの点で特異であるため、物理的な無限が存在しうるかどうかは定かではない。それにもかかわらず、宇宙論者による研究の大半は、宇宙のはじまりには物理的な無限はなかったとする上位理論を見つけようとする方向に向かっている。

ゼロと無限のもうひとつの対比として、人の心にそれぞれが与える精神的な影響がある。現代では、銀行預金の残高に何度も出てくる場合を除いて、ゼロを恐れる気持ちはほとんど見られない。しかし多くの人は、無限という概念を、恐ろしく、難解で、ぞっとするようなものととらえている。これは、

「無限の空間の沈黙は、私にとっては恐怖だ」というパスカルの有名な告白を彷彿させる。こうした感情は、一七世紀に限ったものではない。一九六五年に死去した著名なユダヤ人哲学者のマルティン・ブーバーは、無限について考えただけで自殺したくなる、と書いている。

> 想像もつかないほどの必要に迫られた。空間の縁を、あるいは縁のない空間を、始めと終わりのある時間を、あるいは始めも終わりもない時間を、何度も何度も想像せずにはいられなかった。そのどちらも、同じようにありえなく、同じように絶望的だった。……逆らいがたい強迫観念のもとで、次から次へと考えたが、ときには、頭が狂ってしまうのではないかと恐れるあまり、この思考から逃れるために真剣に自殺を検討した[8]。

実存主義者は、すべての存在は人間の存在に由来するという視点に立ち、存在と非存在の対比から何らかの意味を引き出そうと努力してきた。この種の思索でもっとも有名なのが、ジャン＝ポール・サルトルの著書『存在と無』だ。そこでは、無の意味と意義について複雑な思考がめぐらされている。その代表的な部分を抜粋してみよう。

> 無は存在につきまとう。つまり、存在を考えるには無は必要ない。無の痕跡を一切認めることなく、存在という概念を徹底的に考察できるということだ。しかしその反対に、存在しない無は、借りものの存在しかもてず、存在によって自身の存在を保持している。無のもっている存在的な無は、存

在の範疇のなかでしか出会わない。存在が一切消え去っても非存在の支配が到来するわけではなく、反対に、それにともなって無が消滅するだろう。非存在は、存在の表面にしか存在しない。[9]

ここでサルトルは、存在と無は単に同等で相対するものであるとするヘーゲルの主張に反論している。サルトルは、両者がそもそも論理的に同時に起こりうるものではない、と考えるのだ。さらに、両者が単に、ヘーゲルの言う「空虚な抽象的概念であり、どちらももう一方と同じく空虚である」は間違いであるとする。なぜなら、両者の非対称性を作り出している特徴は、「空虚とは、何かが欠いているということ」であるからだ。[10] 両者は、まったく異なるものなのだ。

贈り物を持ったギリシア人

「道には誰も見えないわ」とアリス。
「わしにもそんな目がほしいわ」王は怒って言った。「そこにいない者を見れるなど！　しかもあんなに遠くまで！　わしなら、こんな暗いなかでは、本物の人などほとんど見えん」。

ルイス・キャロル

古代ギリシア人がこうした問題に取り組んでからというもの、無についての思考は、無限についての思考にまとわりついているようなパラドックスに取り憑かれている。パルメニデスやゼノンなどの哲学者は、これらのパラドックスを整理して、無と無限の概念が自己矛盾することを明らかにしようと試みた。

パルメニデスにとって、宇宙は統一されたものでなければならなかった。限界はあるが、空間のすべては満たされている。対称性という観点から、宇宙は球形であるべきだ。真空は、非存在を構成するものであり、宇宙がすべての空間を満たすという前提と矛盾する。したがって、真空はありえない。さらにパルメニデスは、宇宙は、どこにおいても真空と交わることはないとまで主張した。また、事物は、無から出現することも、無へと消失することもないと言い、無からの創造が、なぜ特定の時に起こらなくてはならなかったのか、なぜもっと早くには起こらなかったのか、という疑問を呈した。シンプリキオスなど、無からの創造を支持した後の時代の者たちは、この問いかけにたいし、個々の物質の形態がひとつまたひとつと発生するように、できごとが順番に起こったのかもしれないと述べている。この筋道の通った順序を追うことで、特定の何かが出現した年代を定めることができるというのだ。

ヨーロッパのキリスト教は、神の行いについての二通りの見解を統合しようと試みてきた。ひとつは、もともと存在していた永遠の素材から世界を作り上げたとして、神を設計者とみなすギリシア的な見解だ。もうひとつは、神は世界の創造主であり、すべての属性を無から作り上げたとするユダヤの伝統だ。ギリシアでは従来から、世界が形づくられたもととなる何かがつねに存在していたとする考え方が根づいていた。このようにして、無の概念、さらには無につきまとうあらゆる哲学的な問題と取り組む必要から逃れてきたのだ。ギリシア人哲学者は、空虚という概念から後込みした。混沌《カオス》という言葉はもともと無を意味するものであり、無を、存在を有する何かであるとみなす考え方そのものには混乱がつきまとうことがわかる。

パルメニデスやその弟子ゼノンなどの哲学者は、存在の性質は静止したまま変化しないとする自説を、さまざまな独創的な議論を通じて守ろうとした。ゼノンの運動に関するパラドックスは、ギリシア思想の枠であり、ギリシア人思想家からの反駁を一切受けたことはない。実際は、単に無視されているだけだ。ギリシアでは昔から、変化しない要素に関心が寄せられた。幾何学では、線や円、曲線、角がそうであり、算数では数や比、和、積がそうである。限界のないものを扱うことには神経をとがらせ、ゼロや無限に反対する者は、これらに「要注意」のレッテルを貼り付けた。ゼロと無限はどちらも、ぼろぼろと砕けゆく思想の縁にぶら下がっていた。アリストテレスは、両者ともを、因果関係という論理構造における危険因子とみなした。無には原因も結果もなく、理由も終わりもない。したがって、すべての概念をひとつの調和のとれた論理構造のなかに収めようとするのなら、実に困った事態になる。そのわけを、ブライアン・ロットマンは次のように鋭く指摘している。

世界を分類し、順序づけ、分析し、それ以上還元できない最終的な区分や事物や原因や属性に整理していたアリストテレスにとって、因果関係から隔離され、感覚によって感知できるものとはほど遠い、分類不能な空虚や、存在という自然の生地にあいた属性をもたない穴は、危険な病気、神を否定する狂気に映り、根絶不能な「空間恐怖」をもたらしたにちがいない。(11)

ギリシアの哲学と精神においては、不変の存在である分割できない宇宙には、無が実在するとしたら必要となるような類の隙間の入る余地はなかった。だから、無は存在しえない、という単純な結論にいたったのだ。無から何かを作り出すことはできない。アリストテレスは、空虚とは、誰も存在できない場所であると定義した。そこから、さまざまな哲学的な探索に乗り出すこともできただろう。たとえば東方に赴いて、インドの思想家に愛されている非存在や無の概念について熟考するなど。そうする代わりにアリストテレスは、空虚は存在しえないと結論づけた。永遠の物質が、あらゆる場所を占めている。存在のない完全な空虚という状態はありえない、というのだ。

無についてのこうした嫌悪感にもかかわらず、パラドックスの言葉遊びがときおり楽しまれていた。イギリスの作家たちがこれを操るようになったのは、一七世紀になってからのことだ。もっとも印象的なものが、ホメロスの『オデュッセイア』のなかで、オデュッセウスが巨人族キュプロクスのポリフェモスと対峙する場面だ[12]。オデュッセウスは、一つ目の巨人に大量の酒を飲ませ、警戒を解こうとする。自分の名を問われたオデュッセウスは、「『誰でもない』だ。父も母もいつもこう呼ぶ」と答えた[13]。それでもポリフェモスはオデュッセウスをとって食うと言うので、オデュッセウスはすきを見て、火のついた棒でポリフェモスの目をつぶす。ポリフェモスは、大声をあげて仲間の助けを求める。「『だれでもない』にだまされた。殺される！　『だれでもない』に力ずくで殺される！」。ところが誰も助けに来ず、「『だれでもない』やつが襲ってくるだって。お前は病気にちがいない。それはゼウスのすることだから、どうしようもないさ」とあしらわれる。オデュッセウスと仲間たちは、羊毛をかぶり、目をつぶされた巨人のそばをすり抜けて脱出に成功する。しかし、舟に乗り遠くに逃げていく彼らに向かって、ポリフェモスは、生きて故郷に帰ることはないぞ、と呪いの言葉を吐いた。

この非常に有名な古代叙事詩がありながら、ギリシア人哲学者が、それに刺激を受けて無のパラドックスについて考えようとしなかったのは不思議なことだ。ただしゼノンだけは、図2・1にまとめたよ

ゼノンの運動のパラドックス

競技場

運動は不可能だ。なぜなら、動くものは何であれ、目的地に到達する前に、動く距離の半分の地点に到達しなくてはならないからだ。つまり、競技場で1メートル進むためには、まず、2分の1メートル進まなくてはならず、さらにその前に、4分の1メートル進まなくてはならず、さらにその前に8分の1メートル進まなくてはならない。有限の時間内に、無限の数の位置に到達するなど、どうしたら可能なのか。

アキレスと亀

アキレスは400メートルを1分で走れて、亀は40メートルを1分で走れる。亀は、アキレスの400メートル前方からスタートする。アキレスは決して亀を追い抜くことはできない。なぜなら、アキレスが400メートルを走り切っても、亀はその40メートル前にいるからだ。アキレスがその40メートルを進むまでに（10分の1分で）、亀はまたもや4メートル前にいる。これがずっと続くのだ。

図2・1　ゼノンの運動のパラドックス

うな印象深い物語をもちいて無限の概念を論じる準備ができていた。

紀元前五、六世紀に無の概念が生まれたとき、ギリシア哲学はすぐさまそれを否定した。まずはタレス率いるイオニア学派が、無から何かが発せられたり、何かが消失して無になったりすることは決してないと主張した。タレスはこの直観をもとに、宇宙が無から出現したという可能性を否定した。これはたしかに理解しがたい概念であるし、西洋のキリスト教文化でこの概念になじみがあるのは、二〇〇〇年にわたる宗教的な伝統のおかげにすぎない。ギリシア人哲学者のなかでパルメニデスが初めて、「非存在」の概念について真剣に考え、理解しようと取り組んだ。タレスは存在の属性に焦点を当て、非存在の概念は単に無視した。パルメニデスは非存在は存在しないと主張したが、その考察において、空っぽの空間や物質のない領域の具体的な問題について考えたり、空っぽであるかもしれない空間を実際に調べるなどといった実際的な試みはまったく行わなかった。思弁的な自然哲学においてさらにくわしい検証を行ったのは、シチリア島出身のエンペドクレスだ。彼は後に、おそらくは神について迷いをおぼえるようになったために、活火山のエトナ山に身を投じるという陰惨な死を遂げた。

エンペドクレスは、物質には、謎に包まれた軽い媒体「エーテル」で満ちた孔があると想定した。この世界の第五元素、エーテルは、物質の多くの形態にある粒状の構造を説明しようとするなかで、空っぽの空間という概念を取り入れることを避けるために考案されたものだ。物質のある証拠がまったくない場所には、知られているすべての物質（おそらくは空気を除く）よりも軽い希薄な物質がつねにいくらか存在し、小さな孔を透過して、完全な真空が形成される恐怖から我々を守ってくれるとエンペドクレスは唱えた。彼の名誉のために言っておくと、エンペドクレスは、エーテルを単に真空を不可能にするものであるとして満足していたわけではなく、物体内部の孔から流出したものが、さまざまに影響を与え合うと予想した。ある意味、この直観はかなり現代的だ。エンペドクレスは、別々の物体のあいだで力が即座に作用するという考え方はしていない（およそ二〇〇〇年後にニュートンが取り入れた考え方）。むしろ、磁石に鉄が引き寄せられるとき、有限の時間のあいだに引力が発生すると考えた。

磁石が鉄を引きつけるのはなぜかという問いにたいして、エンペドクレスは、鉄と磁石の両方から流出物が生じ、磁石にある孔の大きさが鉄からの流出物に対応しているからだと答えている。……したがって、鉄からの流出物が磁石の孔に近づき、その大きさに適合すると、鉄が流出物の後を追い、磁石に引き寄せられるのだ。(14)

これが、エーテル思想の始まりだった。二〇世紀に入るまで、さまざまな形でエーテル説が主張されることになる。もともとの目的は、単に、物理的な宇宙に空っぽの空間が存在することを認めざるをえなくなるのを避け、物理的な空間と物質という図と、存在についての哲学的な概念と非存在の不可解さの折り合いをつけることだった。

エンペドクレスは哲学者の枠を超えていた。人間の呼吸と空気の性質について調べるにあたって重要な実験を行い、ある発見をした。孔の開いた容器が水をとらえる現象を観察して、これを論じている。[15] その内容を**図2・2**に示す。

また、空気を抜く前の容器を水に浸けると、水がなかに入ってこないことにも気づいた。[16]

> 少女が、きらきら光る真鍮の水汲み容器を水に入れて遊んでいた。形のよい手で管の端をふさぎ、銀色のやわらかい水に浸すが、容器に開いた多数の孔の内側から大量の空気が水を押す。少女が閉じ込めていた「空気の」流れを自由にすると、すぐさま空気が外に流れ出て、それと同じ分量の水が流れ込んできた。

エンペドクレスはもう少しで、地球の大気中で空気の与える圧力について、何かを導き出すところだった。それから二〇〇〇年後にトリチェリが、この種の装置の働きについて正しい説明を施した。

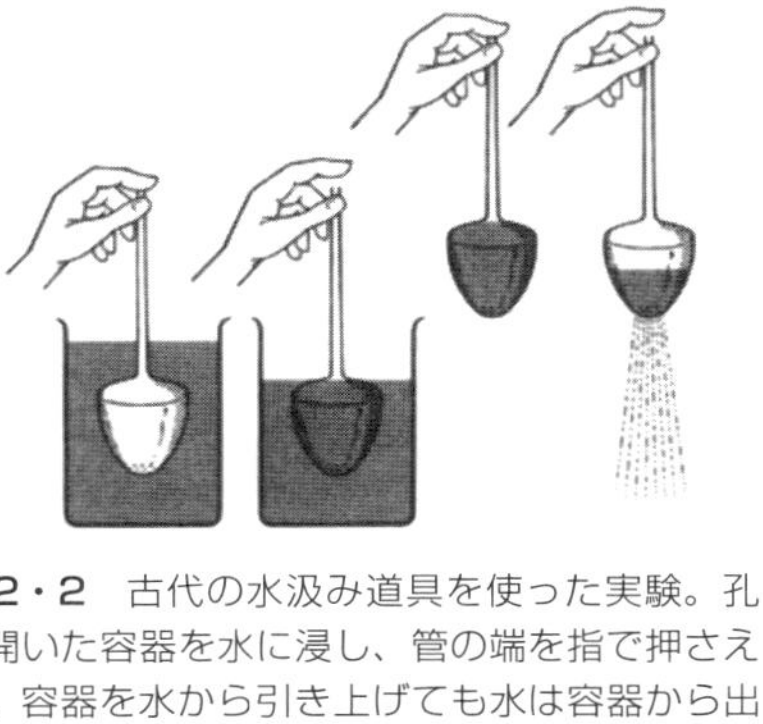

図2・2　古代の水汲み道具を使った実験。孔の開いた容器を水に浸し、管の端を指で押さえる。容器を水から引き上げても水は容器から出てこないが、指を管から離すと水が流れ出る。この現象をどう説明するかが、2000年以上にもわたり科学者や哲学者を悩ませた。

アナクサゴラスは、エンペドクレス同様、紀元前五世紀中葉に、最初はイオニアで、後にはアテナイに移り活躍した人物だ。エンペドクレスと同じく、空っぽの空間の存在を否定し、世界の「要素」は保存されていると固く信じていた。この保存の原則とは、物は無から生じることも、無へと消え去ることもできないというものだ。この真意は、現代のエネルギー保存の概念と似ている。アナクサゴラスは「創造」を、無から世界が出現するという事象ではなく、原初の混沌とした状態に秩序がもたらされることであるととらえていた。彼はまた、この保存の原則をもちいて、ある物質から別の物質に変化する仕組みを理解しようとした。果物や他の食べ物を口にすると、どのように肉や骨に変わるのか、がその一例だ。アナクサゴラスは、こうした変化のひとつひとつにおいて、何かが受け渡されているはずだと考えた。さまざまな形態をとる物質の内部には受け渡される「種子」があり、それらは創造されることも、破壊されることもないという。「なぜなら、すべてのなかには、すべてのものの部分があるからだ」。この種子を、現代の化学でいう分子と解釈することもできるだろう。しかし、これらの成分は、無限に分割できるものであるとされるため、空間はどこまでもこの物質で満たされる。エンペドクレスの言う孔は必要なく、空っぽの空間が存在する余地もない。

アナクサゴラスも、エンペドクレスと同じく水汲み容器の実験に興味をもち、何度もこれを繰り返した。さらに、革袋のなかで空気を圧縮させる実験も行い、革を伸ばそうとすると空気の抵抗力が生じることも証明した。ここから、空気は空っぽの空間と同じではなく、空っぽの空間が存在するという観察可能な証拠はないという結論を引き出した。鋭い洞察力をもつアナクサゴラスは、人間が世界を観察するとき、感覚の弱点に制約を受けるということを見抜いた最初の哲学者だった。あるものが別のものと本当に異なるかどうか（彼が好んだ例は、よく似通った色合いを区別することだった）を判断する能力は、人の感覚によって左右されるため、「感覚による認識が弱いために、正しい判断を下せない」。私たちの感覚は、十分に認識することのできない奥深い実体についての、部分的な情報を抽出しているだけなのだ。この説は、彼の後にギリシアで活躍した原子論者が、世界のとらえ方の基本的な特徴として支持することになった。

原子論者は、すべての物質は、小さな分割不可能な粒である原子からできていると主張した（ギリシア語の *atomos* は、部分をもたないという意味）。原子は、分割できず、永遠に変わることがない。原子は空っぽの空間のなかを動き、場所によって密集の度合いが違うことから、物質の形態によって密度や特徴が異なる。こうした世界のとらえ方は、単純であり広く応用できることから魅力的だった。最初に原子論を提唱したのは、紀元前五世紀半ば、ミレトス出身のレウキッポスだった。その後、弟子のデモクリトスが発展させ、最終的には、サモス島出身のエピクロス（紀元前三四一～二七〇）によって哲学体系へとまとめられ、広く知られるようになった。それでも、今日までに原子をもっとも印象的に語ったものは、ローマの詩人ルクレティウスがおよそ紀元前六〇年にエピクロスの原子論に寄せて詠んだ散文詩「物の本質について」のなかにある。

レウキッポスの物質の概念に関する思想には、二つの際立った特徴がある。物質は同一の基本的な単位から構成されるとすることと、原子がそのなかで動く、いわゆる空っぽの空間が実際に存在するという考えを真剣に受け止めていたことだ。ここで初めて、本物の真空という概念が、自然哲学の公理のひとつとして厳格に扱われた。世界が、原子と、原子がそのなかを動く空虚とに区別されたことから、運

動や変化が可能になるには真空が必要となった。それについてレウキッポスはこう語る。(17)

別の存在としての空虚がないかぎり、「有るもの」は動けない。さらには、物と物を離しておくものがなければ、それらが「多く」存在もできない。

原子は、密度も形も位置も変わることはあるが、無から出現したり無へと消え去ったりはしない。原子にはこうした不変性があることから、そのなかに真空の部分があるかもしれないという可能性はなくなる。原子は内部まで固く、有限の大きさをもつはずだ。レウキッポスが一時期、ゼノンの教えるエレア学派の学校で学んだことは、重要な意味をもつのだろう。そこでは、無限のパラドックスが盛んに研究されていた。ゼノンは、物を無限に半分にしていくプロセスを想像するときに起こるであろう、奇妙なパラドックスをいくつか具体化してみせた。たとえば、運動のパラドックスのひとつに、一メートル先のドアまで歩くことが可能かどうかを考えさせるものがある。まず、一メートルの半分まで行き、それから一メートルの四分の一進み、さらに一メートルの八分の一進む。これを無限に繰り返す。これでは、無限の数の距離を歩かなくてはならないために、目的地まで絶対にたどり着けないように思われる。任意の小さな大きさになりうるものを扱うという困った問題に直面したレウキッポスは、そうしたパラドックスを避けるために、物質の原子の単位には最小限の大きさがあるべきだと確信したと考えられる。それには物理的な理由もあった。エピクロスは、物質が無限に分割可能であることを認めると、物質の本質が非存在へと陥るという不可逆的な破滅にいたるか、壊れやすく存続不能な物質の集まりができあがると論じた。これは、行き過ぎだった。この説には、数学的な実体と物理学的な実体との厳密な区別が必要になるからだ。数学的には、どのような量でも無限に分割可能だが、物理的にはそうではない。どの数学的な構造を物理的な存在に当てはめるかを選択する必要があった。

エピクロスの説によれば[18]、原子が裸眼では見えない理由を説明するためには、最大限の大きさが決まっていなければならない。デモクリトスはこの点については何も語っていないが、宇宙にある原子の数は、宇宙の大きさや年齢と同様に、無限だとする他の原子論者らと同意見だった[19]。したがって、彼らの考える宇宙とは、さまざまな形や大きさをもつ、分割不能で運動をする固体の粒で満たされた無限の大きさの真空なのだ[20]。ルクレティウスは、これらの目には見えない原子のランダムな運動から、どのようにして、身近にあり、安定していて不変であるように思われる物体が生じうるのかを、詩的に描写している[21]。

すべての原子は動いているが、全体的にはまったく動いていないようである。……原子はみな、われわれの感覚でとらえられる範疇にはないからだ。原子自体が目に見えないために、その運動も当然ながら観察の目をすり抜けてしまう。実際、目に見える物であっても、遠くにあると、その運動が目に留まらないこともある。丘の斜面で、毛のふさふさした羊らが青い草をはみながら、朝露に輝く草にあちこち誘われている。腹のふくれた子羊たちは楽しそうにはしゃいだりじゃれ合ったりしている。それでいて、遠く離れたところから見れば、ぼんやりした何かが見えるだけだ。緑の丘にある、静止した白い部分が見えるだけである。

原子が空間によって隔てられているとする原子論者の描写と、ピュタゴラスによる数の描写とのあいだには、不思議な類似点がある。ピュタゴラスと弟子たちは、あらゆるものは数によって表され、そうした数には本質的な意味が備わっていると考えた。数は、物と物とのあいだの関係を表現する単なる手段ではないのだ。もしも、二つのまったく異なる物が、3という要素、あるいは5という要素をもっているとしたら、根本的な調和の関係で深く結ばれていることになる。原子論者と同様、ピュタゴラス学派も、物のアイデンティティを保持するために何もない空間を必要としていた。原子論者にとっては、原子と原子を切り離し、運動を可能にしているのは空っぽの空間だった。ピュタゴラス学派にとって、あらゆるものは数であり、数と数のあいだには何もない空間があった。ピュタゴラス学派の主張を、アリストテレスは次のように伝えている。(22)

空虚は存在する……。物と物を切り離し、別個のものにしているのは空虚である。これは、何よりもまず、数についても当てはまる。空虚が数と数を別個のものにしているのだ。

古代哲学者のなかで、真空について確固たる見解をもっていたのは原子論者だけではなかった。紀元前三世紀には、事物の性質について従来とはまったく異なる理論が生まれた。その一門が、アテナイの市場の北側にある彩色を施した柱廊（*stoa*）で集まる習慣があることから「ストイック」と呼ばれたため、この思想はストア哲学と称された。この学派の創設者はキティオンのゼノン（パラドックスのゼノンと混同しないこと）と、シチリア島ソロイのクリュシッポス、シリアはアパメアのポセイドニオスである。

原子論者の理論とは反対に、ストア学派では、すべてのものは連続していて、あらゆるものに行き渡る生気——火と空気の混ざった弾力性のあるもの——すなわちプネウマによって結びつけられていると考えられていた。世界を構成する要素の内部やそのあいだには、空っぽの空間はひとつも存在しない。ただし、空っぽの空間が一切存在しえないというわけではない。それどころか、ストア派の宇宙とは、プネウマに満たされた物質でできた有限のつながりをもつ島であり、それが無限の空っぽの空間に浮かんでいる。(23) すべてを超えたところに空虚があり、プネウマが、世界の構成要素をつなぎ合わせ、形をもたない空虚のなかへと散りゆくことを防いでいるのだ。

ストア派の思想が現代の私たちに興味深く感じられるのは、プネウマという概念が、空間は、あらゆるところに存在する液体、つまりエーテルで満たされているとする長く続いた概念の先駆けであるからだ。エーテルは作用を受けることもあるし、他の物質の作用にも反応する。ストア派はエーテルを、音やその他の力の効果を伝播させる媒体とみなしていた。ちょうど、水面の一箇所を乱すと、波が外側に広がって、他の場所にも影響を及ぼし、近くで浮かんでいる木の葉を上下に揺らすように。

不思議なことに、原子論者の見解も、ストア派の思想も、その後の一五〇〇年間、影響力をもつようにはならなかった。ギリシア文明から出現し、ユダヤ-キリスト教世界と結びつき、主流となった思想は、アリストテレスによる自然界のとらえ方だった。アリストテレスは、自然現象を前にして、もっぱら運動と変化の目的を探った。この観念論的な見方は、自然界で起こっていることを理解したり、人間心理を研究したりするのに役立つ一方で、物理学や天文学の問題を研究するにあたっては、やっかいな障害となった。アリストテレスの自然観は影響力が非常に大きく、ルネサンスの時代まで、アリストテレスの真空の概念にもとづいた思想が主流であり続けた[24]。アリストテレスは、原子論者の言うような世界のなかでも、あるいはストア派の考えるようなその先においても、真空が存在するという可能性を否定した。アリストテレス学派による宇宙は有限の大きさをもち、存在するすべてのものを包含し、物質で満たされた連続体であり、空間はそこに含まれる物体によって定義される。しかし、ストア派の提唱した動的なエーテルとは異なり、アリストテレスの言う連続したエーテルは、静的、受動的で、永遠に静止している。

イスラム美術

謙遜は、人の心を、沈黙の力によってある一点に収束させる。真に謙虚な人間は、名を知られたり賞賛されたりしたいという気持ちはまったくもっておらず、自分自身のなかで自身を形成し、まるでこの世に生まれてこなかったかのように無になろうとする。自分自身のなかに自身をすっかり隠したとき、神と一体になる。[25]

ニネヴェのイサク（六〇〇）

古代ギリシアの美術や後の典型的な西洋美術と比べると、イスラム美術の複雑なモザイク模様は古代の数学的な芸術のように、まるでコンピュータが出現する以前のコンピュータ・アートのように見える。テレポーテーションで現代に送られてきた古代の芸術家たちが、フラクタルや現代的なタイルの図案を駆使して、生物の描写を認めない伝統を受け継いでいる様子が目に浮かぶ。その図案は、彼らの宗教的な見解をとてもよく表している。神だけが無限であり、神だけが完璧だ。しかし、明らかに無限に見える有限なパターンを描くことで、謙虚でありながら霊感を与えるような方法で、神のほんの一部分をとらえることが可能になる。図案の部分的な特徴は、神の無限性に対比して、人間のはかなさや有限性を印象づける役割を果たしている。

イスラム美術は、無限に反復できるようなパターンを規則正しく描くことで、精神を無限へと向かわせる。こうした図案は、オランダ人画家、マウリッツ・エッシャーと、彼に刺激を受けて数学的な図案を作成するデザイナーたちの作品によって、なじみ深いものになっている。一八九八年にオランダ、レーワルデンに生まれたエッシャーは、風景画家として出発し、地中海の小さな町や村の絵を描いていた。ところが一九三六年の夏、スペイン、グラナダのアルハンブラ宮殿を訪れて、信じがたいほどに素晴らしい図案を目にし、生涯かけて描くべき対象が変化した（**図2・3**）。

図2・3　イスラムの装飾。（上）アゼルバイジャンのバドラ、（下）スペイン、グラナダのアルハンブラ宮殿。

エッシャーはそこで見た複雑なパターンと、一四世紀にムーア人の建設した宮殿において製作された素晴らしい幾何学的な精密さに深く感銘を受けた。何日もかけて、細かいパターンと周期性を観察し、さらには彼独自の、対称性と不可能性を組み合わせたスタイルを打ち立てた。アルハンブラ宮殿のパターンとは違い、エッシャーは、魚や鳥、羽の生えた馬、人間などの生き物をもちいて生命を吹き込んだ。認識できるイメージをもちいて抽象的なものを表現したのは、エッシャーいわく、こうしたパターンに「やむことのない関心」を抱いているからだった。

イスラム美術には、イスラム教徒が、ギリシア人の恐れた無限を賛美する様子が見てとれる。彼らは無限を、芸術の創造の隠れた動力源としていたのだ。無限は、舞台の中央にあるとは限らなくても、舞台の袖からそう遠くないところに必ずある。ゼロと無は、まさに確信的に扱われている。イスラムの芸術家は、無を、哲学の厄介者として隠すことなく、空虚を、埋め尽くしがいのある空間とみなした。空白はひとつも残してはならない。そこで彼らは、小壁や表面を複雑なパターンで埋めた[26]。この衝動は、世界中の文化で共有されているようだ。人類学者の目を向けるところではどこでも、手の込んだ装飾が見つかる。私たちは、空っぽの空間が好きではないのだ。先述のマヤ族が、数学の絵文字を無のイメージで埋め尽くさなければならなかったように、人間の心は、パターンや、空虚を埋めるための図案や何かを追い求めるのだ。偉大な美術史家のエルンスト・ゴンブリッジは、これを、空白の恐怖〔*horror vacui*〕を飾る衝動と称した。これに駆り立てられて、今なお見られる多くの手法が誕生した。ときには異なる部分をつなぎ合わせたり、ときには空間を埋め尽くしたりして、ますます複雑さを増していく網目模様が、現れては伸びていくのだ。

聖アウグスティヌス

奇跡は説明可能なものである。奇跡的であるのは、そうした説明のほうだ。

ティム・ロビンソン

中世からルネサンスにかけての思想では、無であるものがもつパラドックス的な側面が、キリスト教の神学理論の教義や伝統のなかに織り込まれていった。キリスト教の教義は、無は神と正反対のものであるとして、無を遠ざけようとしたユダヤの伝統の上に築かれたものである。神を神たらしめる行為は、無から世界を創造することだった。無が好ましくないものであったということほど、神の力を証明するものはないだろう。無は神のいない状態であり、神はその状態を排除したのだ。無は、忘却の状態であり、神に反対する者と敵対する者たちはそこへと追いやられた。無の状態や空っぽの空間を生み出そうとするいかなる欲求も、神のみが行えることを試みること、あるいは神の領域から退くことに等しかった。神のみが無からすべてのものを創造したということは、キリスト教の基本的な教義である。空虚や空っぽの空間について真面目に論じるのは、神を信じぬ者のすることだった。それは、宇宙に神の存在しない部分があることを容認することだったからだ。

図2・4　聖アウグスティヌス

ギリシアの空虚への恐怖とキリスト教の無からの創造という教義とを組み合わせた問題に、もっとも革新的に取り組んだ思想家が、図2・4のヒッポのアウグスティヌス（三五四〜四三〇）だ。彼は、創造とはどういうものであるべきかについて、幅広く奥深い見識をもっていた。創造とは、原初にすでに存在した物質を秩序ある宇宙へと単に作り直すことや、遠い過去の、ある瞬間の宇宙の光景を目の前に広げて見せること以上のものであるべきだった。そうして、世界が継続して存在する根拠と、時間と空間そのものの説明を提示するものでなければならない。アウグスティヌスにとって創造とは、すべてのものを生じさせることだった。したがって、無は、神の作った状態のすぐ前にある状態となる。そうすると、無の属性は、宇宙の現在の状態とは異なるというものには留まらない、否定的なものになる。神から切り離されているという特徴をもつのだ。

アウグスティヌスは、無と悪魔を同一視していた。無は、神から完全に切り離されることであり、神のあらゆる部分を失い、剝奪されることであり、罪の究極の状態であり、神の恵みや存在とは正反対の状態である。無は、最大の悪を表すものだ。無は、アウグスティヌスが非存在はそうであるはずだと考える「何か」だった。こういう図式にすることで、アウグスティヌスは危険な領域に踏み込んでしまった。無を存在の領域に取り込むことで、世界を創造する前、神にも足りない何かがあったと認めてしまったからだ。アウグスティヌスはこの危機と、時間の始まりについての問題を、神は世界を創造したときに時間も作り出したのだと説明することによって避けて通ろうとした。時間の最初の瞬間の「その前」などはなく、神が満足できない状況を変えなければならないような時間もなかったのだ。

こうした神についてのこじつけのような説明は、とうてい完全に納得できるものではなかった。そして数世紀後にトマス・アクィナスが、神の属性は、有限ではない、一時のものではない、変化しない、などという、否定形でのみ語られるとする、より完全な否定の神学を構築するにいたった。アクィナスは、世界の創造は、神による創造的な変換の行為によって無を壊滅させたものであるとして、アリストテレスの無への嫌悪を支持した。しかし、こうして注意深く制限を設けたにもかかわらず、一〇世紀から一三世紀にかけて、教会は、無と、無の数学的な表象への警戒を怠らなかった。教会は、無を、算盤上で位を占める無害な道具へと追いやることのできる計算記号の領域に閉じ込め、インド人は受け入れたが、ギリシア文化とキリスト教文化は後込みをしたような、哲学的な意味合いからは遠ざけておこうとした。

神学についての書物には、二つの系統がある。ひとつは、無には、そこから創造が起こったという性質があるとするもの、もうひとつは、あらゆる一時的なものは無でありはかないと主張するものだ。いずれも、世界は、無からではなく、もともと存在していた物質から作られたものだとする二元論的な異端を論破するためのものだった。前者の系統は、重大な神学の教義を守るためのものだったが、後者は実質的に、宇宙の観点からものごとを眺め、生命は無であることを明らかにしようとする形而上学的な詩であった[27]。

キリスト教の教義には、創造は無から生じた（*creatio ex nihilo*）という概念が含まれているが、創造が無によって引き起こされたという概念は含まれていないということを認識しておくことが大切だ。創造を引き起こしたのは神であり、空虚のなかに隠された何らかの性質ではない[28]。神はつねに存在するが、宇宙には、その構造を発生させるような物質的な原因は存在しない。アクィナスは、もしも絶対的な無――宇宙もなく神もなく、存在が一切ない――があるとしたら、何も出現することはありえないと説いた。存在がそれ自身を生じさせるためには、存在がそもそもなければならないため、絶対的な無は不条理である、と論じた。よって、もしも過去に、絶対的な無があったとしたら、現在、何も存在しないはずなのだ[29]。

中世の迷宮

しかし、上にも下にも空虚があり、内にも外にも空虚があるとしたら、空虚から逃れ出ようとする人は、ある種の想像的な機動性をもつ必要がある。
ロバート・M・アダムズ(30)

中世を、暗黒と妄想の時代であり、コペルニクスとガリレオ、ニュートンの到来を待つ、科学的な概念の歴史のなかでの控えの間として飛ばすのは容易なことだ。しかし、空間と空虚についての科学的な概念が、なぜこのような道程とタイミングで発展したのかを理解するには、アリストテレスの思想が支配的だった時代から、一八世紀初頭のニュートンとライプニッツの論争の時代にいたるまで、無の概念についての思想がどのように進展したのかを、おおまかに振り返っておくことが重要だ。さまざまな立場の学者らが五〇〇年以上ものあいだ、空間の性質や、無限や真空などの調和をはかろうと努力した。その作業は、これらすべての概念を、神の性質や能力に関連づける必要があったことから、いっそう困難になっていた。アリストテレスの哲学とキリスト教が統合されると、複雑に入り組んだ哲学的概念ができあがり、経験的な事実を融合させることよりも、神学的な整合性のほうがいっそう重要になった。事実間の関連性が乏しいとみなされたからではなく、それらの意義が曖昧であることが多く、全体的な世界観と矛盾しないさまざまな形で世界のモデルに組み込まれることができてしまったからだ。

区切られた真空が存在しうるという考えを、論理的に筋が通らないとしてアリストテレスが否定した結果、中世初期にはほぼ例外なく、どんな真空状態も生成したり持続したりすることを自然は嫌うと信じられていた。(31)ほぼすべての学者が、私たちが体験したり見たりする空間の領域に真空を作り出すこと、いわゆる宇宙内の空虚は可能ではないと考えていた。有限で球体をしたアリストテレスの宇宙の向こうに、無限の宇宙外の空虚が存在するのではないかという可能性に目が向けられた頃から、問題はいっそう複雑になっていった。この観念は一四世紀に認識され始め、その後三〇〇年かけて、幅広く受け入れられるようになった。

　中世の哲学者は、空虚にたいするアリストテレスの強固な反対姿勢を受け継いだ。アリストテレスは、空虚が存在しないとする自説に落とし穴を作らないように、空虚を入念に定義した。実際にはそうではないが、空虚は、そのなかに物体の存在を可能とする場所であると描写した。さらに、真空の概念を認めると、宇宙が麻痺することを証明しようと試みた。運動は不可能になるだろう。なぜなら、真空内は、どの地点でも、どの方向に向かっても、絶対に同一であるために、どこかの方向へと運動する理由がないからだ。また、「上」も「下」もないため、物体は「自然な」動きをすることができない。いずれにしても、もしも運動が発生したとしたら、抵抗する媒体がないために、運動は永遠に続くことになる。[32]永久運動はありえないことが、すでに背理法で証明できていた。さらには、動いている物体が、完璧に均質な真空内のどこかで停止するということも、筋が通らない。どうして物体が、あの地点ではなくこの地点で停止するのか。

　一三世紀から一四世紀にかけて、自然は真空の存在を嫌い、それを排除したり、その生成に抵抗したりする働きをつねに行うという考え方が思想家の支持を集めていた。ただし、これまで通り、微妙な違いはあった。厳密なアリストテレス学徒のように、ほんの一瞬でさえも完全な真空を作るのは不可能だとする者もいれば、事象が起きると必ず真空が打破されて、空気やその他の物質がその空間をすぐに満たすのであれば、真空がほんの一瞬だけ存在することを認めようという者もいた。しかし、安定した真空の存在は、一切認めていなかった。

ロジャー・ベーコンをはじめ、否定的な自然法則を好まない学者もいた。「真空は許容されない」などといった法則は、重要な法則にはなりえない。法則は、自然が何を行うかについての、奥の深い肯定的な原理の帰結である必要があったのだ。否定的な原則の規制力は強力だが、あまりにも多くの観察されない事象が起こることを許容してしまう。具体的な例として、エンペドクレスの水汲み容器、いわゆるクレプシドラの仕組みが盛んに論じられた。ベーコンは、真空が生成されないというだけでは、観察される現象の説明には不十分だと主張した。容器内での真空の生成は、孔が開いていることで十分に避けられるのではないか。なぜ自然は、水を容器の外に落とすのではなく、水をためておくほうを選ぶのか。どういった原理があって、そうなるのか。

中世の学者を悩ませたもうひとつの有名な難問に、ルクレティウスが最初に発見した単純な問題がある。[33] 二つのなめらかな面、たとえば**図2・5**のように、ガラスか金属でできた二枚の平坦な板を引き離す。最初は二枚がぴたりと接触しているが、とつぜん引き離されたら、その瞬間に真空が一時だけ生成されるのではないか。二枚の板のあいだに何も存在しない状態から、そこに空気が存在する状態へと変化するはずだ。この問題について、はるか昔にルクレティウスが次のように考えていた。[34]

二つの物体が、接触していた広い面において唐突に離れたら、そこに入り込む空間は、空気に占拠されるまでは、空虚であるはずだ。いかに迅速に空気が一帯に入り込もうとも、空間全体が即座に満たされることはありえない。空気は、この場所から次の場所へと順次に占拠して、最後にようやく空間全体を埋めるはずだ。

この問題についての考察の経緯を見ていくと、中世では真空の問題にたいして真剣で独創的な関心が寄せられていたことがよくわかる。[35] この先見ていくように、神学は、大きな危険にさらされていたのだ。スコラ哲学者は、ベーコンらが再発見した古代の難問において、真空はほんの一瞬でさえ生じる余地はないということを証明しようと懸命に試みた。接触面が、完全に平行を保つようにスライドさせられるなら、原理的には真空がたしかに生成されるだろうが、現実にはそれは起こらないという声もあった。接触面のあいだにわずかな角度がつき、空気がそこに入り込み、面と面のあいだの隙間が少しずつ埋められるというのだ。ベーコンは視点を変えて、二つのなめらかな平行面にもともとの傾きがないかぎり、完全に接触している状態から分離されることはない、と言った（実際にこの実験をしてみた人にとっては真実味があるだろう）。自然が、真空の生成に抵抗を示しているのだ。

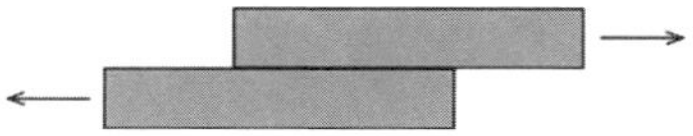

図2・5　二枚の平行に置かれた板が、接触面に沿って動かされる。

ベーコンと同時代にイギリスで活躍した思想家のウォルター・バーレーは、この主張の難点を見抜き、面に傾きがあっても原理はまったく変わらないと指摘した。つかの間の真空はそれでも生成される。引き離されたときに板が平行である場合より、真空の続く時間が短いだけだ。さらに深い考察の後、完璧に平行な面というものは存在しないと断言した。それでも、たとえ、実際の面にはつねにわずかな起伏があるために、突起点でしか接触していないことがたまにあっても、一瞬の真空が生成されるには、一点の接触点がありさえすればよい。その一点での接触がなくなると、ただちに真空が生成される。

この種の理論に反駁したなかで有名な人物が、運動と液体の流れを研究したパルマのブラシウスだ。ブラシウスは、二枚の板が、平行運動によって切り離されながらも、真空を生成しないのは可能だと論じた。そのためには、空気の粒子が、適切な速度とタイミングで動き、何もない空間ができると即座にそこを満たす必要がある。(36) しかしそこで、ブラシウスは、ゼノンを彷彿させるとても興味深い主張をした。真空が出現する最初の瞬間がないのだから、真空が生成されることは決してない、というものだ。もしも最初の瞬間があるとしたら、それを半分にして、またその半分にして、というように永遠に分割できてしまう。二枚の板が離れる最初の瞬間が存在しうる論理的な可能性を否定することによって、ブラシウスは、面と面が一瞬離れて、真空が、ほんの一瞬だけでも出現するかもしれない可能性を排除しようとしたのだ。

これらの説はとても巧妙だったが、このジレンマについてもっとも広く受け入れられた回答は、アリストテレスが非常によく似た問題を処理した方法に近いものだった。アリストテレスは、接している二つの面のあいだには、つねにいくらかの空気がとらえられていると言っていた。水中で接している二つの面は、接触面がつねに濡れているからだ。ほとんどの人がこれを、接触面の問題にたいするシンプルだが決定的な回答とみなしたが、そこにベーコンがわかりやすい異論を唱えた。とりあえず、二枚の固体面のことは忘れよう、と言ったのだ。それらは単に、面と面のあいだに空気をとらえて、真空が生成されるのを妨げる物にすぎない。その代わりに、ひとつの面だけがあり、それが周囲の水と接触していると想定しよう。面と水のあいだには何もなく、両者が切り離されるたびに、真空が一瞬、生成されるはずではないか(37)。

バーレーはこれにたいして、液体と固体のあいだの境界面には、それでもなお薄い空気の膜がある、と言い張った。液体と固体を離そうとすると、空気がすぐさま膨張して、生成されるかもしれない何もない空間を埋めるというのだ。しかし、もしも空気が最大限に薄くなり、それ以上膨張する余地がなくなったらどうなるのか。バーレーはまたもや、その状況下でも、面と面は分離不可能だと主張した。切り離す唯一の方法は、一方の面を曲げて、傾斜面の問題をもつようにすることだ。バーレーとベーコンはこれこそが、真空を生成させずに切り離せるただひとつの方法だと考えていた。

真空の出現を避けるために具体的な物理プロセスに訴えたバーレーだが、制御できない自然現象から守ってくれる何かがもっと必要だと感じていた。もしも、重い岩が地面に落ちてきて、岩の表面と地面との、最初の接触地点のあいだにある空気がすべて吹き飛ばされたとしたら、どうなるか。そこに瞬間的に真空ができるのか。バーレーは、空気が岩に負けないように天体の力が作用して空気がすべて吹き飛ばされることが避けられると考えた(38)。「上位の力が真空を阻止しようと強力に働いて〔岩を〕押さえつける」というのだ。もしも自然のプロセスに、実際の真空が生成される脅威を克服する力がないなら、超自然的な力をもつ宇宙の検閲官が、何かから無を創造することを食い止めてくれることに頼る必要があった。盛んに論じられた水汲み容器の例では、水はなぜ、孔から流れ出して真空が生成されないようにするのではなく、流れ落ちないという「不自然」なふるまいをするのかという疑問にたいして、天体の力が働くからと答えることができるだろう。いかにもそれらしいこの種の説明は、あまり説得力がなかった。残念ながら、天体の力が真空の生成を妨げるという説には、あまりの矛盾があった。別の状況なら、一般的には、氷が凍結したときのように、容器を変形させることで真空の生成を妨げるものだ、という反論がすぐに寄せられた。

自然が宇宙内での真空の生成を食い止める方法について詳細に論じられるとともに、宇宙の外の空虚の存在、すなわち物理的な宇宙を超えたところにある真空について、何世紀にもわたり論争が繰り広げられていた。アリストテレスは、これについて少々考察したが、世界が複数あるとする思想とともに、この考えを却下した。アリストテレスの真空の定義、すなわち真空のなかでは「物体の存在は可能ではあるが、実際にはありえない」からすると、そう結論づけるしかなかったのだ。宇宙の「外」には、物体が存在する可能性はなく、したがって真空もない。先に説明したことからわかるように、この点において、宇宙の外に無限の空虚が存在するとするストア派の見解とは正反対の立場にある。

宇宙外の空虚という概念は、中世の哲学者にさらなるジレンマをもたらした。それは、「想像上」の空間、すなわち、物体が存在しなくても存在すると想像されるような空間からできていると仮定されていた。たとえば、すべての数を並べたものなど、永遠に続くとされるものをいろいろと思い描くことができる。それらは、この想像上の無限の空間に「生き」ていると想定されるかもしれない(39)。通常の物質を含むことはできないだろうが、その後の思想の発展において、きわめて重大であることが判明した特性をもっていた。想像上の空間には、神の存在が隅々まで満ちていて、それは神の広大さを表すものであり、神の遍在を実現し保持する手段でもあった。そのために、想像上の空間の性質を正確に示すにあたっての選択肢が、おおいに狭められた。宇宙外の空虚を有限なものにしようとすると、あるいはそれに範囲を与えようとすると、神の性質について異端の結論に行き着く恐れが生じる。なぜなら、神が遍在し、なおかつ分割不能であるためには、宇宙外の空虚という無限の空間のあらゆるところに神がいなければならないからだ。「無限の球体であり、その中心がすべての場所にあり、周辺がどこにもない」ものが、神なのだ[40]。

こうした論争の初期段階に、重要な転機が訪れた。一二七七年に発令された有名な禁令にて、パリ司教のエティエンヌ・タンピエは、神はみずからの選ぶことを何でもなしえる力をもつとする教義をふたたび主張した。タンピエがこうして介入する前、アリストテレス哲学からは、神がいろいろなやり方で制限されていることがうかがわれる、とする考えが神学者のあいだで広まっていたのだ。たとえば、神は、2＋2を5とできない。神は、複数の世界を創造することができない。また、どうしようもないことだが、神は、局所的な真空を生成するような物体の動きを引き起こすことができないとする意見もあった。タンピエ司教は、こうした神の力の制限を否定することで、宇宙外の真空の入る余地を作った。では、多数の世界が存在するのなら、そのあいだには何があるのか。それに、もしも神が、私たちのいる世界を丸ごとまっすぐ移動させることにしたら、もともと世界があった場所には何が残るのか。プロンプターが舞台の袖でささやいている回答は「真空」だった。その声がもしも聞こえないのなら、神は真空を創造できないと司教に耳打ちすべきだ。一二七七年以降、真空は容認されるものとなった。哲学的な見地からそれを排除しようとすることは、神の力に限界を設けることと同等だったからだ。

中世におけるもうひとつの大きな問題は、世界が創造される以前に真空が存在していたのか、というものだ。アリストテレスは、世界（あるいは他の何であれ）が無から創造されうるという可能性を否定していた。もともとアリストテレスの主張していた、創造されていない永遠の宇宙には、キリスト教の教義と相容れないという欠点があったため、世界は、以前から存在していた無を内包する空虚から創造されたとする説のほうがより魅力的に見えた。しかしこれにも、独自の問題がないわけではない。この説では、神から独立して見えるような、永遠不変の何かが存在する必要があった。「神は、世界を創造する前に何をしていたのか」などといった悪名高い疑問が投げかけられ、時間や空間といった存在物は宇宙とともに創造されたため、「前」というものは一切ない、という回答がアウグスティヌスから返されることになった背景には、こういう考え方があったのだ。

一六世紀を迎える頃には、流れが変わり始めていた。ルクレティウスの失われていた文章と、ヘロンの圧力実験についての記述が再発見されたことで、アリストテレスの教義への批判が起こった。真空が生成されることへの恐怖が弱まり、神と空間との関係を変えてしまうような無限の空虚の存在にたいする態度が変化した。そうしてついには、空間の性質と真空についての科学的な議論と神学的な議論とが完全に分離されることになった。

一六世紀から一七世紀初頭にかけて、有限の宇宙が無限に伸びる空虚に取り巻かれているとするストア派の宇宙論に賛同するようになった者たちは、周囲を取り巻く空虚にある多くの属性について、共通した意見をもっていた。どこでも同一、不変であり、連続していて分割不能、運動への抵抗を示さない。しかし、神と、無限の空虚との関係への異論が高まってくるという新たな動きがあった。著名な原子論者のピエール・ガッサンディは、無限の空虚が神の属性と何らかの関係があるとする考えを否定した。三つめの動きとしては、哲学者のヘンリー・モアの思想が挙げられる。空間は神の属性であるとしながら、神は、無限に拡張された存在であるともみなした。モアの思想でもっとも興味深いのは、アイザック・ニュートンの空間のとらえ方に影響を与えたらしいという点だ。ニュートンは、神を、どこをとっても三次元の存在であり、自然の数学的法則を支える知性であるとした。実際、神の存在について論じる、古代に提唱された設計論を新たな形で導入し、舞台裏に偉大なる設計者が存在する証拠であるという点ではなく、自然法則にある偶発的な構造を強調した。[41] ニュートンは、有限の世界が無限の空虚に囲まれているとするストア派の概念に固執していた。空っぽの空間を思い浮かべることはできても、空間の不在は想像できなかった。このように、空間は、物質と運動からまったく独立したものだった。物質が備わり、動き、引力に引かれることができるのは、宇宙の領域においてのことだった。ニュートンは次のように書いている。[42]

世界を神の身体とみなしたり、世界の部分を神の部分であるとみなしたりする必要はない。神は、一様な存在であり、器官をもたないものであり、部分の構成要素であり、……どこにでもあり、物そのものにも存在する。さらに、空間は無限に分割可能であり、物質はすべての場所にあるとは限らないため、神が、大きさや形がさまざまあり、空間にいろいろな比率で存在し、おそらくは異なる密度や力をもつような物質の粒子を作り出し、それによって、自然の法則に変化を与え、宇宙のいくつかの部分に何種類かの世界を作れるようになったのかもしれない。少なくともわたしは、これに矛盾は一切感じない。

ニュートンにとって、宇宙の外の空虚は完全に実在するものであり、想像上のものではなかった。『光学』の一七〇六年版をまとめていたとき、一連の「疑問」——物理世界についての広範にわたる疑問と考察——に新たなものを加えることを検討し、最後に、次のような疑問を付け加えた。[43]

物体のない空間は、何で満たされているか。

宇宙の外に何もない空間が実在することと、その空間と神との関係についてのニュートンの考えは、ニュートンの擁護者であるサミュエル・クラークが、ライプニッツ相手に展開した有名な論争において明確に表現されている。ライプニッツの考えはニュートンのものとは根本的に異なっていた。無限の空虚が存在することすら否定し、それを神の大きさと同一視するというニュートンの意見に反対した。神と空間との関係を保つことが非常に困難であるとして、そのような試みは一切認めなかった。ついには、神と空間を切り離すというライプニッツの考え方が哲学者のあいだでは優勢となった。しかし、ニュートンの言う無限の空虚の存在は、科学者から依然として支持されていた。

ニュートンの言う神は、もはや、物質的な世界の彼方にある空虚に位置するものではなかった。神は、空間の性質と、空間の無限の広がりと強く結びついているとするスコラ哲学の確固たる観念は、長い年月を生き抜いて、ニュートンの世界観と、世界を支配する運動と引力の法則に影響を与えたが、一八世紀の終わりには、空間の問題にある神学的な性質は失われていた。神が空間に遍在することを説明しようとする試みは信頼性を失い、目に見える事物を理解するにあたり、もはや役割を果たさなくなった。

そうして、全能性が取り除かれても、神学の領域に影響が及ぶことはなかった。神学者の議論の中核が、徐々に、神の遍在性から超越性へと移っていった。この推移が完了すると、天文学者が物質と運動からなる有限の世界の背景にあるとする無限の空虚のなかに、神の居場所がある必要がなくなった。この領域において、ようやく、神学的な道義上の問題なく数学的な推論ができるようになったのだ。こうしてついに、科学者が真空を安全に探索できるようになった。

書き手と読み手

冬用テントの値引き中。

ストラットフォード・アポン・エイヴォンのキャンプ用品店の広告(44)

誰もが真面目一辺倒に話すわけではない。空っぽの空間という悪魔的な概念をもてあそび、神を冒涜しているとの非難を受ける危険を回避するために、作家や哲学者は、パラドックスや駄洒落を自分で作ったりどこかから探したりして、遊び心ある考察のなかに自分の思想を覆い隠し、真の意図がそうでなくても、空っぽの空間という概念の一貫性をこうして壊しているのだと、いつでも擁護できるようにしていた。議論に終止符を打つことになるパラドックスは、背理法でつねに弁護することができる。アメリカ人評論家のロザリー・コリーは、一五世紀から一六世紀に大流行した無についての詩やパラドックスを研究し、パラドックスの書き手たちを次のように評した。

彼らは、模倣的でも冒涜的でもあり、神聖でも不敬でもある営みに携わっている。なぜなら、従来は低俗的とみなされる形式的パラドックスは、神の創造を手本にまねて茶化したものであるからだ。だが、パラドックスの作者をいったい誰が冒涜的だと非難できるのだろうか。扱う主題が無であるのだから、創造主の特権を我が物であるかのように振る舞っても、不信心であるとは言えない。誰もが知るとおり、無からは何も生じないからだ。しかも、人々を危険な思想へと導いているわけでもない。せいぜい、人々をだまして、無へと導いているくらいだ。そして何よりも重要な点が……もしも作者が嘘をついているとしても、無について嘘をついているのだから、実際には嘘をついていないことになる。(45)

パラドックスの作品のうち、もっともよくある二種類の例が、「全か無か」のパラドックスと、小説家や劇作家が好んで無の二重の意味を描くことだ。詩人も、この流れに加わっている。たとえば「無を讃えて」を例に挙げよう。(46)

無は最初であったし、最後にもなる
なぜなら無は永遠に続くから
しかし無は死から逃れられず
何よりも長くは生きられない
よって無は不滅であり
人間を十字架から永遠に守ってくれる

世界が消えても無は生きる
そのときにはすべてが無に帰すのだから。

さらに、「文字Oについて」では、次のように謳われている。

しかしもうたくさん〔Oだらけだ〕、わたしは読者に悪いことをした
わたしのOは円かったのに、縦長にしてしまった。(47)

あるいはジャン・パスラの「虚無」はこう告げる。

無は宝石や金よりも貴重であり、無は堅硬石よりも優れており、無は国王の血よりも高貴であり、無は戦いにおいて神聖であり、無はソクラテスの知よりも重要である。たしかに、ソクラテス自身が、無こそが知であると認めている。無は、偉大なるゼノンの思索の対象であり、無は天よりも高く、無は世界の壁を越え、無は地獄よりも低く、無は善徳よりも輝かしい。(48)

これ以外にも、さまざまな例がある。

こうした言葉遊びを聞かされ続けると、少々飽きがくる。彼らの目的は、無について話すことにより、何もないところから多くの言葉を引き出すことだった。しばらく、この様式が、哲学的な戯詩《ノンセンス・ヴァース》の

流行りとなった。たとえば、逆説的な言葉が繰り返し並べられる。ゼロを表しながらもすべてを包含する円を描いた絵もある。ゼロの形をしながらも新しい命を生み出す期待を抱かせるような卵もある。卵は、他の数字に添えられてさらに大きな数を作ろうと待ち構えている数字のゼロに似た創造性をはらんでいる。またその背後には、円は女性の性器を表すという、性的なほのめかしもある。現在ではそうしたユーモアの感覚がほとんど失われてしまったが、エリザベス朝の喜劇には、こういったジョークがたくさんあった。しかし幸いに、広く知られ、評価されている例もある。無のパラドックスや駄洒落が、言葉の使い手のなかでもっとも偉大な人間の興味を惹きつけていたことがわかり、とてもおもしろい。

シェイクスピアの無

それはなんでもないのか。
とすればこの世は、そしてこの世にあるすべては、なんでもないのだ。
おれの妻でもなんでもない。なにもかもなんでもないのだ。
もしこれがなんでもないのであれば。

ウィリアム・シェイクスピア『冬物語』(49)

シェイクスピアは、無についての言語的、論理的なパラドックスのとりこになっていた。そのうえ、当時使われていた二重の意味と絡ませて、最大の特徴である重層的な作品に、さらなる奥行きを与えた。喜劇『から騒ぎ』〔*Much Ado About Nothing*〕は、他の作家らが活き活きとした表現に苦労をしているのをよそに、いかに巧みな遊びができるかを見事に示している。(50) 一六〇〇年に発表され、おそらくはそれまでの二年をかけて執筆されたこの作品の表題からは、シェイクスピアの時代に流行していた無の多義性が、広く人々を惹きつけていたことがすぐにわかる。(51) 第四幕では、後に恋人同士となるベアトリスとベネディックが、無の両義性を煙幕のように巧みにもちい、それを受け取る側が、肯定的にも否定的にも無を解釈できるようになっている。

ベネディック　おれは、あなたほどにこの世で愛しているものは何もない。驚いた話ではないか。
ベアトリス　知らない話くらいに驚いたわ。わたしもあなたほど愛しているものが何もない、と言えるかもしれなくてよ。でも本気にはなさらないで。かといって嘘でもないの。本当の気持ちを打ち明けたわけでもないし、打ち消したわけでもないのだから。(52)

シェイクスピアは、無に別の奥行きを与えてもみせた。悲劇『ハムレット』と『マクベス』では、登場人物の体験に、無についての哲学的、心理学的なパラドックスが深くからみついているのが見てとれる。マクベスは、無のパラドックスと、非存在の恐怖に繰り返し直面して絶望に陥る。

何もない
あるのはないものだけだ。(53)

ハムレットは、無がいかに逆接的な意味と内容を抱えうるのかについて思い悩む。それは、次のように毒づくマクベスとは対照的だ。

……人生は愚か者のしゃべる物語だ。
響きと怒りはすさまじいが、
意味はなにひとつない。(54)

ハムレットは、死と、無についての複雑な思索に慰めを見いだす。二人は、あるものと、ないものについて、際立った対比を見せる。その理由をコリーはこう解説する。

マクベスが死を忘却と悟る一方で、ハムレットはそうではないと知る。マクベスは、死が忘却なら、人生は無意味だと悟る。ハムレットは、人が死を恐れないなら、苦痛に満ちた責任があるにせよ、人生は耐えうるもの、しかも気高く耐えうるものであると発見する。つまりハムレットは、「あるもの」と「ないもの」の関係に気づき、それであればみずからの死でさえ人生を肯定できることを知るのだ。(55)

それでもハムレットは、無にかかわる二重の意味を駆使する。このオフィーリアとのやりとりでもそうだ。(56)

ハムレット　お嬢さん、膝に寝かせてもらえますか。
オフィーリア　いいえ、いけません。

ハムレット　あなたの膝にこの頭を載せてはいけませんか、ということだが。
オフィーリア　いえ、それならどうぞ。
ハムレット　粗野なふるまいでもすると思ったのか。
オフィーリア　そんなことは何も。
ハムレット　お嬢さんの膝に寝ることが、悪いことではなかろうに。
オフィーリア　どういうことですの。
ハムレット　いや何も。

『リア王』でシェイクスピアは、無から発するあらゆることによってリアが破滅していくさまを描いている。この劇には、数量化、番号づけ、減少といった主題が繰り返し現れる。長女と次女は、王国の分割を目当てに、父へのうわべだけの愛情や尊敬の言葉を口にするが、三女のコーディーリアは、こうした利己的なふるまいはせず、ただ押し黙る。コーディーリアと父との対話には、無についての典型的なやりとりがなされている。(57)

リア　……姉たちよりさらに豊かな三分の一を得るために、何を言うかな。
コーディーリア　何もありません。父上。
リア　何もない、だと。
コーディーリア　はい、何も。

リア　何もないところからは何も出てきはせぬ。もう一度言うのだ。

この不吉な冒頭の場面から、多くのものが無へと減じられる。コーディーリアには罵りが浴びせられる。リアの道化が「何もないものを、何とかできないかね」と王にたずねると、リアはコーディーリアへの戒めの言葉を繰り返す。「何ともできぬな、小僧。何もなければ何も出てこぬ」。ところが道化はこれに応じて、リアを無に減じる。

おまえさんは、今じゃただのゼロだ。おれのほうがまだましだ。おれは阿呆ではあるが、あんたはなんにもなしだからな。

残る二人の娘、ゴネリルとリーガンは、もっと実際的な方法でリアをゼロにする。従者の数を半分に減らし、それをまた半分に減らし、しまいにはたったひとりしか残らない。そこでリーガンは、「ひとりなんて必要ないじゃありませんか」とたたみかける。リアの姿を見ていると、シェイクスピアが、無がもつ二重の意味と格闘していることがよくわかる。(58) 形而上学的な空虚と、人間の愛と忠誠と義務の世界に売り買いの計算を持ち込んだとき、持てるものを少しずつ取り去られていった後に残るもの。そうしたときには、物事は計算通りにいくとは限らない。狂気はそう遠くないところにある。それだけは間違いない。

シェイクスピアは、無がもつあらゆる意味を探索する。簡略なゼロ、存在しないゼロ、何もない空虚、空虚の目に映るすべてのものの不在から、全体とゼロの孔、円と卵、地獄、忘却と魔術師の描く円の対照にいたるまで。この探索はおおむね、無の否定的な側面を追求するものと、肯定的な側面を追求するものに分けられる。否定的な面では、事物の不在、否定、無関心、沈黙に焦点が当てられる。これらは決まってよくない結果をもたらし、無意味なものには恐ろしい結果が待っていることが明らかになる。これにたいして、無の肯定的な面では、無が、何かを生み出す力をもつことを強調する。まさに、ゼロの後ろに、どんどんと大きくなる数の列が続くように、無に含まれる性的な含意や卵がもつ多産の能力は、豊穣や繁殖、無から何かが生長することの象徴なのだ。実際、このシェイクスピアの作品が表現しているのは、このような多次元での増殖なのだ(59)。

無のパラドックスについての言葉の体操は過去のものだと思ってはならない。こうした言葉遊びが現代の作家のあいだであまり盛んでないにしても、探すべき場所がわかっていれば、今でも見つかるものだ。たとえば、ジャン゠ポール・サルトルは、否定の根源の説明を次のように試みている。

〈無〉は、ないものである。〈無〉は「存在される」ものである。〈無〉は、みずからを無化しない。〈無〉は「無化される」のである。……まったくの肯定性をもつ〈存在〉が、みずからの外側に〈無〉や超越的な存在を作り出し保持するなどとは、ありえないことだろう。なぜなら、〈存在〉のなかには、〈存在〉が〈非存在〉のほうへと超えることを可能にするようなものは何もないはずだからだ。〈無〉を世界へと出現させるような〈存在〉は、〈存在〉にある〈無〉を無化するのでなければならない。だがその場合でも、〈存在〉が〈無〉をそれ自身の存在とのかかわりで無化するのでないかぎり、内在の核心に〈無〉を超越物として確立させる危険をなおはらんでいる。〈無〉を世界に出現させるような〈存在〉は、その〈存在〉において、〈存在〉の〈無〉が問題になるような存在である。〈無〉を世界に出現させるような存在は、その存在自身の〈無〉でなければならない(60)……。

こういう記述が、六〇〇ページ以上も延々と繰り返される。

失われたパラドックス

ホットドッグ売り場で神秘論者は何と言うか。全部入ったやつをくれ、だ。
ローレンス・クシュナー

一七世紀の終わりには、無のパラドックスについての言語的な興味は、自然な経過をたどっていった(61)。文学と哲学の双方において、想像的な探究を突き動かすものではなくなったのだ。作家たちは、可能性の鉱床を掘り尽くし、新たな着想を探しにかかっていた。哲学者たちは、こうした言葉遊びに不信を抱くようになり、それらはますます、おもしろいだけのものととらえられるようになった。パラドックスは、ものごとの性質についての奥深い真実にいたる道を指し示すものとは、もはやみなされなくなったのだ。観察と実験にいっそう重点が置かれるようになり、無のパラドックスの描写は停滞に陥り、二〇世紀初頭までふたたび姿を現すことはなかった。こうした大きな姿勢の変化は、ガリレオの『二大世界体系にかんする対話』〔天文対話〕に見てとれる(62)。そこでは、「言葉」についての考察を、事物についての研究ではなく、真実にいたる優れた道として扱う危険について議論されている。この作品に登場する人物、シンプリチオは、言葉のパラドックスを使えば、「証明しようとすることを何だって証明できると、誰もが知っている」と忠告している。ガリレオは「パラドックス」を、曖昧で証明不可能な言葉遊びであり、原因と結果という検証可能な論理の連鎖を土台とする科学の発展においては、居場所をもたないものと位置づけていた。たとえば、エピメニデスが言ったとされ、後に新約聖書のパウロ書簡でも言及されている有名な「嘘つきのパラドックス」を例に挙げよう。「すべてのクレタ人は嘘つきだ、とクレタ人の詩人が言った」。ガリレオはこれを、「詭弁にすぎず……どちらとも取れる言い方だ。……こうした詭弁では、議論は永遠にさまよい、結論にいたることは決してない」と評した。

ガリレオは、世界についての数学的な知識をもっとも高く評価していた。そして、ほとんどのことについての人間の知識が、やむなく不完全であることも知っていた。私たちは自然が明らかにしてみせたことしか知ることがかなわないが、数学の領域においては、ものごとの核心にある絶対的な真実の一部分に到達しているのだ、という。

人間の知性は、いくつかの命題をまったく完全に理解しており、それについては、自然と同等の、絶対的な確信をもっている。幾何学や算術などの数理科学だけがそうであり、神はすべてを知っているゆえに、その知性は無限に多くの命題を知っているのだ。しかし、人間の知性が理解するわずかな命題については、その知識は、客観的に見ても、神の知識に匹敵すると私は考える。(63)

この注目すべき一節を読むと、人間にも、ものごとの絶対的な真実の一部を知ることが可能だとする考え方を、数学や幾何学がどのように後押しするようになったのかがわかる。ユークリッドの幾何学は真であり、現実を正確に記述していると考えられていたことは、少なくともひとつの領域においては、人間の思考によって究極の真実の本質に迫ることができるという重要な証となっていた。それに、数学の領域においてそれが可能なら、神学でもそうではないか。パラドックスは、この究極の現実の領域には属していなかった。皮肉なことに、二〇世紀になりクルト・ゲーデルが鮮やかな手法で、この思想を覆すことになる。ゲーデルは、算術の規則や記号を使って作られる算術的命題のなかには、そうした規則をもちいて真偽を証明することが不可能な命題があることを証明したのだ。ガリレオの愛した真理に通じる黄金の道を歩こうとすると、どうしても、証明不可能な命題に行きあたる。驚くべきことにゲーデルは、ガリレオが拒絶した言語的なパラドックスのひとつを、数学の命題へと変容させることによって、数学の限界についての異例な真理を打ち立てたのだ。ところがゲーデルの研究のはるか以前から、数学の絶対的な真理がむしばまれつつあった。一九世紀の数学者によって、ユークリッドの古典幾何学が、多数ある幾何学のなかのひとつにすぎないことが明らかにされていた。考えうる幾何学は無数にあり、それぞれが、ユークリッド幾何学とは異なる、自己矛盾のない一式の公理に従っていたのだ。これらの新しい幾何学では、ユークリッドが想定したような平面ではなく、曲面上に線や図を描いていた。これらの体系のうち、どれかが他のものより「いっそう正しい」ということはない。どれもみな論理的な矛盾はなく、単に、公理体系が異なるだけだった。どの体系も、ものごとの核心にある絶対的な真理を扱っている、と取り立てて主張することはなかった。後に、この「相対主義」が論理学そのものに波及することになる。アリストテレスの単純な論理は、考えうる無限の種類の論理のうちの、ひとつの体系にすぎないことが明らかになったのだ。

ガリレオは、パラドックスの泥沼と、推論と反駁で整備された確固たる科学の道とを区別したが、これは重要なことだった。これにより科学は、現代の実験的な研究へと向かっていったのだ。もはやアリストテレスのような権威に頼ることなく、重要な問題を解決するようになった(64)。人間の自信がふたたび目をさました。古代の人々よりも優れたことができるのだ。しかも、そのために啓示を受ける必要はなかった。必要なのは、優れた手法、すなわち、自分の目で見て確かめることだった。もしも、木星の周りに衛星があるかどうかという疑問をもてば、その答えは、そのような事態が適切であるかどうかや、衛星があるべき位置について哲学的に議論することではなく、望遠鏡をのぞくだけで求められるのだ。

本章では、それぞれに大きく異なる目的をもった哲学者と作家の手のなかで、無がどのような運命をたどったのかを見てきた。中世の哲学者は、ギリシア人の描いた世界観と、東洋の数学体系を受け継いだ。そのいずれにも、独特な無の像が刻み込まれていた。有用であることが証明されていて、異論を招かない、簡単な数学の概念を受け入れることによって、無についての哲学的、神学的な含意が、盛んに扱われるようになった。その概念は何にも置き換わることなく、利益と損失、繁栄と破滅との分岐点を示す記号として存在するだけだった。その記号には、散文的で肯定的なメッセージが込められていた。帳簿の帳尻は合い、何ひとつ見落とされず、借りは返済される。こういうメッセージを、ゼロの記号は商売の世界に浸透させた。数の世界から離れてみると、もっと大きな問題が生じていた。無は、最大の神学的な問題と絡み合っていたのだ。世界は、無の領域から作られたのか。もしもそうなら、なぜ、何かがある領域からではなかったのか。私たちは今では、あまり綿密に考えないかぎり、無の説得力にすっかり甘んじている。しかし、ギリシアの思想には、無の概念をすっかり理解不能にしてしまうような、ものごとの性質について大きな影響力を及ぼす説があった。プラトンは事物を、外観の背後にある永遠の形相を表すものとみなした。たとえ実際には事物がなく、永遠の形相の表れがなくても、青写真そのものはつねに存在するはずだ。もしも存在しなければ、世界の外観が形成《イン・フォーム》されなくなる。永遠の形相とは、潜在的なものを実際のものに変換させるために必要な、情報《イン・フォーメーション》の源なのだ。無は、両者のうちのどれでもない。

真空そのものと、それが実在するかもしれないということを理解しようとする試みを振り返ってきたが、そのなかに、中世における実験への意欲があった。一般的な体験について考える思考実験と、注意深い観察と解釈が必要とされる、より工夫をこらした段階を踏んで行われる実験の二種類がある。このように、信頼の置ける知識の源を世界のふるまいに求める習慣は、ガリレオが始めたことではなかったが、ガリレオがきっかけとなって、この手法が、日常的なことがらの背後にある真理を知るための、信頼できる唯一のものとなっていった。かといって、他の手法に信頼性がなかったというわけではなく、明快かつ確実に解釈するのが困難だっただけである。ベーコンやバーレーなどの中世の哲学者たちは、真空についての問いと探索を開始し、その慣習が、ガリレオや彼の世代の学者たちに引き継がれ、素晴らしい正確さで実行された。この例ほど、自然哲学から自然科学への推移をうまく示すものはない。

空っぽの机の上に牛乳の入った空っぽのコップがある。

ＢＢＣラジオ３[1]

3 無を構築する

真空の探索

自然とは、何十億《ミリヤード》もの粒子が、ビリヤードを繰り返し無限にプレーしていることを表す一般的な名称だ。

ピート・ハイン『アトミリアード』

ウィリアム・シェイクスピアなどの作家たちが道徳的な真空の深さを探ろうとしていた一方で、現実の物理的な空間としての無を作り出そうと試みていた人々がいた。哲学者らは二〇〇〇年以上にわたり、物理的な真空が存在するかどうか、空間に一切何も含まない領域が存在しうるかどうかを、熱心に論じてきた。アリストテレスとプラトンは、理由はかなり違えども、そのような真空が存在する可能性を否定したが、古代でも、それとは異なる考えをもつ思想家もいた。ローマの哲学者、ルクレティウスは、物質は、「原子」と呼ばれることになる小さな構成粒子からできていて、宇宙の基本的な性質は、原子と原子のあいだにある真空のなかで、原子が運動をすることから形成されている、という確信をもっていた。

現在では原子論と呼ばれているこうした自然像に導かれて、一七世紀には、実験的な研究の対象となりうる状況に、真空が存在すると同意する者たちが現れた(2)。それは、神学者たちの言うような神秘的なものではなかった。真空は、瓶から中身を吸い出すような機械的なプロセスが反復された後の終着点のように想像できるだろう。中身がたくさん吸い出されるほど、瓶の中身は、まったくの空っぽと言えるものに近くなる。もちろん、懐疑的な哲学者から見れば、この実験はいくらか単純化されたものに映るかもしれない。たとえすべての空気が瓶から取り除かれたとしても、その内部に何もないとは言えないだろう。内部はなおも、自然の法則に従い、宇宙の時空の一部のままだ。以前と同じく、完全な真空を作り出すことは決してできないと主張しても、おかしくはないだろう。プラグマティストなら、瓶から原子を一粒残らず取り出すことが明らかに不可能であるとして、そうした主張を擁護できる。自然科学者なら、完全に空っぽの瓶と、中から取り出すことのできるものすべてを取り出しただけの瓶との、微妙な違いを指摘することで、ぎりぎりの守勢に立つことがまだできた。それにもかかわらず、その後に行われた物理的な真空の探索は実にめざましく、物理的な真空の性質についての疑問を永遠に変容させた。それはもはや、何よりも、科学的な回答の存在する科学的な疑問となるべきであったのだ。

真空についての研究のなかでもっとも成果が上がったのは、一七世紀の科学者が考案した、圧力をかけた気体のふるまいを調べたものだった。容器の中身を空にするのなら、容器から空気をすべて取り出す唯一の方法は、それを吸い出すことだ。そのためには、容器の内側と外側の圧力を変える必要があった。それにはポンプが必要で、そうした装置は、船や農場で水を汲み上げるために使われていた。一六三八年にガリレオが、汲み上げポンプを使って水を汲み上げる高さには限界があることに気づいた、と書いている(3)。一〇・五メートルまでは汲み上げられるが、それ以上はできない。水の高さがあまりに低いと、貯水槽から水をポンプで汲み上げようとしてもうまくいかないらしい。

この現象に最初に気づいたとき、機械が故障しているのかと思ったが、修理に呼んだ職人が、問題はポンプではなく水にあると言った。水の高さが低くなりすぎて、ここまで持ち上げられないというのだ。そうして、ポンプにしても、引力の原理で働く他の機械にしても、一八キュービットを超えてはほんのわずかにも、水を揚げることができないとも説明した。ポンプの大きさにかかわらず、これが、水を汲み上げる限界だというのだ。

農作業で直面する苛立たしいこの事実に最初に気づいたのは、明らかにガリレオではない。ヨーロッパ中で、水浸しになった溝から水を汲み上げようとしていた農民や労働者が、このことをいやというほど思い知らされたにちがいない。そうしたもっともな動機があって、この限界を克服できる汲み上げポンプが作られようとした。ポンプの改良をきっかけに、科学者は、ポンプの働く仕組みを調べるようになった。そうして、閉鎖された空間から空気を取り除くと、空になった区域が、そのなかへと物を吸い込む傾向があることを理解した。当初これは、「自然は真空を嫌う」というアリストテレスの古い格言を裏づけることのように思われた。つまり、空っぽの空間ができると、物質が移動してきてそこを満たすというのだ。しかしアリストテレスは、世界の仕組みの観念論的な側面からこのようなことが起こるのだと主張した。アリストテレスは、物質が引き寄せられて真空を埋めるのは、もともとそういう目的をもっているからだと考えた。この説明は、ガリレオが求めるものとはかなり異なる類のものだった。

ガリレオが探し求めていたものは、現在の物理的な状況から未来が予測できるような、明白な原因や自然法則だったのだ[4]。ポンプがある一定の高さ以上に水を汲み上げられないことを、自然が真空を嫌悪していることの証拠だとするには、納得いかないものを感じていた。もしそうだとしたら、自然の嫌悪を引き起こす高さが、なぜその高さ（「一八キューービット」）であって、それ以上ではないのか。

ガリレオの真空への興味は、哲学的なものではなかった。真の真空を作ることは不可能だという考えにも、不満はなかった。彼の目的としては、ほとんど空の区域を作ることだけで十分だったからだ。そういう区域に関心をもった理由を探すのは難しくはない。重力を受けて落下する物体のふるまいの本質を見抜いたことから、ガリレオは、物体が重力下でどのように落下するかを決めるにあたり、空気の抵抗が重要な役割を果たしていることを理解した。もしも異なる質量、あるいは異なる大きさの物体を真空内で同時に落としたら（真空内には、地面への落下を妨げる空気抵抗がない）、両方の物体は同じ加速度を体験し、同時に地面に到達するはずだ。言い伝えでは、ガリレオはピサの斜塔から物を落としてこの実験を行ったとされているが、歴史家によれば実際はそうではなかったらしい。しかし、現実の地球の大気内では、石と羽根は、同時に手を離しても、同時に地面に落ちることは絶対にない。両者に働く空気抵抗が、大きく異なるからだ。ある程度の真空を作れば、真の真空にかなり近い状況が得られ、そこでなら、彼の思い描く運動法則が厳密に保たれると予測される。実際、羽根と石を落下させる実験は、月面に着陸したアポロの宇宙飛行士らが、人々がテレビで見守るなか初めて行った実験で行われた。物体の運動に抵抗する大気のない状態において、二つの物体は、まさにガリレオの予測したとおり、同時に地面に落ちた。この種の実験としては、これほど理想的な条件下ではなかったが、一七一七年にフランス人科学者のデザギュリエがロンドンの王立協会で、アイザック・ニュートンを前に行ったものが最初である。落としたのは羽根と石ではなく、ギニー金貨と一枚の紙だった。(5)『王立協会哲学紀要』には、次のように記されている。

デザギュリエ氏は、紙とギニー金貨を真空内で約七フィートの高さから落下させる実験を行った。この真空は、七個のグラスを重ね、グラスの隙間を油を塗った革で覆い、空気を厳密に排除して作られた。紙は、ギニー金貨とほぼ同じ速さで落下したことが確かめられた。したがって、空気がかなり完全に取り除かれて、真空が保存できれば、両者の落下する時間にはまったくずれがなかっただろう。

ポンプの謎は、一六四三年に、ガリレオの弟子、エヴァンジェリスタ・トリチェリによって解き明かされた。トリチェリは、一六四一年から翌年までガリレオの秘書を務め、その後、ガリレオの後任として、トスカーナ大公フェルディナンド二世の宮廷数学者となり、一六四七年にわずか三九歳で早世するまでこの職に留まった。トリチェリは、地球の大気には空気の重さがあり、その重みが地球にかかり、地表に圧力をかけている、と認識していた。真空を作ろうとするとすぐに空気がそこを満たそうとする理由は、厳密に証明はできないまでも、この「大気圧」ではないかとトリチェリはにらんでいた。この研究で水を使うのはやっかいだった（費用は安いが）。一八キュービットは約一〇・五メートルで、実験室で扱うには高さがありすぎる。しかし、水よりも密度の高い液体をもちいれば、ポンプで汲み上げられる最大の高さはもっと低くなるだろう。液体のなかでもっとも密度が高いのは、液体金属の水銀だ。水よりも一四倍ほど密度が高く、汲み上げられる最大の高さは、水の場合の一四分の一になると予測できる。わずか七六センチと、実験には都合がよい。トリチェリは水銀を使って、**図3・1**にある世界初の簡単な液柱計を作製した。[6] これなら、水銀をポンプで吸い上げる必要もない。トリチェリは、七五センチよりも長く、一方の端が閉じ、もう一方は開いたままになっている、まっすぐのガラス管を準備した。容器に入れた水銀で管を上端まで満たし、開いた端を指でふさぐ。それから、管を逆さまにして、容器に入った水銀のなかに開いた端が隠れるようにして立てた（図3・1を参照）。そこで指を離すと、管のなかの水銀の面が下がった。海面位でこの実験をすると、管の太さにかかわらず、水銀の高さは、つねに容器のなかの水銀の面からおよそ七六センチ上になる。[8]

トリチェリの実験で注目すべき点は、持続した物理的な真空を初めて作り出したと思われたところだ。管に最初に水銀を入れたときには、空気は入っていなかった。ところが管を逆さまにすると、水銀が下がり、水銀と閉じられた端とのあいだに空間ができた。そこには何があるのか。空気は入ってこられない。となると、真空があるにちがいない。一六四四年六月一一日、トリチェリは友人のミケランジェロ・リッチに手紙を書き、この簡単な実験がもつ大きな意味についての自身の考えを一部伝えた。[9]

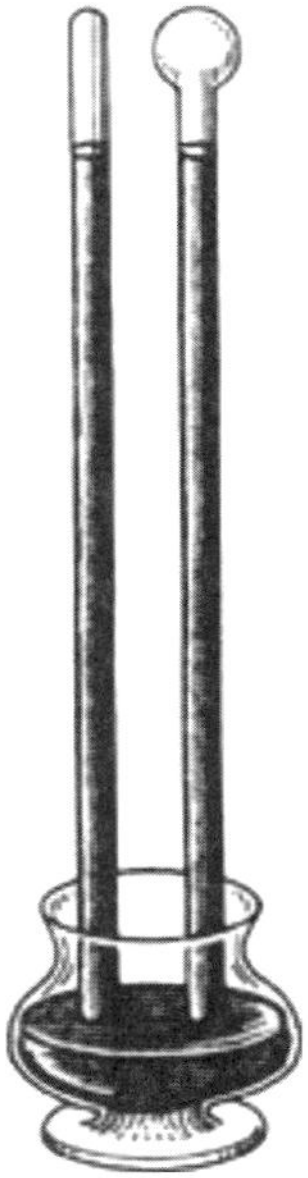

図３・１　トリチェリの気圧計の二つの例[7]。垂直に立てられた管のなかの水銀の柱は、どちらも、容器のなかの水銀の面にかかる大気の圧力と釣り合っている。海面位では、この高さは約 76 センチとなる。

多くの人たちが、真空を作るのは不可能だと言っている。これを可能だとする人もいるが、それには困難がともない、自然の抵抗を克服してからでないと実現されない。自然の抵抗を克服する必要もなく、真空を簡単に作れると主張している人がいるかどうかは、私は知らない。私自身の考えは以下のとおりだ。真空の生成を妨げる抵抗が存在する明白な理由を発見した人がいるなら、そうした作用の原因は真空であるとするのは理屈に合わないことである。そうした作用は、外的な状況によって左右されるはずだ。……我々は、空気の成分からなる大海の底にいる。空気には明らかに重さがある。実際のところ、地表での空気の重さは、水の重さのおよそ四〇〇分の一である。……ガリレオが導き出したこの空気の重さは、人間や動物がふつう住んでいる高度については正しいが、山の頂のような高い場所ではそうではない。そこでは、空気は非常に澄んでいて、水の重さの四〇〇分の一よりもずっと軽い。

トリチェリの実験で管のなかの水銀柱がこのようにふるまった理由は、水銀を入れた容器の上にある大気中の空気の重さが水銀の面に作用して、水銀の圧力と、容器内の水銀の面にかかる空気の圧力と釣り合いの取れる地点まで、水銀が管のなかで上昇するからだ。実際、水銀柱の高さは、ほぼ七六センチである。その高さは、気象条件によって、さらには地球上のどの場所であるかによって変わってくる。そうした変化は、風によって生じる大気圧の変化や、気温の変化によって生じる大気の密度の変化に応じたものになる。新聞やテレビの天気図には、同じ圧力の地点を結んだ等圧線が描かれている。天候によって大気圧が変化することから、トリチェリの装置は、世界初の気圧計にもなった。また、リッチへの手紙に見てとれるように、実験結果は、それを行う場所の高度によって変わってくることも知っていた。高い場所に行くほどに、大気の量が少なくなり、水銀柱にかかる空気の圧力が低くなるのだ。

トリチェリは才能ある科学者で、空気圧の他にもたくさんのことに関心を抱いていた。小さな穴から流れ出る液体についての法則を求め、有名な師の足跡をたどり、放物運動の多くの性質を推論した。理論家であっただけでなく、道具を作ったりレンズを研磨するのを得意とし、望遠鏡や簡単な顕微鏡を作製して、それを使って実験を行ったり、科学者たちに売ってかなりの額を儲けたりもした。

トリチェリの簡単な実験は最終的に、地球は大気に包まれていて、地表から上に行くにつれその大気は薄くなり、ついには、今では「空間《スペース》」や、もう少し上に行けば「大気圏外空間《アウター・スペース》」と呼ばれている何もない広がりがあるだけになる、という斬新な考えを受け入れることにつながった。地球上の生命の背景にこうした劇的な舞台が設置されていることから、宇宙における人類の立場や重要性をさまざまに評価し直すようになった。コペルニクスは、トリチェリの研究の約一〇〇年も前に、地球は太陽系の中心にはないとする驚くべき主張を発表していた。この二人の考え方は似通っている。コペルニクスは私たちを宇宙の中心から移動させ、トリチェリは、私たちや、その周囲の環境は、その先の宇宙とは異なる密度の物質でできていることを明らかにした。私たちは、広大な何もない空間に、孤独に漂っているのだ。後に人々は、空っぽの空間は、私たちと、宇宙に生命が存在する可能性にたいして、注目すべき影響を及ぼしていることを知ることになる。

トリチェリの実験と説に刺激され、ヨーロッパの科学者らが、水銀柱の上にある空っぽの空間を研究し、磁石や電荷や熱や光を当てて、その隠れた性質を探ろうとした。イギリスのロバート・ボイルは、(10)

ロバート・フックの作製した簡単な「真空ポンプ」をもちいて、トリチェリの実験で自然に生成されたものよりも体積の大きい真空を作り、瓶のなかにネズミや小鳥を入れ、徐々に空気を抜いていくとどうなるかを観察した[11]。ボイルはどうやら、過激的な動物愛護団体の目を逃れたようだ。

ボイルは非常に裕福だった。一家はアイルランド、ウォーターフォード州の広大な土地を所有していた。一六三九年にイートン校を卒業してから本格的な科学の研究を始め、家庭教師とヨーロッパ大陸の旅行中に、ガリレオの著作を初めて読んだ。帰国後はドーセットに居を構え、科学の実験研究に着手してめざましい成果を上げた。後にオックスフォードに移り、王立協会の創設に関わった。ボイルには、研究の補助金を要請する必要はなかった。多額の財産を相続したことで、高額な実験器具を買い、それらを管理、改造する有能な技術者を雇うことができた。自然には真空を排除しようとする傾向があるとする従来のアリストテレス的な思考と同様に、トリチェリの気圧計の上部にできた真空には、水銀を管の上へと吸い上げようとする力があるとする考え方があったが、ボイルはこれを払いのけようとした。このような考え方がされるのは、理由のないことではない。ガラス管の端に指を置くと、指を離すのには力を要し、指が管の中に少々吸い込まれるような感覚がするからだ。ボイルは、大気の圧力と、管のなかの「真空」の圧力との差に着目して、水銀の高さを簡潔に説明づける根拠を構築した。対抗するアリストテレス学派の理論では、フェニキュラス（綱を意味するラテン語の *funis* より）と呼ばれる目に見えない糸のような構造があり、それが水銀を引っ張り上げ、管の底に落ちるのを防いでいると説明された。ボイルは、空気圧の理論にもとづき、外の圧力の値が変わると水銀の高さが変化すると予測し、それを証明することで、空気圧理論の優位を明らかにしてみせた[12]。

トリチェリの研究に影響を受けて行われた実験のなかでもっとも優れていたものが、一六五四年に、オットー・フォン・ゲーリケの行った実験だ[13]。ドイツ人科学者のゲーリケは、ドイツの都市マグデブルクの四人の市長の一人として三〇年間その役職についていた（**図3・2**を参照）。

この公的な地位は、真空の実体について人前で実演をして感銘を与えるのに、おおいに役に立った。そのなかに「マグデブルクの半球」という有名な実験がある。まず、合わせると隙間なくくっつくような中空のブロンズ製の半球二個を入念に作製する。近くの消防署からポンプを調達し、片方の半球につけた弁に接続し、半球を二つつなげて中空の球にしてから、内部の空気を吸い出した。何度も空気を吸い出すと、ゲーリケは聴衆に向かって、これで真空が生成されたと告げた。しかも自然は、これを快く思ったらしい。古代の哲学者があれほどくどくど言っていたように、自然は真空を嫌がったり排除したりしようとはせず、真空を打ち破ろうとするいかなる試みからも真空を守ろうと奮闘したのだ。誰の目にも明らかになるように、八頭立ての馬を二組作って半球のそれぞれの側につなぎ、反対方向に走らせて半球を引き離そうとした。しかし、これには失敗した。そこでゲーリケは弁を開いて空気をなかに入れた。すると半球は、たやすく離れた。ただし、この実験は繰り返されることはなかった。実のところ、八頭立ての馬というのは扱いが難しく、同じ組の馬

図3・2 オットー・フォン・ゲーリケ[14]

たちが、同時に同じ方向に半球を引っ張るようになるまでに、六回も試行しなければならなかったのだ。この二つのマグデブルクの半球は、ミュンヘンのドイツ博物館で今でも見ることができる（図３・３）。

これらの研究の成果のおかげで、科学者たちは、地球は相当量の空気の塊に包まれていて、地球の表面に大きな圧力をかけているということに納得した。その作用を丹念に調べることで、気体や液体のさまざまなふるまいを、古代の人々のように「自然は真空を嫌う」などといった曖昧な概念で片づけることなく、物理学的な用語をもちいて詳細に解説することが可能になった。科学史家は、空気圧についての日常的な実験こそが、自然を対象にした研究の転機となったと言う。自然の秩序のなかには神秘的な力がもたらす「性向」があるとする観念論的な概念が、物質と運動だけによる説明に取って代わられたのだ。

ゲーリケは、高い才能をもった経験に富んだ技師であり、機械が好きで、自分で発明もした。それでいて、真空の実体について古代の哲学者が抱いていた疑問や、世界が無から創造されたというキリスト教の教義との関わりにも興味を抱いていた。自身の実験について説明するなかで、かなりの紙幅を割いて真空についての見解を述べているが、それは、この分野の哲学的な伝統を形づくった中世の哲学者らの考え方ととても類似していた。[16] だが、ゲーリケの著書は膨らませすぎだった。地上のあらゆるものについてと、空の上のことについても、語るべきことがたくさんあった。市の要職にあることから、地元の名士から称賛を受けることも多かった。ヨハネス・フォン・ゲルスドルフなどは、マグ

図３・３　マグデブルク半球の実験[15]

デブルクの実験を行った「卓越し有能なる紳士、オットー・フォン・ゲーリケ」に捧げる詩を詠んだ。

自然の多様な謎の探究は
好奇心と想像力の持ち主のなすべきこと
自然の不思議という複雑な道に分け入ることは
いっそう困難で、誰にでもできることではない
立派なマグデブルク市長は
傑出した科学者でもあられる
貴殿と親しく話す者であれ
ひとりでその研究について学ぶ者であれ
すぐさまその才能を疑いなく確信する
ここで少し冗談を
貴殿はご著書で、真空は存在すると証明してみせましたが
目に見える真空はどこにもありませぬ

ゲーリケにとって、存在するものはどれも、二種類に分類できた。「作り出された何か」か、「作り出されたものではない何か」のいずれかだ。三つめの種類、「無」と呼べるような種類はありえない。「無」とは、何かを認めたもの、他の何かの反対のものであるために、すなわち何かであるはずだから

だ。したがって「無」は、「作り出されたものではない何か」か「作り出されたもの」のどちらかの範疇に入る。あるいは、もしかするとゲーリケは、「無」は、両方の種類に属するべきだと感じていたのかもしれない。たとえば、一角獣のような想像上の動物は、存在しない生き物という意味では無であり、すなわち物ではないとなる。しかし、頭のなかの概念としては存在するため、完全に無ではない。その存在は、人間の思考と同じ種類のものだ。だから、作り出された何かとして認められる。ゲーリケは、世界が作られた以前にあった無を、作り出されていない何かであると位置づけようとした。そうすれば、世界が創造される前には無があった、すなわち、作り出されていない何かがあったと言えるからだ。こうすることで、異端と受け取られることを避けようとした。

ゲーリケは、空虚についての叙情詩的な哲学を、「無」(「*Nihil*」)を称える賛歌にまとめた。その思索の雰囲気は、真空が空気ポンプで制御できるという現実的な実験に携わった人物とは思えない。これは全編を読むべきだ。空っぽの空間や想像上の空間などの、無についてのさまざまな概念を、ひとつの概念にまとめあげている。

> 無のなかにはあらゆるものがあり、もしも神が、みずから創造された世界という織物を無に帰すなら、その場所には無以外の何物も残らない(世界の創造以前の状態のように)。すなわち「作り出されていないもの」となるだろう。なぜなら「作り出されていないもの」とは、その始まりが前から存在するものではないからだ。そして無とはいわば、その始まりが前から存在するものではない。無にはあらゆるものが含まれる。それは金《きん》よりも貴重で、始まりも終わりもなく、豊かな光を目にす

ることよりも幸福で、王の血よりも高貴で、天にも劣らず、星よりも高く、稲妻の一撃よりも強く、あらゆる点で完全で幸いである。無はつねに霊感を授ける。無のあるところ、あらゆる王の支配はなくなる。無には何ら害はない。ヨブいわく、この地は無の上に漂っているのだ。無は世界の外にある。無はあらゆる場所にある。真空は無と言われ、さらには、想像上の空間――そして空間そのものも――は無と言われる。(17)

ゲーリケは、空間は無限であり、この世界に似た、別の多数の世界がそこにあるかもしれないと考えた。無限の世界という概念を、現実の空間と想像上の空間には何ら違いはないとする自説の裏づけにもちいていた。たとえば、一角獣は想像上の空間にしか生息しないと考えられるだろうが、もしも空間が無限なら、その性質の一部は、ちょうど一角獣を想像するのと同じように、想像するしかなくなるのだ。事実、ゲーリケは、無限の空間、あるいは、作り出されていない何かである無を、神と同等であるとみなした。

二つの無の物語

一七世紀に、真空は容易に存在し保持されると示唆されただけで引き起こされた恐怖の戦慄に匹敵するものを、現代に見つけるのは難しい。これに似たことといえば、物質主義者が、死後の生命は存在するという反駁不可能な証拠を認めざるをえなくなることくらいだろう。

アルバン・クレイルスハイマー(18)

空気圧についてのこれらの優れた実験によって、二つの無の問題に注目が集まったということをおぼえておくとよいだろう。まずは、劇作家や哲学者の操る、抽象的で道徳的、心理学的な「無」がある。これは、まったく形而上学的な性質をもつ無であり、その気がなければ思いわずらう必要もないものだ。詩という形式で残ればそれでよい。これとは正反対の、ガラスの管や金属の半球から中身を抜いて、人々の目の前で、現実の物理学的な真空を作ろうとする試みから生じる散文的な問題がある。この真空からは力が発せられ、エネルギーを貯蔵するためにもちいることができる。こちらはとても有用な無だった。

この二つの概念を結びつけようと奮闘した一七世紀の思想家がいる。矛盾するかと思われるほど幅広い関心を抱いた博学者で、不可能性や空想をにおわす問題を扱うことを好んでいた。興味の対象は物理学だったり、数学だったり、純粋な神学だったりした。その人物、ブレーズ・パスカルは、一六二三年にフランスの町、クレルモンに生まれた。わずか三九年後に他界したが、その短い人生のあいだに、確率の本格的な研究の基礎を築き、二台目の機械式計算機を製作し、圧力下での気体のふるまいについて意義深い発見をし、幾何学と代数で新しい重要な成果を上げた。もっとも有名な著書は、「思考」の断章を集めた『パンセ』であり、未完のまま若すぎる死を迎えた[19]。すべては、先行きの見えない出発点から始まった。パスカルがわずか三歳のときに母親が亡くなり、幼い息子は、父親エチエンヌの教育方針に委ねられた。二人はパリに転居し、有能な弁護士だった父親は、病弱な息子を他の子どもたちと交わらせずに、自分の手で教育することにした。父本人は数学に長けていたが、息子には一五歳になるまでは数学を勉強させない方針を取り、数学の本をすべて自宅から撤去した。ラテン語とギリシア語しか学ぶ科目がなかったが、それに満足しなかったパスカル少年は、同じように数学が好きだった父親の友人たちと徐々に親しくなっていった。彼らに受け入れられたパスカルは、父親の目を逃れて、一二歳にして三角形の幾何学的な性質を多数、自力で再発見した。驚いた父親は態度を軟化させ、これで勉強するようにと、ユークリッドの『幾何学原論』を手渡した。まもなくして親子はルーエンに引っ越した。父親がその地方の徴税官に任命されたのだ。パスカルの才能はそこで花開いた。一六歳にして、当時、もっとも著名な数論学者のひとりだったメルセンヌが召集したパリ数学者の定期会合において、みずから発見した数学の新しい理論と作図の問題を提出した。それからわずか八か月後、幾何学についての最初の著書が刊行された。パスカルの発明と発見の業績は、このようにして始まった（図3・4を参照）。

パスカルの空気圧への興味と、完全な真空を作る道程は、一六四六年に始まった。残念ながら、この研究により、当時、もっとも大きな影響力をもっていたフランス人自然哲学者のルネ・デカルトと対立することになった。ルーエンにいたパスカルは、数年前に行われたトリチェリのめざましい実験のことを耳にした。そこでパスカルは、築城技師で父の友人であるピエール・プティの力を借りて、効果的な実験をいくつも行った[21]。そのうちもっとも重要なものが、パスカルが計画し、義理の兄弟であるフローラン・ペリエが実施した実験だ。それは、トリチェリがリッチ宛ての手紙に書いた、地球の大気は高度が高くなるにつれ薄くなるという説を証明するためのものだった。一六四七年一一月一五日、パスカルはペリエに手紙を

図3・4　ブレーズ・パスカル[20]

書き、地元の山のふもとと頂上で、トリチェリの水銀の高さを比べるよう依頼した。
もしも山のふもとより頂きでのほうが水銀の高さが低くなるなら（私は多くの理由からそうなるはずだと考えているが、この問題に取り組んだ人はみな、反対の意見だ）、必然的に、空気の重さと圧力だけが、水銀が吊り下げられる現象の理由であり、真空への憎悪などは関係のないことになる。なぜなら、山のふもとでのほうが、頂きよりも、圧力をかけてくる空気の量が多いことは間違いないからだ(22)。

悪天候のために数週間待機した後、ペリエはクレルモンの修道院の庭に協力者らを召集した。ペリエは、トリチェリの手法にならい、水銀の入った二本の同一の管を用意していた。地元の名士らの見守るなかで、水銀柱の高さを厳密に測り、まったく同じであることを確かめた。ひとりの司祭が一方の水銀の管を託され、ペリエの率いる一団は、オーヴェルニュ地方のピュドドーム山の頂、海抜約一四六五メートルの地点に向かって出発した。登る途中、いろいろな高度で水銀柱の高さを読み取り、山頂でも測定をした。作業をすべて終え、一団は修道院に戻り、水銀注の高さが、司祭に託したものと同じであるかどうかを確認した。修道院と山頂での水銀注の高さの差は、ちょうど八・二五センチだった。

一六四八年九月九日のこの実験によって、空気圧は山を登るにつれ下がるということが初めて確認された。この結果は、関与していた全員に多大な衝撃を与えた。実験に参加した者たちは「驚きと喜びに酔いしれた」とパスカルは書いている。そのうちのひとり、ドゥ・ラ・メア神父は、この発見の重大さに意欲をかき立てられ、気圧計を地上から、クレルモンにあるノートルダム大聖堂の高さ三九メートルの塔の頂まで運び、水銀柱の高さの変化を観察した。すると、四・五ミリと、わずかだが十分に測定可能な差があった。この報告を受けたパスカルは、パリでもっとも背の高い建物で同じ実験を行い、同様の測定可能な差を確認した。建物が高いほど、その頂上での気圧の下がる度合いが大きくなるという傾向があるのだ。パスカルはほどなくして、大気圧と高度との相関関係についての詳細がこれとは独立してわかったなら、高度によって測定される気圧が微妙に異なることを利用して高度を求めることが可能になるとひらめいた。パスカルの最初の実験から三五〇年経った今、地球を薄く覆う大気についての詳細がすっかり判明している（**図3・5**を参照）。その後パスカルは、ある地点での気圧計の測定値は、気象条件によっても変わることがあると発見した。この事実は、今も気圧計の操作に活用されている。現在の、等圧線の縞模様のついた気象図を**図3・6**に示す。

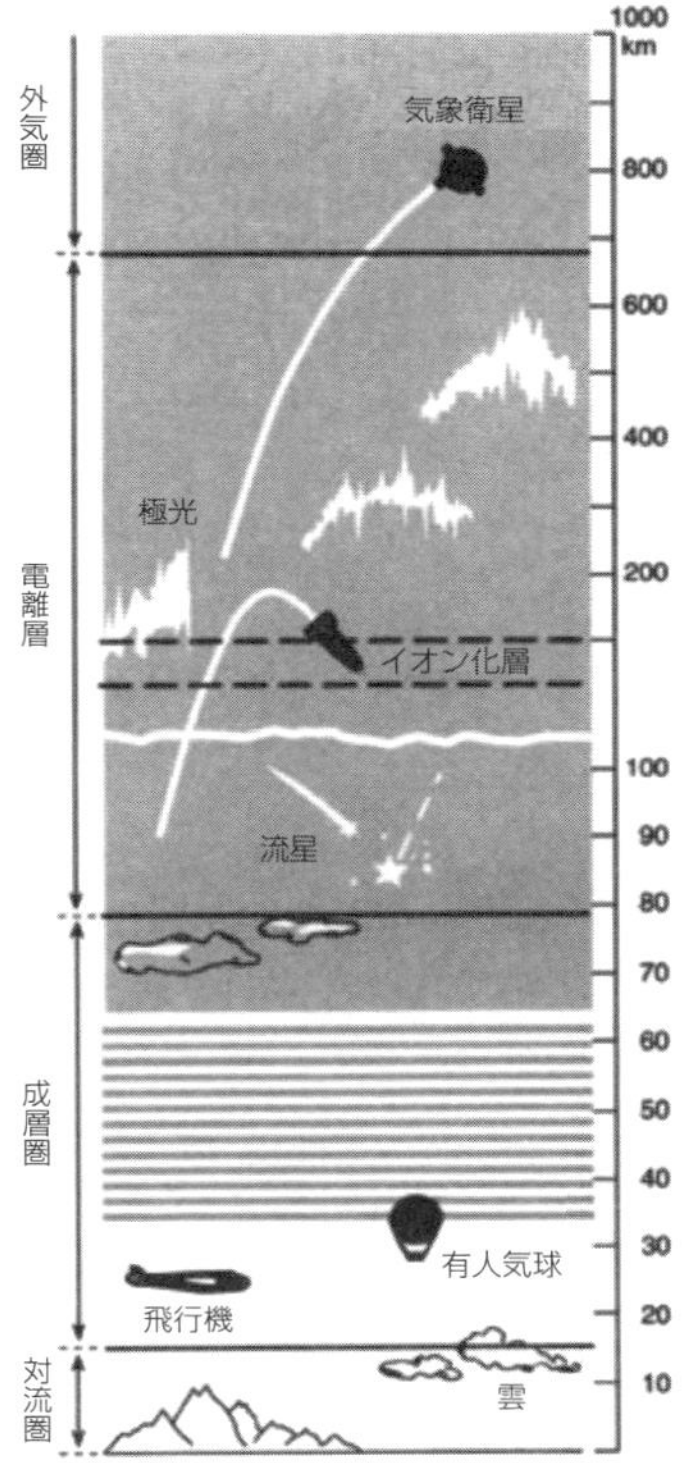

図3・5 海抜1000キロメートルまでにおける、地球の大気の性質の変化[23]

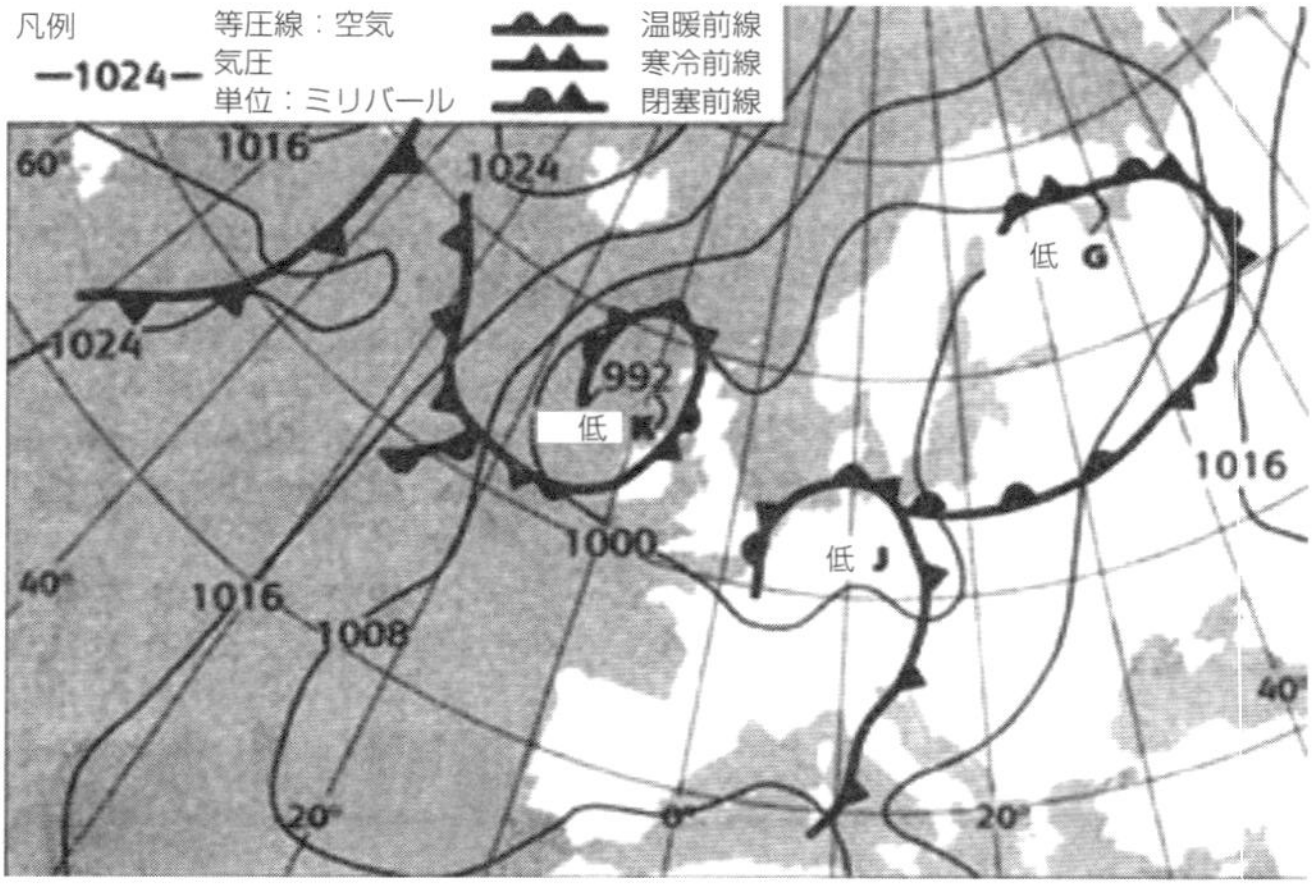

図３・６　同等の大気圧の点を結んだ等圧線が描かれた気象図。気圧の高いところから低いところに風が流れる(24)。

パスカルは、水銀の管の上部にある空っぽの空間は、本物の真空だと主張した。これに反論する者たちは、気体力学や水力学の実際的な意味にとりわけ興味があるわけではないが、その発言が哲学に与える影響を心配していた。正式な教育も受けていない、しぶとく自説を曲げないわずか二三歳の若者の言うことだから反対している、というだけではなかったようだ。イタリアでは、トリチェリの一門が一六三九年から一六四四年にかけて多数の実験を行ったが、おそらくは教会の反対を恐れて、あまり深くは追究しなかった。ジョルダーノ・ブルーノが一六〇〇年に火刑に処せられ、トリチェリの師、ガリレオは、一六四二年に没するまでの九年間を、異端審問所の判決により自宅軟禁で過ごした。しかしパスカルは、ローマで行われた実験のことを聞き及んだメルセンヌの励ましもあり、敬虔な信仰心をもちながらも、弾圧への恐怖は感じていなかった。パスカルは、トリチェリの実験をさまざまに改善し拡張した。水銀だけでなく、水や赤ワイン、いろいろな油を使って試してみた。それには、長い管や巨大な樽をもちいた大規模で華々しい実験を街角で実演することが必要となった。こうした派手なやり方も、保守的な反対派に好まれなかった。

　物理的な真空が存在するというパスカルの主張には、二手からの反論が加えられた。伝統的なアリストテレス主義者は、物理学への強い影響力を長年にわたって保っており、真空を作り出す可能性はないと断言していた。彼らは、自然に見られる変化を「傾向」という言葉で説明したが、これは実際には何の説明にもなっていなかった。たとえば、物は生命力によって成長するとか、物体は重さという性質があるために地上に落ちるとかいう説明がそうだ。これは単なる言葉の遊びであり、これまでに観察されたことのない状況において何が起こるかをはっきりと予測することはできない。しかし、真空の可能性を否定したのは、アリストテレス主義者だけではなかった。デカルトを信奉するデカルト主義者らは、物理的な世界のふるまいを、数学の用語をもちいて、特定の普遍的な法則に従って推論しようとする、統一された自然哲学を是としていた。しかし、この一見すると現代風の思想においては、物質の存在しない空間について論じることが許されていなかった。物質には空間が必要であり、空間にも物質が必要なのだ。こうした世界の性質はデカルト主義者の体系においては原則であり、真空は最初から排除されていた。パスカルは、デカルトと面会し、山頂での大がかりな実験の意義を論じようとしたが、残念ながらうまくいかなかった。デカルトは、この種の実験を行うように勧めたのは実は自分だと言いながらも、物理的真空が現実に存在することが立証されたというパスカルの主張は、断固として認めなかった。パスカルはどうやら良い印象を与えなかったらしい。デカルトはパスカルとの面会後に、オランダのホイヘンスに宛てて、パスカルの「頭のなかは真空だらけ」だと書いている。

パスカルは結局、デカルトが師と仰ぐイエズス会のノエル神父との書簡という形式で、公に討論を開始することになった。ノエルは、弟子デカルトの説に加えて、神の支配が遍在するために真空はどこにも形成されえないことを根拠に、真空は存在しないという説を擁護しようとした。真空が存在するには、全能の神を拒絶しなければならないからだ。ノエルは、実験についてのパスカルの解釈を攻撃した。水銀の管の中身を検討するにあたっては、真空と「空っぽの空間」を言語的に細かく区別し、管のなかの空間は、アリストテレスが存在を否定した真空と同一のものではないと述べた。

だが、この空虚は、アリストテレスが反論を試みた、古代哲学者たちの言う「間隔」ではないのか。それとも、否定することのできない神の広大さではないのか。なぜなら神はどこにでも存在するのだから。実のところ、もしもこの真の真空が神の広大さ以外の何物でもないなら、その存在を否定することはできない。しかしまた、神自身以外の何物でもないこの広大さ、非常に純粋な精神には、他から分離できる部分があるとは言えない。分離できる部分というのは、物質と形式をもつ構造物から取り出された物体についての私の定義であり、創造主についての定義ではない[25]。

パスカルは、ここにしかけられた、イエズス会を相手どった神の性質についての神学的な議論に巻き込もうとするおとりに食いつきはしなかった。そんなことをしていれば、デモクリトスのような古代の原子論者と同じ烙印を押されることになっただろう（「古代の哲学者たち」とノエルは言及している）。パスカルのノエルへの返信は、道徳的に優位な立場に立ちながら、イエズス会的な手腕を駆使して、この問題を巧みにかわしていた。

神についての謎は、論争で濫用するにはあまりに神聖すぎます。それは、崇拝の対象にすべきであり、議論の対象にすべきではありません。そういうわけで、私は神については議論せず、そうした権利をもつ人たちに、すべての判断を委ねます。[26]

他の批評家たちが、パスカルの実験と、真空と空虚に関する古代の哲学者の疑問とのあいだの密接な関係に注目し始めるなか、パスカルの筆は、空虚よりも、実験によって明らかにされた「平衡」や「釣り合い」のほうに重きを置くようになってきた。だが、パスカルは、自身の見解を記すのには慎重だった。未発表の文章から、当時に表明していたよりも堅固な持論のあったことがわかる。個人的な文書には、アリストテレスの言う真空への嫌悪の意味について、自問する様子がうかがわれる。

自然は、峡谷よりも山頂でのほうが、真空をいっそう嫌うのか。さらに、日光の降り注ぐ日よりも、雨降りの日のほうをいっそう嫌うというのか。

パスカルの空気圧の研究が実際的な性質のものであったにもかかわらず、その結果には、深遠で、(人によっては)心を乱されるような含みがあった。空気圧についてのパスカルの理論では、トリチェリの水銀柱の高さが、高い高度で実験を行うと下がる理由が説明される。まさに実験時に上からかかる空気の重さが、皿のなかの水銀の表面に圧力をかけているからだ。これを突き詰めれば、水銀柱の高さの変化はこれまでのところ有限だったということは、大気の質量はもしかすると有限で、地球を中空の球のように包んでいることにならないだろうか。ということは、最終的には、宇宙の彼方には真空があり、私たちを取り囲んでいることになる。そうなると、危険な結論に導かれる、とノエルは言う。すなわち、はるか彼方の空間に、この無益な真空が存在しているなら、神の創造の一部が役に立たないものであったということになるからだ。しかし、勝利を収めたのはパスカルのほうだった。二〇世紀の後半に入ってようやく、宇宙のなかの一個の惑星に生命が存在するために、いかに広大な宇宙の広がりが必要であるのかが理解されるようになってきた(27)。

宇宙空間のうちのどれだけが空白なのか?

アメリカ合衆国では、人間がいる空間よりも、いない空間のほうが大きい。これこそが、アメリカをアメリカたらしめているものだ。

ガートルード・スタイン(28)

フレッド・ホイルはかつてこう言った。「宇宙は全然遠くない。車でまっすぐ上に行ければ、一時間ほど走るとそこが宇宙だ(29)」。あんな平凡な道具を使って始まったトリチェリの研究は、とうとう、地球はガス状の大気に覆われていて、それは地表から遠ざかるにつれてどんどん希薄になっていくという発見に行き着いた。パスカルはこれに関心をもち、結局のところ、その先の宇宙空間の性質について何を意味するのだろうかと思索した。本物の真空が私たちを取り囲んでいるのか、それとも、太陽や惑星の彼方では、媒体がどんどん希薄になっていくだけなのか。パスカルの時代には、この問題の大きさを理解することはできなかった。今日では、宇宙についてわかっていることから、宇宙空間の性質を相当くわしく知ることができる。そうして得た知識には、二重の意味で驚かされる。物質は、大きさが増し、平均密度は低くなるような系の序列へと組み込まれる。小さいものから順に挙げると、惑星、恒星の集まり、数千億個の星系などがある。これらが集まって、私たちの銀河系のような銀河ができる。銀河がさらに数千個も集まって銀河団となり、銀河団は巨大な超銀河団のなかでゆるやかに引かれ合っている。宇宙の平均密度よりも密度の高いこうした領域と領域のあいだには、気体分子と塵《ちり》がある。惑星や、太陽のような恒星の平均密度は、一立方センチメートルあたり一グラムに近い。つまり、一立方センチメートルあたり約10^{24}個の原子があることになる。だいたいこれが、私たちの周囲にある物の密度だ。これは、宇宙の平均密度よりもはるかに高い。もしも、目に見える宇宙のなかにある光る物質を平らにならすなら、一立方メートルあたり原子は一個しか見つからないだろう。これは、人工的な手段で地上の実験室で作り出せる真空よりも、さらに優れた真空だ。この目に見える宇宙のなかにはおよそ一千億個の銀河があり、銀河のなかの物質の平均密度は、目に見える宇宙全体の平均密度よりもおよそ一〇〇万倍高く、一立方センチメートルあたり約一個の原子に相当する。(30)

宇宙のなかにある目に見える物質を数えることは、宇宙空間の中身をすべて網羅した目録を手に入れようとするときに必要とされる計算のほんの一部にすぎない。物質には、光度でその存在を明らかにするものもあるが、すべての物質は重力でその存在を明らかにする。天文学者が銀河のなかの星の動きや、銀河団のなかの銀河の動きを観測したところ、これと似たことに気づいた。星や銀河の動く速度が速すぎて、銀河や銀河団が、自身の構成要素に重力が働くために、ひとまとまりではいられないのだ。暗く目に見えない形態の物質が、その約一〇倍はないといけない。これは、まったく予期せぬことではなかった。星の形成は、完璧に効率的な過程をたどるものではないことはわかっている。物質が掃き寄せられてある領域に集まり、その密度が十分な条件に達すると、核反応を起こして輝き始めるのだが、そういう領域に集まらない物質もたくさんあるだろう。そうした物質がどのような形をなすのかが、大きな謎だ。これは、天文学者たちに「暗黒物質問題」として知られている。暗黒物質は、原子や分子、塵、岩石、惑星、かすかに光る恒星など、他の物質と同じようなものだとする、誰もがまず思いつくような考え方では、どうもうまくいかなかった。宇宙の初期段階で、ヘリウムや重水素、リチウムなどのもっとも軽い元素を生成する核反応が起こり、観測されている存在量になるには、宇宙のなかに、そうした類の物質——光るものであれ、光らないものであれ——がどれだけ存在しうるかに、大きな制限があるからだ。したがって、宇宙空間の内部を支配する暗黒物質は、まったく別の形態をしていると考えざるをえなくなる。もっとも有力な候補は、通常の陽子よりも重く数の多い、ニュートリノに似た粒子の集まり（WIMPS：弱く相互作用する有質量粒子）だ。[31] WIMPSは核反応に加わらないため、宇宙の歴史の初期段階において、核反応のふるまいによって決まる存在量の制限にひっかからない。こうした粒子は、素粒子を補完するものの一部として存在すると想定されているが、今までのところ素粒子物理学実験で見えてはいない。宇宙の膨張理論では、これらの粒子の存在量は、質量から計算することができる。このような仮説上の粒子が、銀河や銀河団をまとめるために必要な暗黒物質であるのなら、その事実はまもなく明らかになるだろう。地中を貫いて飛んでくるそれらの粒子を捕獲するために、地下深くで行われている実験によって、数年内に検出されるだろう。特別に設計された検出物質一キログラムあたり、数個が毎日、検出されるはずだ。

原子と分子、さらにはニュートリノに似た粒子だけでは、宇宙空間に広がっているすべての物質にはほど遠い。放射線も、あらゆる波長のものが存在する。宇宙の全エネルギー密度に寄与するなかでもっとも広く行き渡り、もっとも重要なものが、宇宙の熱い初期段階の名残であるマイクロ波光子の海だ。宇宙が膨張するにつれ、これらの光子はエネルギーを失い、波長が増大し、絶対零度よりわずか二・七度高い温度にまで冷えた。宇宙にはこうした光子が、一立方センチメートルあたり約四一一個ある。つまり、宇宙にある原子一個につき、こうした光子がだいたい一〇億個存在することになる。

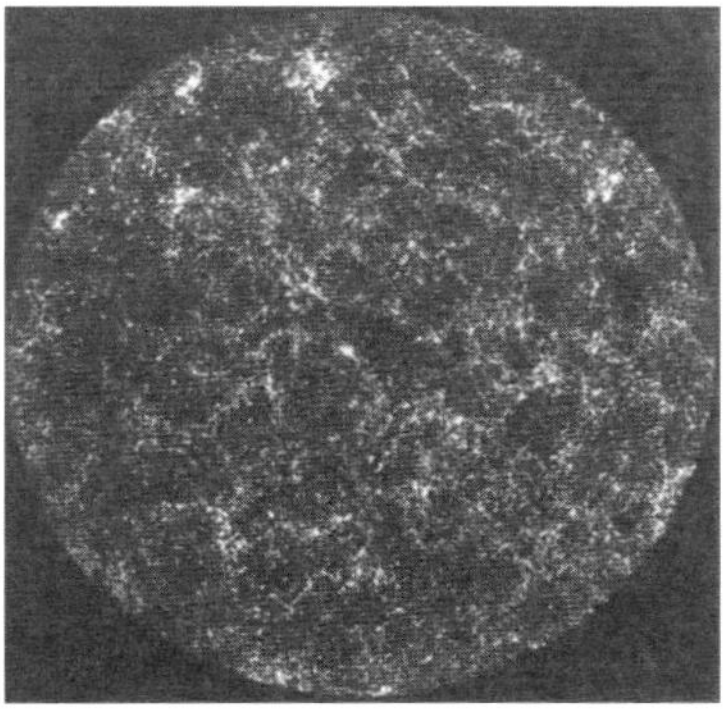

図3・7 宇宙で観測される、約100万個の銀河の群れ

宇宙における物質と放射の分布をくわしく調べると、対象範囲を広げていくにつれ観測される物質密度が下がり続け、ついには銀河団の見られる範囲を超えることがわかる（**図3・7**参照）。そこまで行くと、物質の集まりは消え始め、一立方メートルあたり原子が約一個という密度しかない、小さな摂動がランダムに発生するなめらかな物質の海になる。宇宙のなかで見える最大の範囲を観測すると、物質と放射の完璧ななめらかさからの逸脱が、一〇万分の一という低い程度に抑えられていることがわかる。このことから、宇宙は、物

質の集まりをどのスケールで見ても、それよりもうひとつ大きいスケールで見たものの拡大像のように見える、いわゆるフラクタルと言われるものではないことがわかる。物質の集まりは、望遠鏡の限界に到達する前に、消えてなくなるようだ。このことは、こうした物質の大きな集まりは、重力の影響下では集積するのに時間がかかるという事実と関係する。この過程にかかる時間は有限で、物質の集まる程度には限界がある。

宇宙は、どこを見ても、非常に密度の低い場所のようだ。それは偶然ではない。膨張する宇宙の大きさと年齢は、その内部にある物質の引力と結びついている。宇宙が十分に長い時間をかけて膨張し、生命の構成要素が核反応の連続によって星の内部で形成されるようになるには、数十億年は必要だ。それならば、宇宙には数十億光年の広がりがあり、平均物質密度が非常に低く、温度がとても低くなければならない。温度と物質のエネルギーが低いなら、夜空は暗くなるはずだ。近くの太陽の光を消せば、宇宙には、空を照らす光はほとんどない。夜は暗く、星明かりがぽつぽつと光るだけだ。生命を抱える宇宙は、大きくて古く、暗くて冷たくなければならない。もしもわたしたちの宇宙に真空がなければ、複雑な生命の住処にはならなかっただろう。

今日、空間がどのような状態であるかを示すために、駆け足で現在までたどりついた。しかし、パスカルからビッグバンまでの道程は、そんなに短いものではない。次章では、その間に真空に何が起こったのか、どのように変身し、追放され、復活し、最終的な変貌を遂げたのかを見ていこう。真空の概念と、真空が存在する証拠を探す努力が、昔と同様、一九世紀から二〇世紀にかけても、科学と哲学において中心的な役割を果たし続けてきたことがわかるだろう。

遍在する媒体というアイデアは、科学者にとって非常に魅力的だ。それを使えば、たとえば、光や熱、音、磁気といった身近な現象が、空っぽに見える空間のなかを、遠く離れたところにまで作用したり、移動したりできる仕組みを説明できるからだ。

デレク・イェルツェン(1)

4 エーテルに向かう流れ

ニュートンとエーテル

充分では足らない人には、無で充分だ。

エピクロス

一七世紀後半にニュートンが行った運動と重力の研究は、驚異的な成果へと続く道を進んでいった。ニュートンは、月と惑星の運動と、地球の形、潮汐、投射体の軌跡、高度や深度による重力の変化、空気圧の抵抗を受けたときの物体の運動、さらに多くのことがらを解説した。ニュートンはこれを、驚くほど豊かな発想を駆使してやってのけた。理想的な状況から見た運動の法則を打ち立てたのだ。運動の第一法則は、「外部から力が働かない物体は、静止を続けるか、等速の運動を続ける」というものだ。外部から力が働かない物体を見た人（あるいはこれから見る人）は誰もいないが、ニュートンは、こうした想定は、実際に見たものを確実に評価するための基準になると考えた。外部から力の働かない物体は、運動速度が低下して停止すると思われていたが、ニュートンは、あらゆる状況下で働いているすべての力を特定し、そうはならないと考えた。運動が一切発生していない場合には、別の均衡した力が働いていて、物体に働く正味の力がゼロになるのだ。

ニュートンの考え方は説得力があり簡潔であったにもかかわらず、その中核にはやっかいな前提があった。宇宙には一定の背景があり、ニュートンの打ち立てた法則が支配する、観察されるあらゆる運動は、そこで起こっているると想定しなければならなかったのだ。この背景をニュートンは「絶対空間」と名づけた。ニュートンの有名な運動法則は、この絶対空間という想像上の場にたいして加速していない運動にのみ適用される(2)。今日では、見える範囲内でもっとも遠くにあり、もっともゆっくりと変化する天体、すなわちクエーサーを想像上の足場とすることで、絶対空間に近づくことができるかもしれない。

絶対空間は、微妙な概念だ。これはニュートンの理論の要であるが、観測することも、感じることも、それにたいして何かをすることもできない。真空と同じように、謎めいて、とらえどころのないもののように見えてくる。さらには、その空間のなかで、重力や光がどのように伝わるのかを説明するのが難しいという問題もあった。この難題を解決するひとつの方法が、空間に散在する固体間の空間には何もないという概念を捨て去り、「何もない空間」には、極端に希薄な流体があり、均一な静止した海のように、隅々までを満たしていると想定することだった。この流体が、「絶対空間」というまったくの数学的な概念に取って代わる有力な候補と目されるようになってきた。そうすれば、運動はつねに、希薄な流体との関係で発生するものになりうるからだ。

この、すべての空間を満たす、変化のない大きな海は、エーテルと呼ばれるようになった。それは、古代のストア哲学主義者が空間を満たすものとして提唱し、世界を理解する試みにおいて積極的な役割を果たした弾力性のある物質、プネウマを彷彿させる。音が音源から外へと広がるのは、波が水面を伝わるように、プネウマに伝わる運動であるとかつて解釈されていた。このわかりやすいたとえもあって、エーテルが、あらゆる空間における浸透性のモデルとして採用されるようになっていった。現実の真空を恐れる必要がこれで一切なくなるということも、魅力のひとつだった。

ニュートンはエーテルという概念に強い関心を示したことはなかったが、より説得力のあるものがなかったために、不承不承これを取り入れた。エーテルは、光の性質や、光の作用が空間を通じて伝わることを多少なりとも理解するための便利な手段になるとは意識していたが、流体が存在すれば月や惑星の運動が混乱するだろうとも考えた。液体や他の抵抗力のある媒体のなかでの物体の運動についてニュートンは十分に理解しており、抵抗力のある媒体が広くあまねく存在すれば、天体の運動速度が減速され、ついにはぴたりと止まってしまうだろうとの見解を表明した。

トリチェリ、パスカル、ボイルは、水銀柱の管のなかで生成できたとされる局所的な真空のもつ多数の性質を調べた。光で真空を照らし、空っぽになった空間を光が通過できると推論した。磁力の作用も避けられない。放射熱も、瓶のなかの空っぽの空間を、妨げられることなく通過した。そして物体も、空中の場合と同じように、重力が作用して地面に落下した。(3) ニュートンは、「空っぽの」空間にあるこうした特徴を十分に知っており、もしかすると本当のところそれほど空っぽというわけではないのではないか、熱と光は、「空気よりもかなり希薄な媒体、空気が吸い出された後に真空のなかに残った媒体の振動」を通じて伝わるのではないかと考えた。(4)

この思考を貫こうとすると、とても複雑で面倒な状況に陥った。最初に思いついたのは、光を、面に当たって跳ね返り、このうえなく小さく弾力性の非常に高いビリヤードのボールのようにふるまう微小な粒（今は「光子」と呼ばれるもの）の流れととらえることだった。残念ながら、ニュートンとオランダ人物理学者、クリスティアーン・ホイヘンスの二人は、ある状況下では、光は、小さなビリヤードのボールの流れのようにはまったくふるまわないことを発見した。位相がわずかにずれた二本の光線が互いに干渉し、暗い縞と明るい縞が交互に現れるからだ。こうしたふるまいは、粒子ではなく波の特徴だ。二つの波を、一方の山がもう一方の谷と一致するように重ね合わせることでこれを説明づけられる。ニュートンは、水面に浮かぶ油を光が通過したときや、くじゃくの尾に光が当たったときに起こるような、光の波のようなふるまいが引き起こす、さらに色彩豊かな現象も観察した。

この問題を考えるにあたってもっとも参考になるのが、音のふるまいだ。音は、介在する媒体のなかで振動することにより、点から点へと伝わっていく。部屋のなかで大声で叫んだとき、音と呼ばれるエネルギーをある場所から別の場所へと運んでいくのは、空気の分子の振動なのだ。光が空っぽの空間をどのように進むかを考えるにあたり、物理学者はこの仕組みに注目した。だがあいにく、熱や光と異なり、音は、ボイルらが生成していた瓶のなかの真空中では伝達されなかった。管のなかから空気を取り除いたことで、振動による効果を遠い場所にまで伝えることのできる媒体そのものもなくなってしまった。太陽が見えて、介在する「空っぽな」空間を通じて太陽が放射する熱を感じられるにもかかわらず、途方もない激しい音であっても、太陽の表面で起こっていることがらの音を聞くことはできない。

ニュートンは最初、光のこうした二つの性質を結びつけようとして、光の弾丸がエーテルにぶつかることで波を作り出しているにちがいない、と想像した。ちょうど、石を水に投げ入れると、石のぶつかった地点から外側に向けて、波が次々と広がるように。光は、エーテルという流体のなかに、波動状の運動を引き起こすことができるのだろう。そうした運動を重力が加速して、ついには加速力が、エーテルの抵抗力と等しくなり、やがて、一定の速度で動くようになる。しかし、光はとても素早く動くことから、光の粒子の速度をすぐさま秒速三〇万キロメートルにまで加速するには、加速力は非現実的なほどに大きくなければならないだろう。

ニュートンはこのエーテル説に十分には納得できず、空間における光と重力の伝わり方について疑問をもち続けたが、確かな答えは見いだせなかった。ニュートンは、「重力」と呼ばれる事物に固有の特性が、ある質量が遠く離れた別の質量に作用することの原因だとする古代の幻想（これでは何の説明にもならない）に陥ることをよしとしなかった。ニュートンとリチャード・ベントリーとのあいだで交わされた有名な書簡[5]では、重力と運動についての自身の研究によって、偶発的な自然法則の営みではなく、自然法則そのものの正確性と不変性にもとづいて神の存在を証明する新たな形式の設計論をどのように支持するかが論じられたが、そのなかでニュートンは、重力が真空のなかで作用できるとすることへの困惑を明らかにしている[6]。

生命をもたない事物が、他の、物質ではない何物かの介在なしに、相互に接触することもなく、他の事物に作用や影響を及ぼすことは考えられない。エピクロスの言うように、もしも重力が、事物にもともと備わっている固有のものであるなら、そうなるはずなのであるが……。重力は事物にもともと備わった固有の本質的なものであるはずであり、したがってある物体が、遠く離れた別の物体に、他の何物かの介在なしに作用することにより、事物の働きや力が別の事物に伝えられるということは、私には非常にばかげたことに思われる。哲学的なことがらについて思索できる能力をもつ者なら、そうした考えに陥ることは決してないであろう。重力は、ある法則に従ってつねに作用している因子によって引き起こされるものにちがいないが、その因子が物質的なものであるか非物質的なものであるかは、読者の考察に委ねよう。

力が遠く離れたところに瞬時に作用するとするニュートンの思考が、その時代の多くの人々にとって受け入れがたいものであったにちがいないことは、容易に想像できる。ニュートンの時代において、惑星運動についての対抗理論は、デカルトの渦動説だった。この説では、宇宙は、回転する粒子からなる大きな渦とみなされ、粒子から別の粒子への作用は、物理的な接触によって伝えられると考えられた（図4・1）。デカルトは、空間には真空は存在しないとし、空間は、透明の希薄な流体で満たされているとした。そうしてこの流体が、デカルト的な世界観の鍵を握るものとなった。

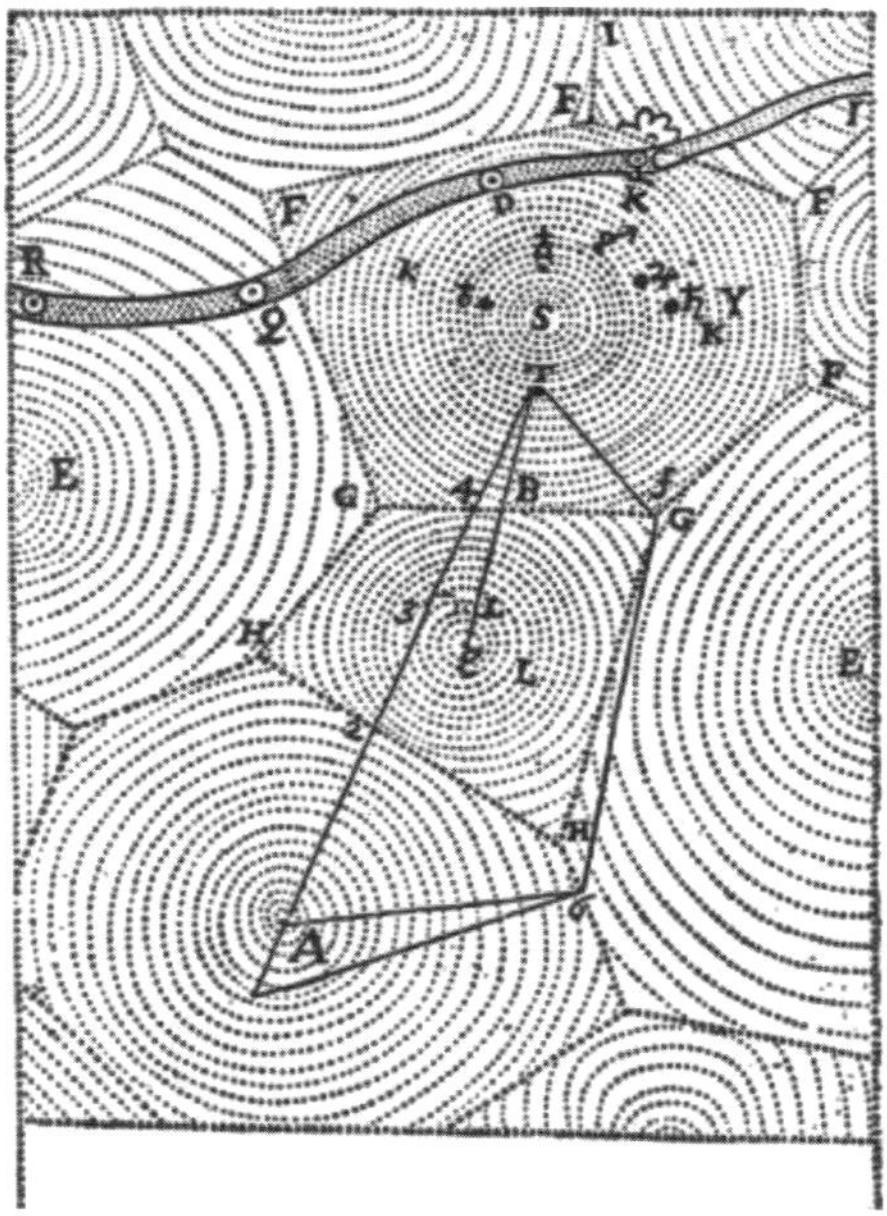

図4・1　ルネ・デカルトの渦動説（1636）[7]。それぞれの渦巻きは、果てしなく広がる太陽系を表す。渦巻きの中心（S、E、A と記された点）は、渦巻きの激しい運動によって輝いている恒星である。図の上部を通る曲がりくねった管は彗星であり、非常に素早く動いていくため、どの太陽系にも捕獲されない。

この独創的な渦巻く宇宙のイメージは、ニュートンの簡素で数学的な正確な説よりも、世間への訴求力がはるかに強かった。誰もが、激しく渦巻く水を見たことがあるだろう。この類推は身近で、説得力があった。浴槽のどこかの位置で湯をかき混ぜれば、その作用は、水面を伝わり、他の位置まで届く。デカルトは、重力の作用が空間を通じて伝達されるもっともらしい仕組みを提示したように思われたが、実際にはこの理論は失敗だった。これでは、ケプラーの有名な「法則」に記された、観測された惑星の運動を説明できなかったのだ。「自然」に見えることと、「自然」であることの認識の違いについて、いろいろなことを教えてくれるものだった。(8)

エーテルについてのニュートンの見解の変遷には、興味をそそられる。一六七〇年代には、振り子は、空気のなかよりも真空のなかでのほうが、ほんの少しだけ長く振動を続けることから、空気には微細で希薄な精気（*aere*）が存在するということを、ボイルに納得させようとしていた。ニュートンは、空気と同じような役割を果たす別の流体が存在するはずであり、その流体が、振り子がたとえボイルの言う真空のなかに置かれていても、その振動を減速させると論じた。さらに、ガラス容器のなかに密閉されていても、溶解して重量を増す金属もあると述べた。つまり、何らかの希薄な流体がガラス容器の孔を通過し、金属の質量を増大させているにちがいない、というのだ。その少し後には、光の反射と屈折をエーテルで説明しようとしたり、エーテルの非均一性によって重力の存在を証明できる、とボイルを説得しようとしたりした。

一六八〇年代には、ニュートンはエーテルへの関心を失っていた。著書『プリンキピア』（一六八七）では、天体の運動に予想のつかない好ましくない影響を与える恐れがあることから、物質に行き渡るそうした媒体の存在を否定している。また、『プリンキピア』の第二版では、「非常に希薄で微細な軽い媒体が存在し、あらゆる物体の孔から自由に通過しているとする一部の意見」を率直に検討し、この説を検証できるような実験を探している。また、振り子の作用に立ち戻り、今度は、そこから得られる証拠は、空気中でも真空でも、振り子の動きの減衰についての認識できる違いはないことを示していると判断した。このように、たとえエーテルが存在したとしても、その作用はとても微妙で認識不可能であり、重力や、他の観測される現象を説明するにあたっては、無視しても問題ないと結論づけた。これは、一八〇度の方針転換だった。

その六年後ニュートンは、重力のような影響がはるか彼方まで瞬時に作用することは不可能であるとベントリーを説き伏せようとしながらも、ライプニッツには、微細な形態の物質が確かに天空を満たしていると書き送っていた。『プリンキピア』の第二版が一七一三年に刊行されたが、「すべての大きな物体に行き渡り、そのなかに隠れている微細な精気」がたしかにあり、そのおかげで、重力や熱、光、音といった自然の力を理解することができる、という文章を第一版に書き加えていた。いかにしてそうできるかは、「簡潔に説明できない」からとして、明示されていなかった。

ニュートンのエーテルについての最後の見解は、『光学』第二版（一七一七）の最後に記された疑問のなかにある。ここでニュートンは、空気中に置かれた温度計のふるまいと、空気を排除した管のなかに密閉した温度計のふるまいとを比較して、エーテルの存在の証拠が実験から新たに得られるかどうかを検討した。(9) ここでもまた、熱への反応に認識できる違いがないことから、ニュートンは、「空気よりも希薄で微細な」媒体が、外部からの熱を伝えるために、空気を排除した容器のなかにまだなお存在するとの確信をもった。エーテルの存在についての自身の最初の考察に立ち戻り、この微細な媒体は、惑星間空間よりも、太陽や惑星などの密度の高い物体内でのほうが、はるかに希薄なのではないかと述べた。物体が、エーテル密度の高いところから低いところへと移動しようとするために、重力が生じるのだ。(10)分布を均一にしようとして、「あらゆる物体が、媒体のなかの密度の高い部分から、低い部分へと動こうとする」というのだ。(11)最後にニュートンは、エーテルのとらえどころのなさを、力学的に説明しようと試みた。エーテルは、「極端に小さい」粒子からできていて、粒子が互いに跳ねつけることから弾性が生じるとした。その力は、物体の質量に反比例して、大きな物体よりも小さい物体のほうが強くなる。その結果、次のようになる。(12)

……空気よりも極端に希薄で弾性があり、そのために投射体の運動に抵抗する力が非常に弱く、自身を拡張させることで、大きな物体を推進する力が非常に大きくなる。

エーテルのとらえどころのなさと弾力性との関連をめぐるニュートンの考察は、これらの疑問で終わっている。エーテルの量的な性質と、重力をどう媒介するのかについて、詳細な理論を発表することはなかった。重力と運動の作用について明確な予測をしたこととは対照的に、真空の本当の性質と、力が真空をどのように通過するかについては、満足のいく結論を目指して試みを繰り返すばかりだった。ニュートンは、世界の仕組みについて行った推論のほとんどすべてにおいて時代を先取りしていたが、エーテルと真空の問題においては、彼にとってさえ、未来はあまりに遠すぎた。

エーテルのなかの暗闇

わたしは一八四六年一一月二八日以降、電磁気理論に関して、心の平安や幸福を一時も感じていない。そのときからずっと、エーテル中毒の発作に見舞われ続けている。たまに、この問題を必死に考えないようにしたときだけ、それから自由になる。

ケルヴィン卿(13)

空っぽの空間の問題は、もうひとつの長年の謎と絡み合っていた。すなわち、夜空の暗闇だ。デカルトの哲学は、空っぽの空間は不可能であるとの確固たる信念にもとづいていた。宇宙は終わりのない広さをもつと信じていたのだ。物質だけが空間的な広がりをもつことができるため、物質のないところには空間もありえない。すべてのものは、直接的な物理的接触から生じる力によって動かされる。真空のなかで、遠い場所から気味の悪い作用が働くことはない。接触によってのみ相互作用が発生しうるような天空の渦状運動(図4・1を参照)を描いたデカルトは、「原子」という物質が真空のなかに点在しているとする原子論者の説に異議を唱えた。物質は連続していて、真空や他の不連続性とは無縁のはずだ。もしもデカルトの理論に原子が取り入れられるなら、原子は必然的に互いに連続して接触しており、原子論者が想像したような孤立した点ではなく広がりがあることになる。

デカルト主義者でニュートンに反対する者たちは、物質が純粋に力学的な法則によって運動するという考え方を否定した。夜空の星のあいだに見える暗闇は、有限の大きさと年齢をもつ物質界の縁の向こうに存在すると古代人が言っていた、無限で永遠の宇宙の外の空虚をじかに示す証拠だととらえる人が多くいた。私たちは、有限の天空の世界を通して、暗く空虚な彼方を眺めている。要するに、デカルト主義者は、アリストテレス学派とエピクロス学派の思想を組み合わせていたのだ。アリストテレス学派のように、物理的な実体をもつ真空と、物質の原子的な性質の両方を否定したが、エピクロス学派のように、空間には限界がないと考えた。これとは対照的に、ニュートン主義者は、ストア学派とエピクロス学派の哲学を融合させた。ストア学派にならい、星の数と広がりは無限だという概念は否定したが、エピクロス学派にならい、真空の存在と、物質の基本的な原子構造は受け入れた。後に、ニュートン主義の世界観から、ストア学派的な視点が排除され、**図4・2**のように、果てしない星の数というエピクロス学派的な概念だけが残った。

宇宙には星が無限に分布していると考える者はみな、夜空の暗闇を説明することに迫られた[15]。無限に連なる星々を見渡すのは、果てしなく続く森を見るのに似ている。視線の先にはつねに、一本の木があるのだ。それなら、空全体を、明るく輝くひとつの面のように見るべきだ。だが明らかに、真実はそうではなかった。

空間は希薄なエーテルで満たされているという仮説から、夜空の暗闇を説明する新たな可能性が生まれた。一九世紀、アイルランド人の天文学者、ジョン・ゴアが、星と星のあいだの暗闇は、物質もエーテルもない、まったくの真空の領域があるという証拠ではないかと述べた[16]。

星の数には限界があるはずだとする天文学者がいたり、無限の数の星が空間に均一に分散されていると想定されたりしたが、それなら、天空全体は、太陽の光におそらく等しいほどの一様の光で輝いているべきだ[17]。

ゴアと、カナダ人天文学者のサイモン・ニューカム[18]は、いずれも、星明かりが通過できないような完全な真空の区域によって、私たちの銀河が、恒星やその先の星雲から遮られているとしたら、夜空に暗闇があるという謎は解けるだろうと考えていた。熱力学的には、これは奇妙な話だ。星明かりが光を通さない真空の区域にぶつかったらどうなるのか。二人は、星明かりは跳ね返されると述べた。明かりを反射させる真空は、中空の球体の内部の面をなすのではないか。

二人の描いた筋書きでは、星とふつうの物質からなる銀河はそれぞれ、エーテルからなる球形の「かさ」に取り囲まれているが、エーテルのかさとかさのあいだにある銀河間の区域は、光が通過できない完全な真空だとされていた。

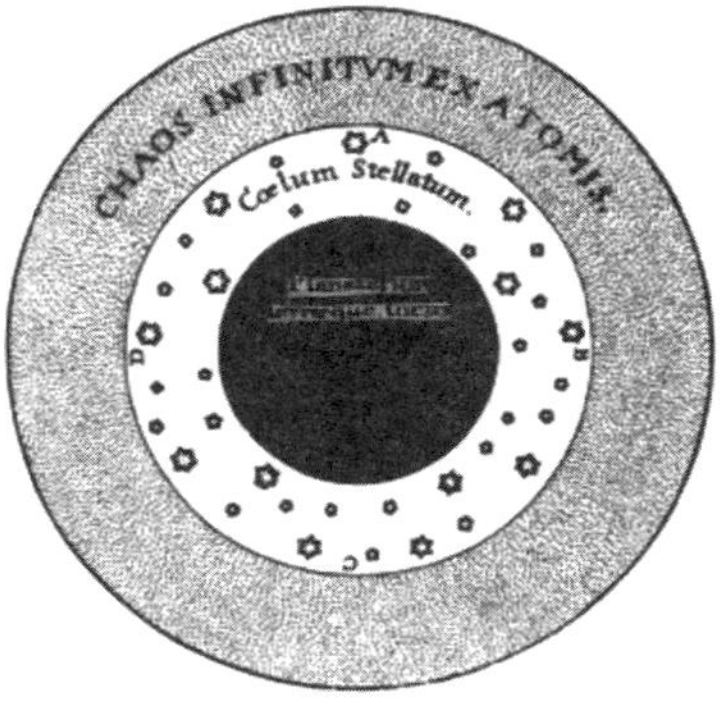

図4・2　1667年、ケンブリッジ時代初期の頃の、ニュートンの宇宙観[14]。この図式には、古代のエピクロス学派とストア学派の宇宙についての概念が組み込まれている。

これなら事実上、エーテルのかさに包まれた他の銀河は、存在しないも同然だ。基本的に、観測が不可能であるからだ。これで夜空の暗闇は、宇宙が天文学的に有限で、ごくわずかの星しかないと仮定することで説明される。それ以外のものはすべて、光学的な幻想なのだ。だが、残念ながら、これでは説明づけられない。もしもそれぞれの銀河が、完全な真空でできた鏡で囲まれているなら、内部にある星の明かりは、銀河の中であちこちに跳ね返り、他の銀河から入ってくる光と同じくらいの量の光を、目に見える空に輝かせることになるだろうからだ。

エーテルの自然神学

神が我々に哲学をやらせるつもりだったとしたら、神が我々をお作りになったのだろう。

マレク・コーン[20]

一八世紀から一九世紀にかけて、神学者は、神に宇宙の設計者の役柄を割り当てる理論に魅せられていた。そうした設計者が存在することは、周囲の世界の構造から明白だ、と論じられた。その構造には、二つの顕著な基準がある。ひとつは、生物界には、明らかな工夫が見られるというものだ。動物たちは、彼らの必要に応じて特別にあつらえられた環境に生息しているようだ。周囲の環境にぴったりと溶け込む、動物の毛皮にある擬態模様ほど、完璧なデザインがあるだろうか。もともとはこの理論は、さまざまな自然法則が互いに調和の取れた作用を及ぼし合うというものだったが、これに加えて、ニュートンが見事に解き明かし、リチャード・ベントリーが一般に普及させた自然の簡素な法則を土台として、いっそう洗練された設計論が構築された。このさらに進化した設計論では、あらゆるものを包含する単純なニュートンの法則が、簡潔であって数学的な力をもつことこそが、そうした法則を組み立てた宇宙の立法者が存在する第一の証拠だと示唆している[21]。

こうした自然神学の議論において、宇宙は、あらゆる構成要素が、宇宙の大きな構想に、適切、最適に組み込まれている調和の取れた全体としてみなされていた。人類はこの構想の受益者であるが、人類の幸福がすべての創造の目的や最終的な動機であるとするのは、設計論のうちでももっとも素朴な考え方においてしかない。空虚な空間は何の意図ももたないため、空間の無駄遣いになるような事物を作ったのは神の責任であるとする反論が古くから寄せられていたが、この問題を解消できるエーテルは、宇宙の目的論的な概念にふさわしかった。エーテルは、目的をもたない空虚を排除することで、この危険な穴を埋めたのだ。そこでエーテルは、神が天体の運動を制御する際に、主な二次的要因としてエーテルを利用していることから、天使の少し下位の役割を果たしているとして、一部の神学者のあいだで評価を上げた。たとえば、ジョン・クックは次のように述べている。

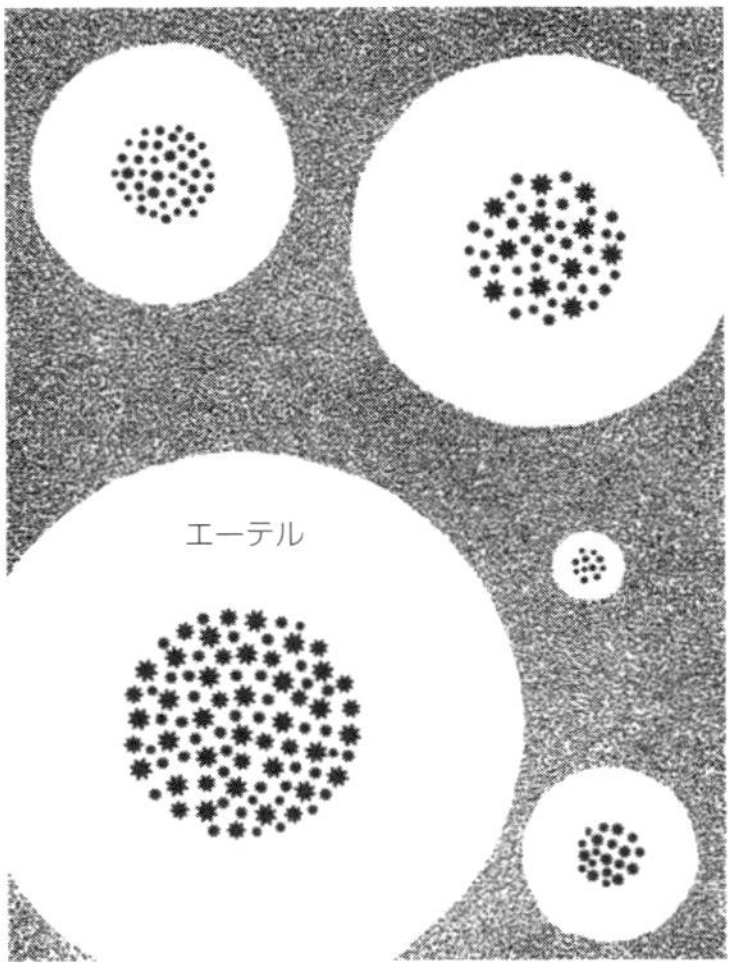

図4・3　ニューカムとゴアによる、夜空の暗闇の謎への答え(19)。銀河はそれぞれ、エーテルの球体に囲まれている。銀河と銀河のあいだの空間にはエーテルがなく、光を通せない。エーテルの球体は、反射鏡のように働き、その内部にいる観測者が他の球体から光を受け取るのを妨げる。

エーテルは宇宙の舵、あるいはさおである。どのようなものにもたとえられるが、全能の神の手にあり、それを使って、神は、物質から創造されたすべての存在物を楽々と支配し統治する。……神の発明の才のなんと美しいことか。[22]

この一連の議論をもっとも緻密に構成したのが、有名な『ブリッジウォーター論集』に寄稿されたウィリアム・ヒューエルの論文だ。この論文集は、著名な一九世紀の学識者らが、科学的発見に着目し、キリスト教信仰の土台となるものを探そうと試みたものだ。ヒューエルの執筆した巻は、天文学と物理学の神学への寄与を主題としていた。[23] ヒューエルはホイヘンスの光の波動説を強く支持していたため、自身の物理的な宇宙の概念ではエーテルが中心的な役割を果たし、神学的な事物の枠組みのなかでエーテルが重要な役割を担っているという確信をもっていた。エーテルは、私たちがみずからの目で宇宙を見ることができるように、ありがたくも全能の神が設計されたものである、とヒューエルは論じた。エーテルは、物質と流体と並んで、宇宙にある三つの基本物質なのだ。[24] エーテルなしには、宇宙は、生気がなく、不活発で、知ることのできないものになる。したがってエーテルの存在こそが、神の叡智、寛大さ、人間中心的な善意の証拠だったのだ。

著名な科学者のなかで、スコットランド人の物理学者、ピーター・ガスリー・テイトが、エーテルについてもっとも理論的な見解をもっていたことが、彼の研究からうかがわれる。テイトは、ケルヴィン卿との共同研究と、結び目についての数学理論における先駆的なアイデアで知られている。一八七五年、テイトは、バルフォー・スチュワートと共同で、『見えない宇宙、あるいは将来の状態についての物理的な考察』と題した一般向けの科学書を執筆した。[25] その狙いは、宗教と科学の調和を実証することであり、それを追求するなかで、エーテルについて特筆すべき記述をしていた。

スチュワートとテイトは、すべての物質はエーテルの粒子で構成されているが、そのエーテルの粒子は、さらに微細なエーテルの粒子の集まりから構成されていて、その微細な粒子もいっそう微細な粒子から構成されているという構図が無限に続く、と述べた。このエーテルの階層は、エネルギーが一方向に上昇していくように配置されており、つねに高層のエーテルから低層のエーテルが形成されるが、その逆はない。スチュワートとテイトは、エーテルの階段がヤコブの梯子のように上り続け、無限のエネルギーに到達し、ついには永遠のものとなり、神と同等になると想像した。世界の創造とは、まさしく、エネルギーがエーテルの連続体を段階的に降りてくることであり、もっとも低層部でそれらが物質となって集積する。そうした物質こそが、私たちが身の回りに見るものであり、私たちの存在もまた、そのなかに含まれるのだ。

決定的な実験

セイレンは、歌声よりもさらに致命的な武器をもっている。それは、沈黙だ。……セイレンの歌声から逃れられる人はいるかもしれないが、沈黙からは決して逃れることはない。

フランツ・カフカ[26]

一九世紀の半ば、ほとんどすべての科学者のあいだで、宇宙は遍在する希薄な液体に満たされているという見方が受け入れられていた。真空はどこにもない。あらゆる力や相互作用は、波であれ渦であれ、エーテルの存在によって仲介されていた。とくに好まれたのは、エーテルは平均して静止しているというモデルだった。エーテルは、地球の自転と太陽の年周軌道に引っ張られているという説もあった。このモデルに疑いをはさむのは、地球には大気が存在するかどうかを問うことに似ていなくもない、ばかげたことに思われた。エーテルの存在はたちまち、自明の理とみなされる、科学的な真実のひとつとなっていった。ただし、存在は疑われていなくても、物理的な特徴については活発な議論がなされた(27)。希薄な物質だという意見もあれば、弾性ある固体だという意見も、さらには、周囲の状況に応じて性質が変化するという説もあった。このような混乱した状態では、推論にもとづいた理論が乱立し、人気のある仮説にたいして新たな反論がなされたり、やっかいな事実が出てきたりすると、仮説を修正するために、あらゆる不自然な属性が容易に追加されてしまう。そこで決定的な実験が必要になる。まさにトリチェリが、物理的な真空の存在の可能性について、実験という手段を提示することで複雑な論争に切り込んでいったのと同様のことが、エーテルについてもできるはずだ。その動きは、運動の理解における次なる進歩がそこで発展するとは大半の人が予測していなかった、大西洋の対岸で起こった。

アルバート・マイケルソンは、一八五二年一二月一九日、ポーランドとドイツの国境近くの小さな町、ストシェルノで生まれた(28)。厳密にはストシェルノは、フリードリヒ大王の時代からのドイツ領だったが、古くはポーランド領であり、住民たちもポーランド人だった。また、コペルニクスの生誕地から一三〇キロメートルほどしか離れていなかった。政治的な混乱と迫害のなか、マイケルソン一家は、アルバートが二歳のとき、数千人ものポーランド人とともにアメリカ合衆国に移民した。アルバートの父、サミュエルは、一時、ニューヨークで宝石商として働いた後、幸運を求めて、ゴールドラッシュにわくカリフォルニアに移った。それからまもなく、カリフォルニアはアメリカ合衆国の一州となり、繁栄を遂げた。サミュエル・マイケルソンの商売も繁盛し、カラベラス郡に店を構えた。家族も、パナマへの悲惨な船旅の後、地峡を越えて太平洋に出る危険な陸の旅（運河ができる前の時代）を終え、そこから小さな船でサンフランシスコに行き、最後の陸の旅を経て黄金の町に到着し、ようやくサミュエルと合流した。この、学問や伝統文化とは縁遠い、西部の開拓地の雰囲気のなかで、マイケルソン少年は成長期を過ごした。マイケルソンは子どもの頃から、機械を組み立てる非凡な能力があり、数学の才能も早くから見せていた。そのうえ、鉱夫らが掘り起こした岩石や鉱物にも興味を抱いた。一三歳になりサンフランシスコの高校に入り、三年後に首尾良く卒業すると、ミシガン州アナポリスのアメリカ海軍兵学校への入学をめぐる熾烈な競争に立ち向かった。だが残念なことに、不合格となった。貧しい家庭に育った年下の受験生と同点になり、マイケルソンの推薦書が山ほどあったにもかかわらず、決定票が相手のほうに入れられたのだ。

マイケルソンはあきらめなかった。兵学校に入りたい一心で、入学定員を増やしてほしいとグラント大統領に直訴したのだ。犬を散歩させる日課のあることを知り、はるばるワシントンに赴いて、ホワイトハウスの階段の上で大統領の帰りを待った。グラント大統領は、十代の少年の訴えを根気よく聞いたが、自分にできることは何もないと答えた。学校の定員はすでに一杯になっていたのだ。だがそこでマイケルソンは、地元選挙区の下院議員からもらった手紙のことを思い出した。そこには、マイケルソンの父親が共和党のために、経済的にも政治的にも多大な貢献をしており、その息子に便宜を図れば、地元での大統領の支持がいっそう堅固なものになるだろうと書かれていた。理由は何であれ、大統領は手を貸すことにし、兵学校の校長との面接を設定した。面接が行われてからわずか数日後に、その年の新入生の定員がひとつ増え、その席がマイケルソンに与えられたとの知らせが届いた。マイケルソンは海軍士官候補生として入学し、軍事科目ではそうでもないが、科学の学科で徐々に頭角を現した。[29]卒業後、洋上で短期間勤務してから、兵学校の物理学と化学の講師に任命され、光学と実験物理学の専門知識を深めていった。科学に関する最初の業績は、光の速度を正確に計測したことだ。一八八〇年に研究が一段落すると、海軍から休暇を取り、家族を連れてヨーロッパに向かった。この旅が、科学の方向を変えることになった。

マイケルソンは、二年をかけヨーロッパの一流大学をめぐって物理学の進展について学び、必然的に、優れた理論物理学者らが、当時、最大の謎だったエーテルについての自説を展開していることを知った。マイケルソンは、エーテルに始終心を奪われることになった。この奇妙でとらえどころのない媒体は、存在するのか、しないのか。それを測定する方法はあるのか。

ジェームズ・クラーク・マクスウェルは、かつて、別々の方向に向かう光の速度が同一であることを確かめられれば、光がそのなかを伝播するエーテルの流れの運動について何かがわかるだろうと述べた。[30]

地表のある地点から別の地点まで光が到達するのにかかる時間を測定して、光速度を確定することが可能なら、反対方向に向かう光速度の測定値と比較することで、地上の地点にたいするエーテルの速度を特定できるかもしれない。

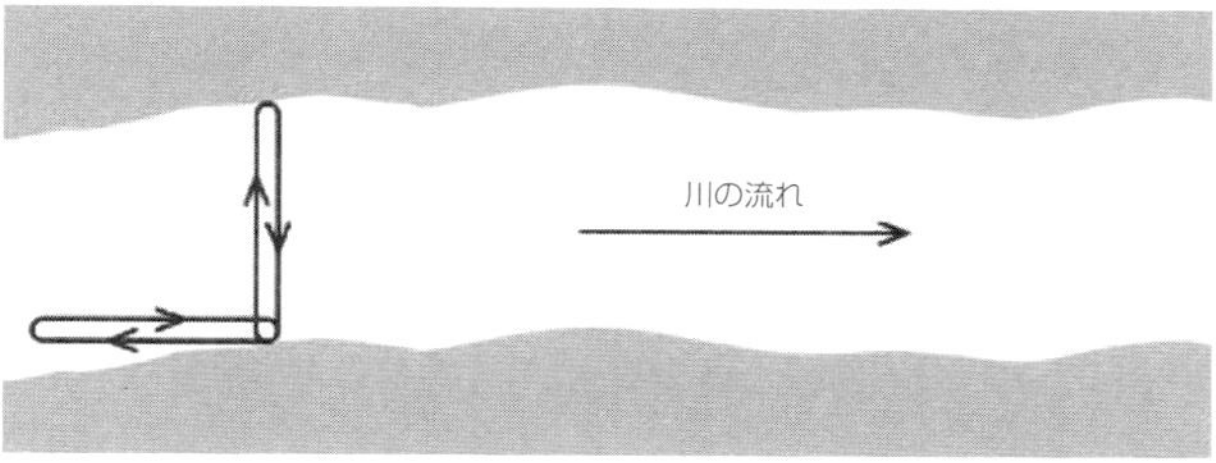

図4・4　同じ距離を二回往復する。一回は川を横切り、もう一回は上流に泳いでから下流に戻る。

マクスウェルは、この実験を行って答えを出すことは不可能ではないかと考えたが、マイケルソンはそのような悲観的な予測を無視した。マクスウェルの示唆したことを実践する簡単な方法を思いついたのだ。エーテルが動いておらず、絶対的な静止状態にあると仮定してみる。すると、地球は地軸を中心に回転し、太陽の周りを回っていることから、私たちはエーテルを突っ切って運動しているはずである。適切な装置があれば、自転車に乗って静止した空気を突っ切って走るときに顔に風を感じるように、私たちがそのなかを動くことで生じるエーテルの風を測定することができるかもしれない。もしもエーテルが動いているなら、そのなかを上流や下流に向かって運動すれば、違った作用を感じるはずだ。

マイケルソンは、単純な類推をもとに、実験の手順を考案していった。エーテルのなかを動くのは、川を泳ぐのに似ているはずだ。川の流れは、静止したエーテルの海のなかを地球が運動することによって、私たちの背後に生じるエーテルの流れに相当する。ここで、川を泳いで二往復すると想像しよう。一回めは、流れに直角に川を横切ってから戻り、二回めは、下流に泳いでから上流に戻る。いずれの場合も、泳ぎ始めた地点に戻る。この二往復の経路を**図4・4**に示す。

いずれの場合も泳ぐ距離の合計が同じなら、下流と上流を往復するよりも、川を横切って往復するほうがつねに時間がかからない。それを確かめるために、簡単な例で考えよう。川の流れの速度が秒速〇・四メートルで、静止した水中での泳ぐ速度が秒速〇・五メートルとしよう。片道の距離は、九〇メートルだ。

下流に泳いでから上流に戻るときの運動の速度は、まず下流に向かう場合には、川岸にたいして秒速0.5＋0.4＝0.9メートルとなる。したがって、九〇メートル泳ぐのにかかる時間は90＋0.9＝100秒だ。上流に戻る際の河岸にたいする速度は、秒速0.5－0.4＝0.1メートルしかなく、出発地点に戻るのにかかる時間は、90÷0.1＝900秒だ。よって、往復の合計時間は900＋100＝1000秒となる。

次は川を横切る経路について考えよう。つねに川の流れにたいして直角に泳ぐことから、往復どちらの場合も同じ力を要する。川の流れにたいして直角の速度は、ピュタゴラスの三平方の定理を速度に当てはめることで求められる。川を横切って泳ぐ実際の速度は、$0.5^2-0.4^2=0.09$の平方根、すなわち秒速〇・三メートルになる（図4・5を参照）。よって、九〇メートルを90÷0.3＝300秒で泳げる。したがって、川を横切って九〇メートル泳いでから、また九〇メートル泳いで戻ってくるのにかかる合計の時間は六〇〇秒だ。川の流れの速度が影響するために、下流に泳いで上流に戻ってくる場合の速度とは違ってくる。川の流れの速度がゼロの場合にかぎり、二種類の往復時間が等しくなる。

マイケルソンは、光がエーテルのなかを「泳いで」いるとしたら、同じことが起こるはずだと推論した。九〇度異なる方向に飛ばした二本の光線が、反射して出発地点に戻ってくる場合、同じ距離を往復するのにかかる時間は違ってくるはずである。なぜなら、川を泳ぐ場合と同様に、エーテルの流れによって抵抗の大きさが異なるからだ。もしもエーテルが存在しないなら、二本の光線の往復時間は、まったく同一になるはずだ。これが非常に重要な点である。

マイケルソンは、エーテル仮説を検証するための素晴らしい実験を考案した。二本の光線を九〇度異なる方向に同時に放ち、反射してそれぞれの往路をたどって戻ってくるようにしたのだ。二本の光線が同時に出発地点に戻るかどうかを確認すれば、仮説を検証できる。この実験の仕組みを**図4・6**に示す。光の波の特徴を利用すれば、とても高い精度の観測が可能になる。光の波がわずかにずれて同じ地点に戻ってきたら、一方の光波の山と、もう一方の光波の谷とが重なるためにわずかに暗くなる。あるいは、山と山が重なったり、谷と谷が重なったりすると、明るくなる。干渉と呼ばれるこの現象によって、暗い帯と明るい帯が交互に出現する。[31] マイケルソンの実験で、明暗の縞が交互に現れる干渉パターンが

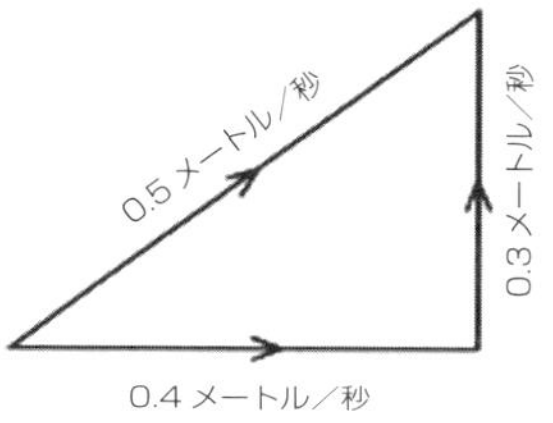

図4･5　川を横切って泳ぐ速度は、ピュタゴラスの定理を速度の三角形に当てはめることで求められる。

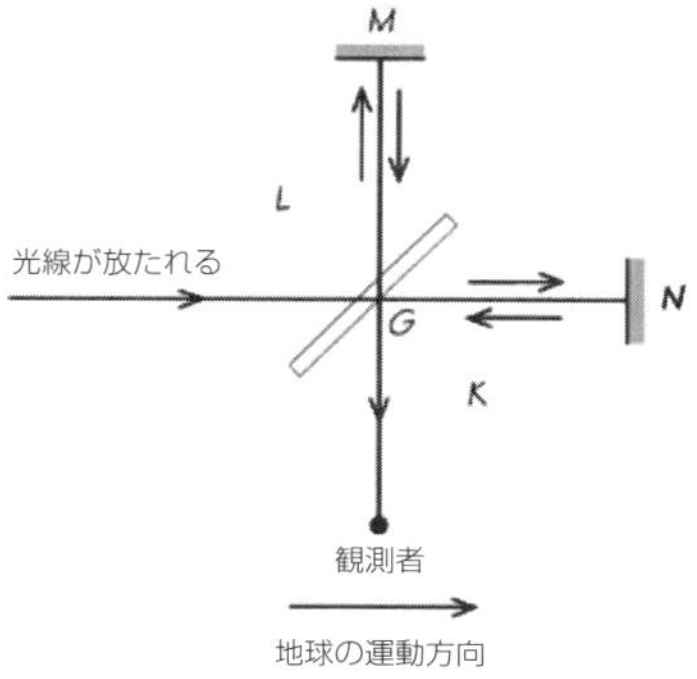

図4・6　マイケルソンの実験を簡単に描写したもの。G に置いた、光を部分的に反射するガラス板で、光線を、互いに垂直な二本の光線に分ける。一方は長さ L の経路をたどり、もう一方は長さ K の経路をたどる。どちらの光も M と N に置かれた鏡に跳ね返され、G の地点でふたたび合わさり観測される。もしも、二本の光線が各々の経路を移動するのにかかる時間が異なれば、G でふたたび出会うのにずれが生じ、干渉縞が発生する。

見られなければ、エーテルが一方向の光を遅らせて、それにたいして垂直な方向に進む光は遅らせないといった作用が存在しないことになる(32)。

実験の概念は単純だが、それを実施するとなると大変な困難があった。光速度は秒速約三〇万キロメートルであり、地球が太陽の周りを一年かけて回る速度は秒速約二九キロメートルにすぎない。実験の測定が正確に行えて、測定エラーや実験手順の変動によって混乱が生じないようにするには、特別な注意と精密さが必要だった。どれほど困難なことかがわかる例を挙げよう。もしもエーテルが実際に存在するなら、二つの方向に進む光線の通過時間に観測されるわずかな違いは、光速度にたいする地球の速度の比の二乗のさらに半分しかない。つまり、一億分の一よりも小さいのだ。エーテルの影響による時間の差はないということを科学者たちに納得させるには、測定の精度がそれよりも高くなくてはならない。

幸いにも、電話を発明した著名なアレクサンダー・グラハム・ベルが実験費用を融通し、一八八一年にベルリンに干渉計が設置された。マイケルソンは、ベルリン大学にあった、有名なドイツ人物理学者、ヘルマン・フォン・ヘルムホルツの実験室で最初の実験を行った。するとすぐに、問題に直面した。鏡を一定の温度に保つために、実験装置全体を溶けかかった摂氏零度の氷で覆わなければならず、そのうえ、表の道路の交通騒音のために生じる振動に対処しなければならなかった。結局、ベルリンの交通騒音には対処しきれないことがわかり、装置を解体して、ポツダムの近郊にある天体物理観測所に移動させた。ここでは、歩行者のたてるわずかな振動があるだけで、望遠鏡用の土台に装置をしっかりと据え付けた。これでようやく、必要な精度で実験を行えるだけの静かな環境を手に入れた。装置をいろいろな方向に向けて実験を行ったり、太陽にたいする地球の運動が異なる時期を選んで、一年のあいだのさまざまな時期に実験を実施したりと、幾度となく実験を試みた。その結果は、まったく予想外のものだった。エーテルのなかの地球の運動を容易に検知できるだけの精度をもってしても、干渉パターンは存在しないことがわかったのだ。地球は、遍在するエーテルのなかを突っ切って動いてはいなかったのだ。マイケルソンは一八八一年八月に、この結果を報告する重要な論文を発表した。そこには「静止したエーテルという仮説は誤りである」という結論が記されていた。[33]

マイケルソンの発見にたいする反応は、二手に分かれた。一方は、エーテルは静止しておらず、地球が太陽の周りを回ることで引っ張られているために、エーテルと地球のあいだの相対的な運動が存在しないのだ、と考えた。もう一方は単純に、エーテルは結局のところ存在しないと結論づけた。マイケルソンは、実験結果を理論的にどう解釈するべきかわからないという立場を取った。

マイケルソンはアメリカに帰国し、クリーブランドのケース工科大学に新たな職を得た。[34] そこには新しい協力者がいた。一五歳年上のアメリカ人の化学教授、エドワード・モーリーだ。モーリーは非常に信心深かった。もともとの専門は神学だったが、聖職者の道に進めなかったために、独学で楽しんでいた化学に転向したのだった。一方のマイケルソンは不可知論者だった。しかし二人にはともに、科学装置と実験計画の分野における高い技能と、創意工夫の才があった。二人は力を合わせて、マイケルソンの実験を繰り返し、空間内のさまざまな方向においても光速度が同一であるかどうかを明らかにしようとした。実験結果の分析は一八八七年六月に終わったが、またもや、干渉縞は出現しなかった。光は、光源が空間内を移動する速度とは関係なく、さまざまな方向に向かって同じ速度で動いていた。静止するエーテルなどなかったのだ。[35]これは、信じがたい結論だった。それなら、移動する光源から光線を発しても、地面にたいする光速度は、光源が静止している場合と同一になるのだ。光は、これまでに測定された何物とも違う運動をしていた。

驚愕の収縮する人間

数学者は何でも好きなように発言するかもしれないが、物理学者は少なくとも部分的には正気でなければならない。

ジョサイア・ウィラード・ギブズ

いったいどうしたら、マイケルソンとモーリーの実験のゼロという結果を受けても、エーテルが存在しうるのか。一八八九年、ダブリン大学トリニティカレッジのジョージ・フィッツジェラルドがその答えを最初に提示し、その少し後、ライデン大学のドイツ人物理学者ヘンドリック・ローレンツが独立に回答を出した。二人の説は、物体の運動速度が増加すると、物体の長さが収縮して見えるというものだった。[36]二本の定規があり、一本を地球の上に静止させ、もう一方をその定規に平行に高速度で飛ばせば、移動する定規が静止する定規の上を通過すると、移動している定規のほうが短く見えるというのだ。この説は、物理学者にとってさえも、ばかげたことのように思えたが、フィッツジェラルドとローレンツは、マクスウェルの光と電磁気の理論に見られる特性をこの主張の根拠にしていた。さらにフィッツジェラルドは、固体の物体を結合させている分子間の力はおそらく電磁気に由来するため、そうした物体がエーテルのなかを移動すると影響を受けやすいとして、収縮の原理を説明しようとした。誘因力の増加が原因となり、分子が引き寄せられ、分子の形成する環の長さが短くなるのだろうと考えたのだ。

フィッツジェラルド－ローレンツの収縮の量は、非常にわずかなものと予測された。運動する物体の長さは、運動速度を v、光速度を c として、$\sqrt{(1-v^2/c^2)}$ だけ収縮する。時速五〇〇キロメートルなら、一パーセントの一〇〇〇億分の一程度の収縮が観察される。

フィッツジェラルドは、太陽の周りを動く地球の表面に固定されたマイケルソンの装置による実験を解析する際に、この $\sqrt{(1-v^2/c^2)}$ の補正率を適用すれば、マイケルソンがエーテルの影響を測定できなかった理由がわかるだろうと考えた。干渉計の腕は、速度 v でエーテルのなかを動く方向に、わずか二億分の一収縮する。エーテルの動きに垂直方向にある腕の長さは影響を受けない。このわずかな収縮効果によって、静止したエーテルが存在することから予測される時間の遅れがちょうど相殺される。もしもフィッツジェラルド－ローレンツ収縮が起こるなら、静止したエーテルの存在が、マイケルソン－モーリーの実験のゼロの結果と両立することになる。そうなると、空間が空っぽである必要はなくなるのだ。

フィッツジェラルドとローレンツのアイデアは、当時の物理学者の大半から、極端な仮説にすぎないと評され、エーテルを擁護する説としては真剣に受け止められなかった[37]。実際的な物理的動機を欠いた、純粋に数学的な遊びだと思われたのだ。一九〇一年に、若きドイツ人物理学者ヴァルター・カウフマンが、放射性元素から放出されて高速で運動する β 粒子という名の電子を研究し、測定されたこの電子の質量が、ローレンツの予測したとおり、速度によって異なることを証明すると、風向きが変わり始めた。速度ｖが速まるにつれて電子の質量が増し、静止時の質量をフィッツジェラルド－ローレンツ係数$\sqrt{(1-v^2/c^2)}$で割った値に到達したのだ。

エーテルを捨て去ることを避けようとするこうした試みにおいては、運動している系と運動していない系を、何らかの絶対的な意味によって区別する必要があるということが、もっともやっかいな点だった。フィッツジェラルドの収縮式のｖに、太陽の周りを回る地球の軌道速度に応じた値を入れることは構わないが、もしも太陽とその周囲の恒星群も運動していたらどうなるのか。ｖには何の速度を入れるのか。それに、何にたいする速度を測定するのか。

アインシュタインと古いエーテルの終焉

海軍：衝突回避のため、北に15度進路を変更してください。
民間人：衝突回避のため、そちらの進路を南に15度変更してください。
海軍：こちらは米国海軍大佐の船である。もう一度伝える。そっちの進路を変更せよ。
民間人：それは困る。もう一度言うぞ。そちらの進路を変更しろ。
海軍：こちらは航空母艦エンタープライズだぞ。米国海軍の大型空母なんだ。すぐに進路を変更せよ！
民間人：こちらは灯台です。どうぞ。

カナダ海軍通信での会話(38)

一九世紀は、マイケルソンとモーリーの決定的な実験の後に残された未解決の問題とともに幕を下ろした。予測されていたエーテルの作用が見られなかったこと、速度の絶対値を知りたいこと、運動が長さと質量に影響する可能性、光速度の重要性など、多数の問題が混沌としていた。一九〇五年、二六歳のアルベルト・アインシュタインが科学界に登場し、「特殊相対性理論」として知られることになる論文を発表し、これらすべての問題を一気に解決した。[39] その有名な論文の題名の英訳は、「動体の電気力学について」というおもしろみのないものだった。

アインシュタインは、絶対的な運動や、絶対的な空間、絶対的な時間などというものが存在するという考え方を放棄した。あらゆる運動は相対的であり、互いに相対的な一定の速度で運動しているすべての実験者から見て、運動法則と電磁気学の法則は同一でなければならず、空っぽの空間における光速度は、すべての観測者によって、彼らがどのような運動をしているかにかかわらず、同一と測定されなければならない、という二つの原理だけで、あらゆることを説明できる。アインシュタインはこのことの単純な帰結として、フィッツジェラルドとローレンツが提案した長さと質量と時間の変化についての正確な法則を推論することができた。この理論では、運動の速度が光速度よりもはるかに遅い場合には、ニュートンの古典的な運動理論に還元されるが、空っぽの空間において運動速度が光速度に近づいたときには、かなり異なるふるまいをする。ニュートンの理論は、アインシュタインの理論の限定的な事例とみなされた。

成功を収めた新しい物理理論のこの側面は、多くの批評家から見落とされているため、強調するに値する。最近、この一〇〇〇年間でもっとも影響を与えた思想家を選ぶ世論調査が新聞紙上で多数行われている。ニュートンはいくつかの調査ではトップに立ったが、シェイクスピア、アインシュタイン、ダーウィンの後塵を拝した調査もあった。ある調査では、ニュートンの順位の低さについて、彼の運動法則の一部がアインシュタインの研究によって「間違い」だったと証明されたからである、と解説されていた。実際のところ、素人は、自然の仕組みについての知識の進展は、間違った理論に新しい理論が取って代わり、その新しい理論もしばらくのあいだは正しいとされるが、結局は、これもまた間違っていることがわかる、というものだと思いがちだろう。だから、現在人気のある理論について確かなことはただひとつ、以前の理論と同様に間違っていることがそのうちに証明されるだろうということだと思われる。

このような極端なとらえ方をすると、肝心の点が見えなくなる。科学において重要な変化が起こり、新しい理論が主役になった場合、その新理論はたいてい、古い理論の延長であり、限定された状態においては、古い理論にますます似ていくという性質をもっているのだ。実際、古い理論が、特定の条件下で成立する新しい理論の近似（たいていは非常によい近似）であることが明らかになる。したがって、アインシュタインの特殊相対性理論は、速度が光速度よりもはるかに遅い場合には、ニュートンの運動理論となり、アインシュタインの一般相対性理論は、重力場が弱く、物体の運動速度が光速度より遅い場合には、ニュートンの重力理論になる。近年、アインシュタインの理論の後継理論が、どのようなものになるかということも予想がつき始めている。アインシュタインの一般相対性理論は、M理論と呼ばれる、はるかに深く広い理論の、限定的な低エネルギーの場合の形態であるようだ(40)。

ある意味、この「限定的」な対応関係は予測されてしかるべきものだ。古い理論は、実験的証拠の重要な部分を説明づけているから有用だった。その証拠は、新理論によっても引き続き十分に説明づけられなくてはならない。したがって、これからの一〇〇〇年間で物理学がどこへ向かおうとも、その間に高校生たちがこれまでどおり物理学を学ぶのなら、やはり、ニュートンの運動法則を勉強するだろう。その法則が、日常的な低速運動の問題に適用されることは、決してなくならない。真実のすべてではないが、真実のうちの一部については、低速における素晴らしい近似なのだ。(41) 光速度に近い運動に適用しようとしないかぎり、それは「間違い」ではない。

アインシュタインが、運動について知られていることすべてを簡潔で数学的に明確な理論に見事にまとめあげたことで、一九世紀のエーテルは終わりを告げた。アインシュタインの理論では、エーテルが光や電気の特性を伝達する必要はなかった。光速度はすべての観測者にとって同一でなければならないという原理の直接の帰結が、フィッツジェラルド－ローレンツ収縮であり、マイケルソン－モーリーの実験で光の遅れが検出されなかったことは、アインシュタインの理論を予言する重要な発見だった。それからかなり経った一九三一年一月一五日、アインシュタインはパサデナにて、多数の世界有数の物理学者を前に講演を行った。マイケルソンもそこにいた。四か月後に他界したため、これは、公の場に顔を出した最後の機会となった。アインシュタインは、マイケルソンが初めて行った実験が、空間、時間、運動の革新的な理論へと物理学を導いたことにふれ、敬意を表した。(42)

誉れ高きマイケルソン博士が研究を始められたのは、わたしが身長一メートルに満たないほどのほんの子どもの頃でした。物理学者を新たな道に導き、素晴らしい実験によって相対性理論の確立への道を開いたのは、あなたです。博士は、当時あったエーテルによる光の理論に潜んでいた欠陥を明らかにし、H・A・ローレンツとフィッツジェラルドの考察を刺激し、そこから特殊相対性理論が生まれました。博士の研究がなければ、この理論も、今日、興味深い推論にすぎなかったでしょう。博士の検証があって初めて、この理論のしっかりとした土台が与えられたのです。

実は、アインシュタインの生涯は、何度もエーテルと交差した。死後初めて明らかになったことだが、一五歳の頃には、静止した弾性のあるエーテルに関心を抱いていたらしい。電流が流れたらエーテルの状態はどうなるのか、という論文を書いたこともある。これは一九七一年になってようやく公表された。(43)その後、エーテルの存在を検証できるような実験を行うことも考えた。だが、少しずつ、エーテルの存在を疑うようになっていった。一八九九年、恋人のミレーヴァ・マリッチ宛の手紙に、こう疑念を表している。

今日言われるような動体の電気力学は、実体にそぐわないものであり、もっと簡潔に公式化することが可能であるという確信が深まってきています。電気理論に「エーテル」という言葉をもち込むと、運動の媒体という概念につながりますが、私が思うに、何らかの物理学的な意味をその言葉に認める可能性は、ないのではないでしょうか。(44)

アインシュタインは学生時代に、ローレンツの電気力学理論と、エーテルの果たす役割を教科書で学んでいたが、新しい運動理論の考案に取りかかると、特別な性質をもったエーテルや真空は必要ではないことがわかった。時空のなかを動く物体について語ることができれば、それだけで十分だったのだ。その空間は、さらなる成分を入れようとしないかぎり、空っぽだった。宇宙のどこにでも磁場や電場を含めるべきかどうかは、検討を要する課題だった。もしもそのような力の場が遍在するのなら、自分の理論でそれを扱えるだろうが、それだけでなく、まったく空っぽの空間における物体の運動にも、その理論を適用することができるだろう。[45]

二〇世紀初頭の数年間において物質と運動についての理解が進展したことで、ときに「古典」物理学と呼ばれるものに終止符が打たれた。ほんの数年前までは、物理学の使命はすべて果たされた、と真剣に考えられていたのに。洗練を施したり、実験精度の小数点以下の桁数を増やしたりはできても、自然についての重要な物理学的原理はすべて明らかにされたと一部では考えられていた。あとはただ、詳細を埋めていくだけだった。その後、物質の量子論や運動の相対性の発見によって、すべてが変わった。新たな景色が現れたのだ。しかしそこでは、真空の理論や、さらには真空とは何かといった明確な概念すら必要ではなかった。研究の重点は、場や素粒子が互いにどう影響し合っているかに移っていった。哲学者は、宇宙外の空虚や、絶対的な空間の性質といった古代からの難問をいまだに論じていたが、それらはもはや、新たな洞察を約束してくれる問題ではなかった。物理学者は、電気や磁気、運動の理論の方向性の舵を取るなかで、真空に振り回されることがなくなり、これを無視してよくなったことに、むしろほっとしたようだった。

この、無を含まない物理学の時代は短く、たちまち終わりを迎えた。アインシュタインがエーテルに解雇通知を突きつけてから一〇年以内に、真空の問題が、科学界の中心に、不可解な問題として戻ってきた。特殊相対性理論を深く広く延長したものと、物質の量子論によって、真空が中心的な位置に復権されるが、またもや新たな世紀の始まりとともに、そこから追い出されることになるのだった。

5 いったい何がゼロに起こったのか？

愚か者が心のなかで、空っぽの集合などないと言う。もしもそうだとしても、空の集合を集めたものは中身が何もなく、したがって空っぽの集合になる。

ウェズリー・サーモン

絶対的な真実はどこで見つかるのか?

線と同様に、斜めの愛は
あらゆる角度で互いを迎え入れるが
わたしたちの愛は、まったくの平行で
無限においても決して出会うことはない。

アンドリュー・マーヴェル「愛の定義」(1)

軍隊を丘の上まで行進させ、また行進して下まで降ろした偉大なる老ヨーク公〔マザーグースの歌より〕のように、一九世紀の物理学者たちはせわしなく、古代の空虚をエーテルで埋めては、また空っぽにしたりしていた。そのあいだ、ゼロはどうなっていたのか。あの便利で小さな円、記号のジグゾーパズルの最後のピースとなり、さらには算術の近代的な仕組みを完成させたゼロに何が起こっていたのか。

一九世紀、数学者は新たな方向に向かい始め、その対象範囲は、古代の人々が定めた道を超えて拡大していった。古代の人々にとって数学は、量や線、角、点についての正確な陳述をする手法を与えるものだった。算術、代数、幾何に分かれ、古代の学問の中核をなしていた。そのわけは、神学しか見せてくれそうにないもの、すなわち絶対的な真実の領域をかいま見せてくれるからだ。もっとも典型的なものが幾何学である。これは、数学者が使いこなす道具のなかで、もっとも強烈で強力だ。その昔、ユークリッドが、公理と演繹からなる美しい枠組みを作り上げ、そこから「定理」と呼ばれる真実が導かれた。これらの真実から、惑星の運動についての新しい知識や、工学や芸術の新しい技法が導かれた。ニュートンの最大の洞察は、幾何学を使って得られたものだ。

幾何学は、事物の真の性質の単なる近似とは受け止められず、宇宙についての絶対的真実の一部であるとみなされた。聖典の一部のように、ユークリッドの偉大な定理は、何千年ものあいだ原語で研究されてきた。それらは完璧に真であり、人々に絶対的真実をかいま見せた。神はあらゆるものであるが、間違いなく、幾何学者でもあった。

数学がなぜ神学者や哲学者にとってそれほど重要なのかが、ここでようやくわかってくる。数学の知識のない人なら、絶対的真実の探求などまったく望むべくもないと信じ込まされるかもしれない。自分の周囲の世界にあるあらゆるものが、おおよそ不完全にしか理解できなかったら、絶対的真実の計り知れない複雑さをどのように推し量ることができるのか。中世の哲学者たちは、真空や空虚について自信たっぷりに発言していたようだが、それなら神学者はどうすれば、同じような自信をもって、神の性質や宇宙の性質について何かを知っていると言えるのか。中世の哲学者が自分を正しいと思えたのは、ユークリッド幾何学が収めた成功のおかげだ。ユークリッド幾何学は、ものごとの究極的な真実を部分的にでも理解できた例のなかでも、もっとも重要なものである。これが理解できたなら、他のことがらも同じように理解できるのではないか。ユークリッド幾何学は、単なる数学者のゲームでも、ものごとのおおよその近似でも、現実との接点のない「純粋」数学の一片でもない。世界のあり方そのものなのだ。同様の高い地位が、前提から演繹されたものの真偽を確かめるための手段としてアリストテレスが取り入れた論理学にも与えられた。アリストテレスの論理学は、真実であり、人間の精神の働きを完璧に表すものとして受け入れられた。決して誤ることなく推論を行う、唯一の方法だったのだ[2]。

ユークリッド幾何学は、多数の概念を定義し、多くの前提を立て、どのような推論の規則が許容されるかを規定し、推論の規則を概念や公理に当てはめることで、幾何学的な真実の体系を演繹できるようにする論理体系である。これは、チェスに似ている。駒と、駒の動きを定めるルールと、駒が最初に盤の上に置かれる位置が決まっている。駒にルールを適用すると、盤上での駒の位置が順々に変わっていく。駒が最初の位置から動いて取りうるさまざまな配置は、チェスの「定理」とみなすことができるだろう。与えられた駒の配置が、実際のゲームの結果できたものかどうかを判断させる、チェスの逆問題というものもある。

ユークリッド幾何学は、平面上の点と線と角を記述する。現在では、「平面幾何学」とも呼ばれている。そこでは二三の必要な概念と、五つの公準が定義されている。いかにユークリッドが綿密だったか、当然と決めてかかることがほとんどなかったかを知るために、いくつか定義を見てみよう[3]。

定義1　点は、部分をもたないものである

定義2　線は、幅のない長さである

定義4　直線は、その上の点にたいして一様に横たわる線である

定義23　平行線とは、同一の平面上にあって、両方向に限りなく延長しても、いずれの方向においても互いに交わらない直線である

ユークリッドは、図や実際の体験を使わないようにしようとした。平面幾何学のすべての真実は、これらの定義と、それ以外の五つの公理、もしくは「公準」をもちいて演繹されなければならない。そこから、論理的な推論だけであらゆることが導かれるのだ。平面幾何学の領域をもっとも強く制限するのが、平行線は決して交わらないとする第五公準である。[4] これは通例、「平行線公準」として知られている。この公準にはつねに特別な関心が寄せられていた。ユークリッドの他の公理から論理的に演繹できるのだから、不必要な項目ではないかとする数学者もいるからだ。これまでに、平行線公準を他の公理から証明できたとする主張が何度もなされたが、そのすべてにおいて、途中の過程で、証明すべきところを巧みに仮定にすり替えるなどのごまかしがあることがわかっている。

ユークリッド幾何学の業績は、建築家や天文学者に力を貸したことに留まらなかった。自明の公理の集まりから明確な推論の規則を取り出して適用し、真実を演繹するという推論のスタイルを確立したのだ。神学や哲学ではこの「公理的方法」が使われており、哲学の議論形態のほとんどが、この一般的な手順に従っている。極端な場合、ドイツ人哲学者のスピノザの著作にあるように、哲学的な命題が、ユークリッドの原論のように、定義や公理、定理、証明として並べられた。[5]

しかし、この自信は突如として揺るがされた。数学者たちが、平面上のユークリッド幾何学は、論理的に矛盾のない唯一無二の幾何学ではないことを発見したのだ。カール・フリードリヒ・ガウス（一七七七〜一八五五）、ニコライ・ロバチェフスキ（一七九三〜一八五六）、ヤーノシュ・ボーヤイ（一八〇二〜一八六〇）はみな、ユークリッドの平行線公準を他の公理から証明するのを断念し、その代わりに革新的にも、その公準が偽であると仮定するとどうなるのかを考えようと試みた。[6] そうして第五公準は決して、他の公理の帰結ではないことが明らかになった。実際、第五公準を別の公理で置き換えることも可能であり、そうしても全体の体系には矛盾が生じなかったのだ[7]。その体系でも幾何学は記述できるが、そこでの幾何学は、平面上にある幾何学ではなかった。

平面上の幾何学以外にも、曲面上の点と線の論理的な相互関係を記述する非ユークリッド幾何学というものが存在する（図5・1を参照）。そうした幾何学は、単に学問上の関心を引くだけではない。実際、この種の幾何学のひとつは、地球を完全な球体とみなしたときの、非常に広い地表面上における幾何学を記述している。地球は巨大であるために、小さな範囲を調べているときには曲率まで気に留まらないことから、ユークリッドの平面上の幾何学はたまたま、局所的には非常に優れた近似となっている。だから、石工や町を歩く観光客はユークリッド幾何学を使えるが、大海をヨットで航海する人は使えないのだ。

この単純な数学的発見から、ユークリッド幾何学は、多数ありうる論理的に自己矛盾のない体系のうちのひとつにすぎないことが明らかになった。これらのありうる体系のうち、ひとつを除いたすべてのものが非ユークリッド幾何学だ。絶対的な真実であると言えるものはひとつもない。それぞれの体系が、実際に存在するかしないかは別として、違う種類の面の上での測定を記述するのに適切であるだけだ。この発見によって、ユークリッド幾何学の哲学的な位置づけは危うくなった。もはや、絶対的な真実を把握するものとして掲げることはできなくなったのだ。こうして、数学的相対論が誕生した。

この発見から、世界の理解に関するさまざまな形態の相対論が現れた[8]。政府や経済、人類学の非ユークリッド的モデルが論じられた。「非ユークリッド的」とは、絶対的ではない知識を表す決まり文句となった。また、数学と自然世界とのずれをもっとも鮮明に示す役割も果たした。数学は、物理的な現実よりもはるかに大きかった。自然の様相を記述する数学的な体系もあったが、そうではない体系もあった。後に数学者たちは、幾何学についてのこうした発見を利用して、複数の論理学も同様に存在することを見いだした。アリストテレスの体系は、ユークリッド幾何学と同じく、多数ある可能性のうちのひとつにすぎなかった。真実の概念すらも、絶対的ではなかった。ある論理学的体系では偽であるものが、別の体系では真になりうる。平面上のユークリッド幾何学では平行線は決して交わらないが、図5・2にあるように、曲面上では交わるのだ。

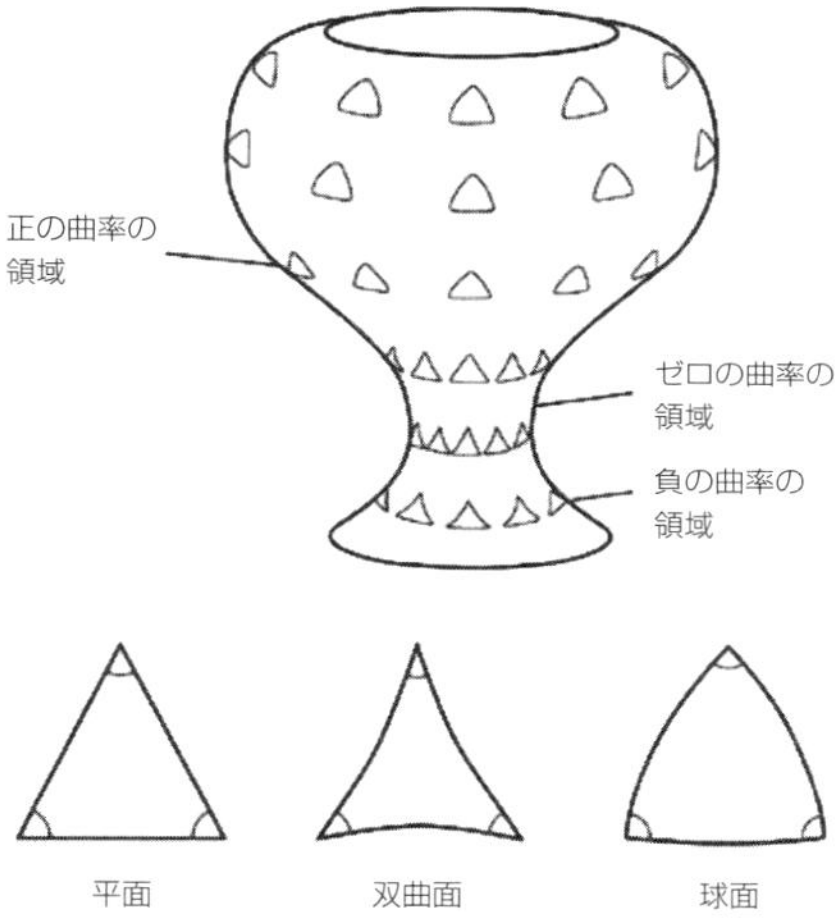

図5・1　表面が正の曲率、負の曲率、ゼロの曲率を示す花瓶。この三つの形状は、三つの点を最短距離で結ぶ三角形の内角の和によって定義される。平面上の「ユークリッド」空間では和は180度になり、負の曲率の「双曲」空間では180度より小さく、正の曲率の「球面」空間では180度より大きくなる。

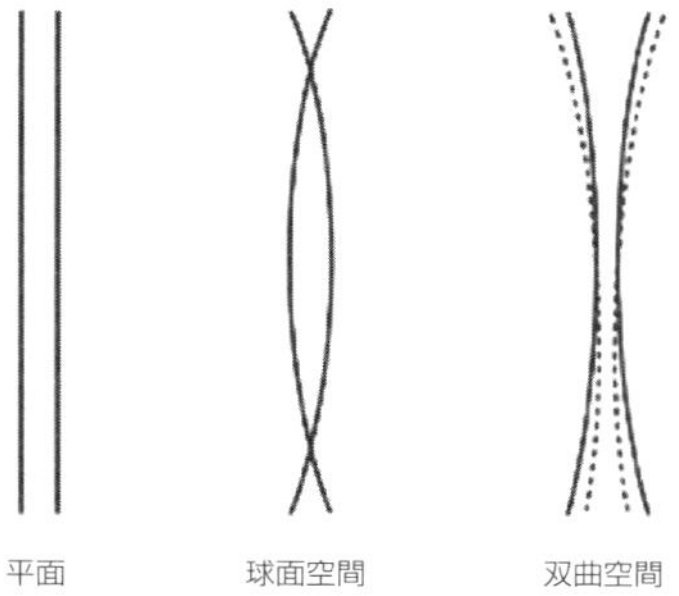

図5・2　平面と曲面上での線。線はつねに、二つの点のあいだの最短距離と定義される。平面上でのみ、平行線は決して交わらない。球面上ではすべての線が交わるが、双曲空間では決して交わらない線が多数ある。

こうした発見によって、数学と科学の違いが明らかになった。数学は科学よりも大きなもので、有効であるためには自己矛盾のないことだけが求められる。数学には、ありうるすべての論理のパターンが含まれている。そうしたパターンの一部には、自然の一部分が従うが、そうではないパターンもあった。数学は無制限で、完成不能で、無限だった。数学よりも物理的な宇宙のほうが小さかったのだ。

たくさんのゼロ

数学の究極の目的は、知的な思考の必要性をすべて排除することだ。
ロナルド・グレアム、ドナルド・クヌース、オーウェン・パタシュニク[9]

ユークリッド幾何学とは異なる、論理的に自己矛盾しない幾何学が存在しうるという発見は、画期的なものだった[10]。それによって、数学は無限の学問であることがわかったからだ。考案しうる異なる論理体系の数には際限がない。これらの論理体系のなかには、自然界に相当するものをもつものもいくつかあっただろうが、そうではないものもあった。数学のありうるパターンのごく一部しか、自然界では使われていないのだ[11]。今後は、新たな選択をいくつか行わなければならなくなるだろう。検討中の問題については、どんな数学体系が適切か。距離を調べたいなら、それにふさわしい幾何学を使う必要がある。曲率が重要になるほど広い範囲の地表面上の距離を測るには、ユークリッド幾何学は適さない。

数学体系が急増したことから、現在では「数学モデル化」と呼ばれている概念が導かれた。数学の特定の体系をもちいれば航空力学運動を記述できるが、リスクと確率について理解したいなら、他の数学体系をもちいなければならないだろう。純粋数学に近い体系では、異なる数学構造が存在し、それぞれの構造が、それに含まれる事物（たとえば、数や角や形）と、操作のための規則（加法や乗法）で定義される仕組みがある。これらの構造には、そのなかで許容される規則の数の程度によって、異なる名前がついている。

この種の数学構造のうち、もっとも重要な種類のひとつが「群」である。群とは、何らかの方法で関連し合う対象の集まりに適用するのにぴったりのものだ。群のなかには構成要素、またの名を「元」があり、それは変換法則によって結合できる。この規則には、三つの性質がなくてはならない。

a.閉包：二つの要素が変換法則によって結合されれば、それは、群の別の要素を生成しなければならない。
b.単位元：結合された変換を変化させない元（単位元）がなければならない。[12]
c.逆元：どのような変換にも、要素にたいする作用を取り消す逆の変換がある。

この三つの単純な法則は、多くの単純で興味深い手順のもつ性質にもとづいている。いくつか例を見てみよう。まず、群の要素が、すべての正の数と負の数であるとしよう（…−3, −2, −1, 0, 1, 2, 3, …）。この群の変換法則は加法（＋）になる。閉包の条件が満たされるため、この法則で群を定義できると考える。任意の二つの数の和は、つねに別の数になるからだ。単位元の条件も満たされる。単位元はゼロ（0）であり、それに任意の要素を足しても、＋による変化はない。また、逆元の性質も当てはまる。数Ｎの逆は−Nであり、任意の数に逆元を結合させれば、つねに単位元のゼロとなる。たとえば、2＋(−2)＝2−2＝0である。

ただし、要素を同じく自然数とするが、要素を結合させる変換を加法ではなく乗法とし、単位元を1とすると、それによって生成される構造は群ではない。なぜなら＋1と−1以外のすべての数にたいして、逆元の性質が当てはまらないからだ。たとえば数3に掛けて、単位元1となるような量は1/3であり、これは、自然数ではなく、したがって群の要素のひとつではない。元に分数も含めるなら、乗法によって定義される変換をもつ群もできる。

この二つの例では、群の元を変化させない単位元演算は、ヌル操作であるとわかる。最初の加法の例では、単位元演算は、代数での通常のゼロに相当する。ゼロの、群における単位元としての身分は、任意の数Nについて、N＋0＝Nであるという単純な性質によって保証される。二番めの例では、単位元は、通常のゼロではない。乗法のヌル操作は、数1で行われる（あるいは、分数の1/1。どちらも同じこと）。通常のゼロは、二番めの群の要素ではない[13]。

二番めの群の構造にある要素は、ひとつめの群の要素とはかなり異なる。ひとつめの群のゼロは、二つめの群のゼロとはまったく別のものだ。同様に、要素が変化をもたらさないすべての数学的構造では、この「ゼロ」や「単位元」を、他の構造内でのものとは論理的に別物だとみなさなければならない。

数学者がユークリッド幾何学や算術にしか関心をもたなかった時代には、数学的実在と物理的実在を同じものとみなすのは理にかなっていた。非ユークリッド幾何学や、その他の論理、さらには要素を結合して新たな要素を生成するための規則を記述することによってのみ定義されうる数学的構造が大量に発見されて、その仮定は変容した[14]。

数学的実在は、物理的実在と袂を分かった。紙の上に作られた構造に論理的な矛盾がなければ、それには数学的実在があると言われた。記述された規則のあらゆる帰結を調べることによって、その構造の性質を研究することができる。数学的構造の要素や変換法則についての間違った選択が最初になされたために、それらが互いに矛盾することになってしまうと、その構造は、数学的に実在しないと言われる[15]。数学的実在があるからといって、同じ規則に従う物理的実在が部分的にでも存在することが求められるわけではないが、自然が合理的であると考えるなら、物理的実在のどの部分も、数学的に実在しない構造で描写されることはありえないだろう。

数学の種類が爆発的に増えたり分裂したりした（**図5・3**を参照）結果、ゼロの概念に異例の事態が起こった。ゼロの数が無限にある可能性が生じたのだ。矛盾しない公理の集合を賢明に選択することによって数学的な実在を獲得していった数学的構造のそれぞれに、独自のゼロの要素があるかもしれないというのだ[16]。そのゼロの要素は、それが存在する数学的構造の要素にまったく効果を及ぼさないことによってのみ、ゼロの要素として定義される[17]。

異なる数学的構造に生息するこれらのゼロがもつ独特の性質を見事に描写したおもしろい論文がある。フランク・ハラリーとロナルド・リードが一九七三年の数学会議で発表した、「ゼロの図は無意味《ポイントレス》な概念か？」という論文だ[18]。

数学者にとって、図とは、点と、点の一部（もしくは全部）をつなぐ線の集まりだ。たとえば、三つの点を直線で結んでできた三角形は、この意味において簡単な「図」であり、ロンドンの地下鉄マップも

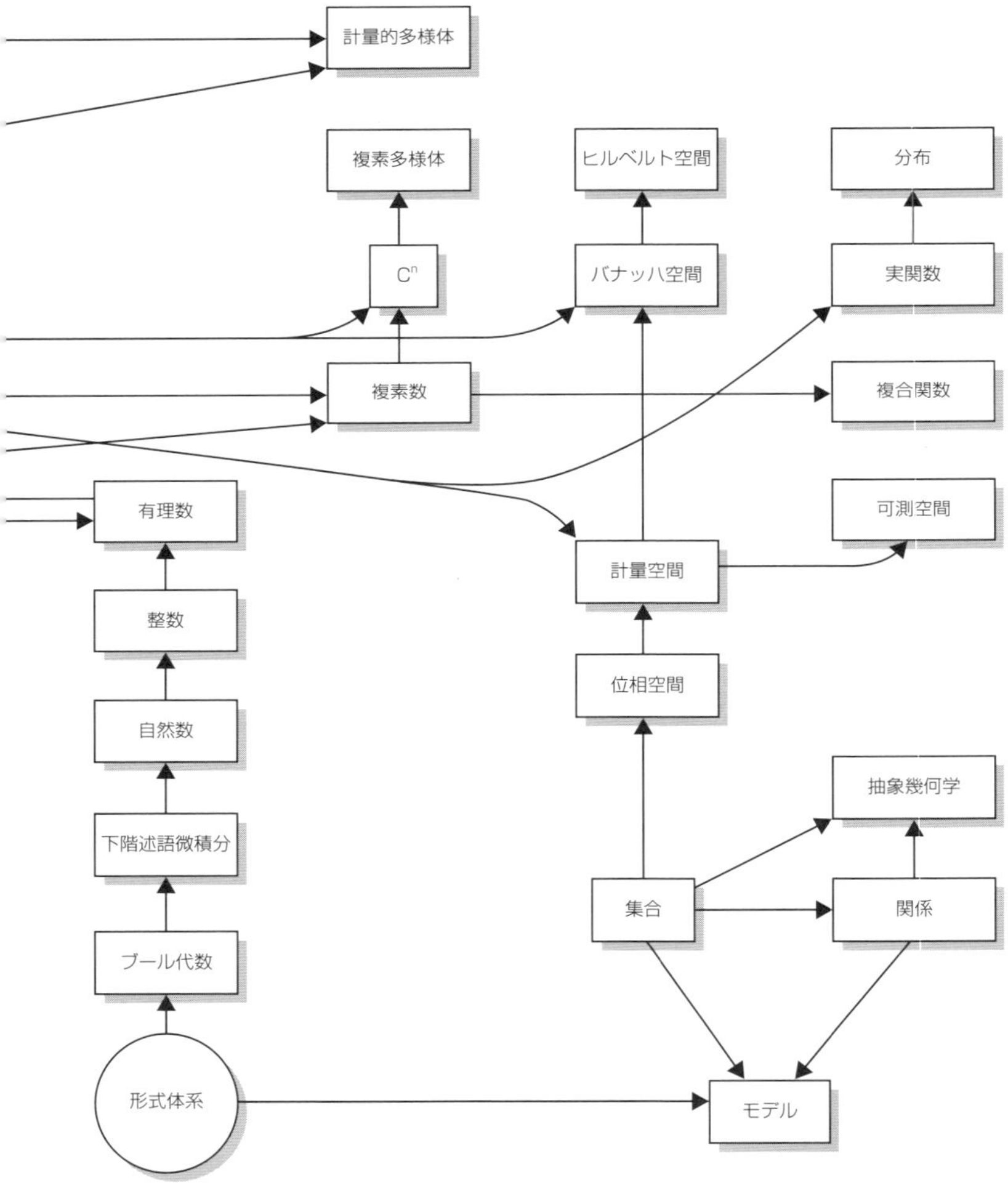

計量的多様体
複素多様体
ヒルベルト空間
分布
C^n
バナッハ空間
実関数
複素数
複合関数
有理数
可測空間
計量空間
整数
位相空間
自然数
抽象幾何学
下階述語微積分
集合
関係
ブール代数
形式体系
モデル

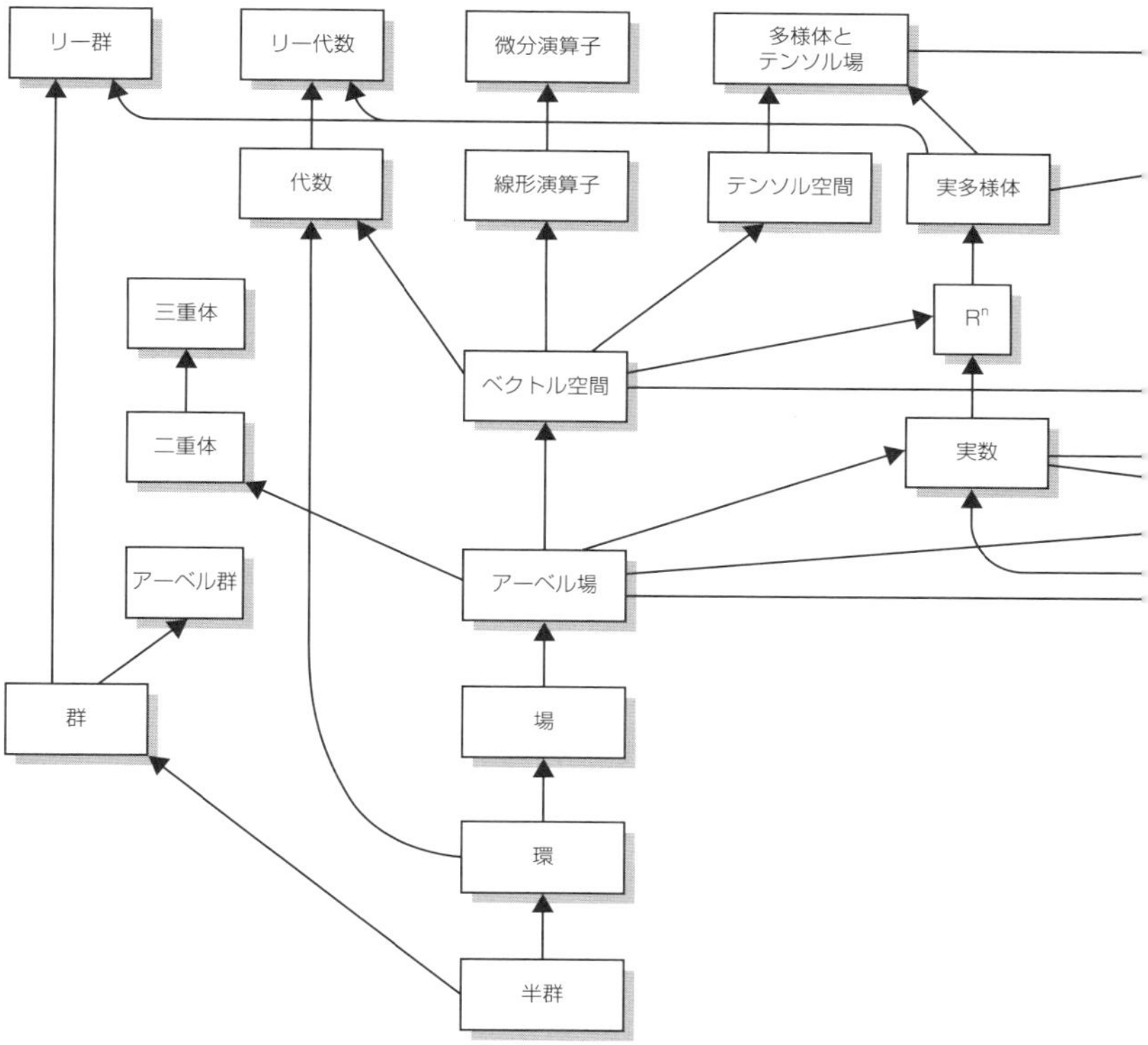

図５・３　現代数学の構造。算術、幾何、代数とは異なる種類の構造の発展を示す。単純な自然数は、ネットワークの中心部分に認められる。

そうだ。ゼロの図とは、点も線ももたない図である。それを図5・4に示した。

私たちの古い友人であるゼロの記号、すなわち、数の列にある空虚を埋めるために遠い昔にインド人数学者が取り入れたものと、風変わりな数学的構造において、不変を意味するために必要とされるゼロ、もしくはヌル操作とには、実際の違いがある。後者のゼロ演算子は、明らかに何かである。それは、他の数学的対象に作用し、規則に従う。このゼロがなければ、体系は不完全で効力が弱まり、異なる構造になってしまうのだ。

伝統的なゼロと、それ以外の、ゼロの数学的な存在物とのあいだの違いは、数学に、事物の集まり、すなわち集合という明確な概念を取り入れることで、見事に説明される。これから見ていくように、数のゼロと、要素をもたない集合——すなわち、空集合——の概念には、実際のはっきりとした違いがある。実は、意味がよくわからないと思われがちな後者のほうが、非常に有益であることがわかっている。そこから、数学にあるその他のすべてのものが、ひとつずつ、作り出されることができるからだ。

図5・4　これがゼロの図だ！(19)

空集合からの創造

集合は集合
（そうだ、そうだ！）
何もないものは集合にはなれない
そうだ！
わたしにとってとても特別な
集合に出会うまでは。

ブルース・レズニック[20]

論理学と数学のなかでもっとも強力な概念のひとつが、イギリス人論理学者のジョージ・ブールのもたらした集合であることは間違いない。ブールは、一八一五年にイーストアングリア地方に生まれ、その名にちなんだブール論理／代数／体系という名称によって、不朽の名声を得た。ブールは、アリストテレスの時代以降、人間による論理の理解に初めて革新をもたらした。ブールの研究成果は、一八五四年に出版された『思考の法則』という代表的な著書で世に出た[21]。その内容をゲオルグ・カントールが、一八七四年から一八九七年にかけて、無限集合を扱うためにさらに大きく発展させた。

集合とは、ものの集まりだ。その要素は、数でも野菜でも個人の名前でもいい。トム、ディック、ハリーという三つの名前を含む集合は、{トム、ディック、ハリー}と書かれる。この集合には、簡単な部分集合がいくつか含まれる。たとえば、{トム、ディック}のように、トムとディックだけを含むものがある。実際、任意の集合を与えられたら、その集合のすべての部分集合を含む集合を作ることで、それよりも大きい集合を作ることがつねに可能だ[22]。ここで例に挙げた集合は、有限の数の要素をもっているが、他の集合、たとえばすべての正の偶数を含む集合、{2, 4, 6, 8, ……}のようなものは、ある規則によって生成される無限の数の要素をもつことができる。

ブールは、もとの集合から新しい集合を作り出す二つの簡単な方法を定義した。集合Aと集合Bを与えられると、A∪Bと書かれるAとBの和集合の要素は、Aのすべての要素とBのすべての要素となる。AとBの交わり〔積集合〕はA∩Bと書かれ、AとBどちらにも共通するすべての要素を含む集合だ。AとBに共通する要素がなければ、この二つの集合は非交和と呼ばれる。すなわち、この交わりは空である。これを図5・5に示す。

これらの概念を使うには、もうひとつの概念、空集合が必要になる。要素を一切含まない集合であり、算術でおなじみのゼロ記号0と区別するために、ϕの記号で表される。既婚の独身男性の集合を考えてみれば、その二つの区別は明らかだ。この集合は空（ϕ）であるが、既婚の独身男性の存在数はゼロ（0）だ。また、唯一の要素がゼロの記号である記号の集合{0}を作ることもできる。

二つの非交和の集合の交わりに出会うときに生じる状況に対処するためには、空集合の概念が必要だ。たとえば、すべての正の偶数の集合と、すべての正の奇数の集合がそうだ。共通の要素がなく、交わりの部分の集合は空集合、すなわち要素をひとつももたない集合である。これは、数学者が無にもっとも近づける状況だ。それは、まったくの非存在が要求される、神秘家や哲学者にとっての無の概念とは、かなり異なるようである。空集合には要素はないかもしれないが、集合がもつような、ある程度の存在をもつように思われる。さらに、前に取り上げた物理的な真空との類似点もいくらかある。一九世紀の物理学における真空が、内部には何もないのに、万物の一部である可能性があったのと同じように、空

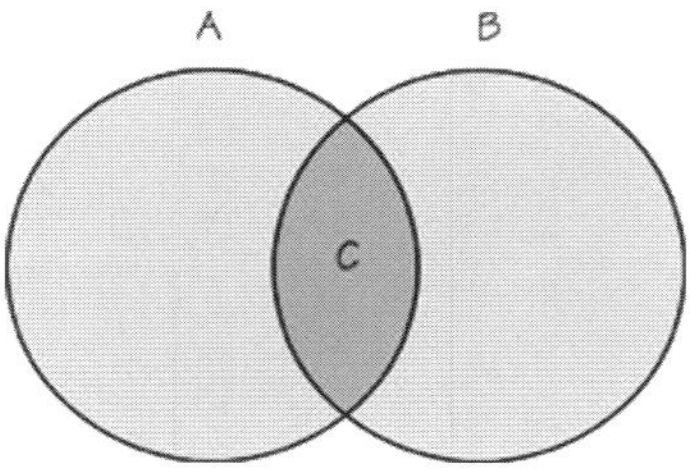

図5・5 二つの集合ＡとＢの和集合と交わり（Ｃ）を示すベン図[23]

集合は、他のすべての集合の部分集合である唯一の集合なのだ。

こうしたことはみな、些細なことに思われるだろうが、実は特筆すべき結果につながることがわかっている。自然数をすべて無から、すなわち空集合から生成することで、自然数とは何であるかを、簡単で正確な方法で定義できるのだ。その仕掛けはこうだ。

数のゼロ（0）を、要素をもたないことから、空集合（φ）と定義する。次は、数の1を、0を含む集合、つまり、ひとつの要素しか含まない集合｛0｝と定義する。0は空集合と定義されているため、数1は、要素に空集合を含む集合｛φ｝ということになる。これは決して、空集合と同じではないということを理解しておくことが重要だ。空集合は要素を含まない集合であるが、｛φ｝はひとつの要素を含む集合だ。

このように進み、数2は、集合｛0,1｝、すなわち集合｛φ, ｛φ｝｝であると定義する。同様に数3は、集合｛0, 1, 2｝、すなわち｛φ, ｛φ｝, ｛φ, ｛φ｝｝｝であると定義する。一般的に、数Nは、0と、Nよりも小さいすべての数を含む集合であると定義する。つまり、N＝｛0, 1, 2, ……N－1｝は、N個の要素を含む集合である。この集合に含まれるどの数も、ロシア人形のように、空集合（φ）の概念だけが入れ子になった集合で置き換えることができる。この定義は印刷業者にとっては悪夢だが、文字通りの無、すなわち要素をもたない集合からすべての数を作り出すことが可能になったという意味で、素晴らしく簡潔だ。[24] 空集合という空っぽなものを土台として、集合や数が成り立っているという奇妙な様子を、リチャード・クリーヴランドが詩にうまく表現している。[25]

わたしたちは完全な集合という確信をもてない
適度な退屈な集合という確信すらもてない
ここに何らかの集合があることは
はっきりとはしないだろう
ゼロの集合があると想定しないかぎりは

集合に含まれる集合という奇異なものは、一見すると衝撃的だ。集合が自身に言及するという近親相姦的なふるまいは、よくわからない。しかし、同様の自己言及がよく起こる実体験、すなわち思考の過程について考えてみれば、そうした集合を具体的に描くことができる。[26] 集合を、思考の吹き出しのなかに浮かんでいる、ひとつの思考と想像しよう。まず、その思想について考える。空集合（ϕ）は、空っぽの吹き出しに似ているが、その空っぽの思考の吹き出しについて考えることはできる。それは、空集合 $\{\phi\}$ を含む集合を作り出すことに似ている。これを、数1としてみよう。次は一歩踏み込んで、空集合について考えている自分自身のことを考えてみよう。この状態は $\{\phi, \{\phi\}\}$ であり、これを数2とする。この思考についての思考の終わりのない連なりを設定すると、空集合をもちいて数を定義することの類推となる。これを図5・6に漫画で表した。

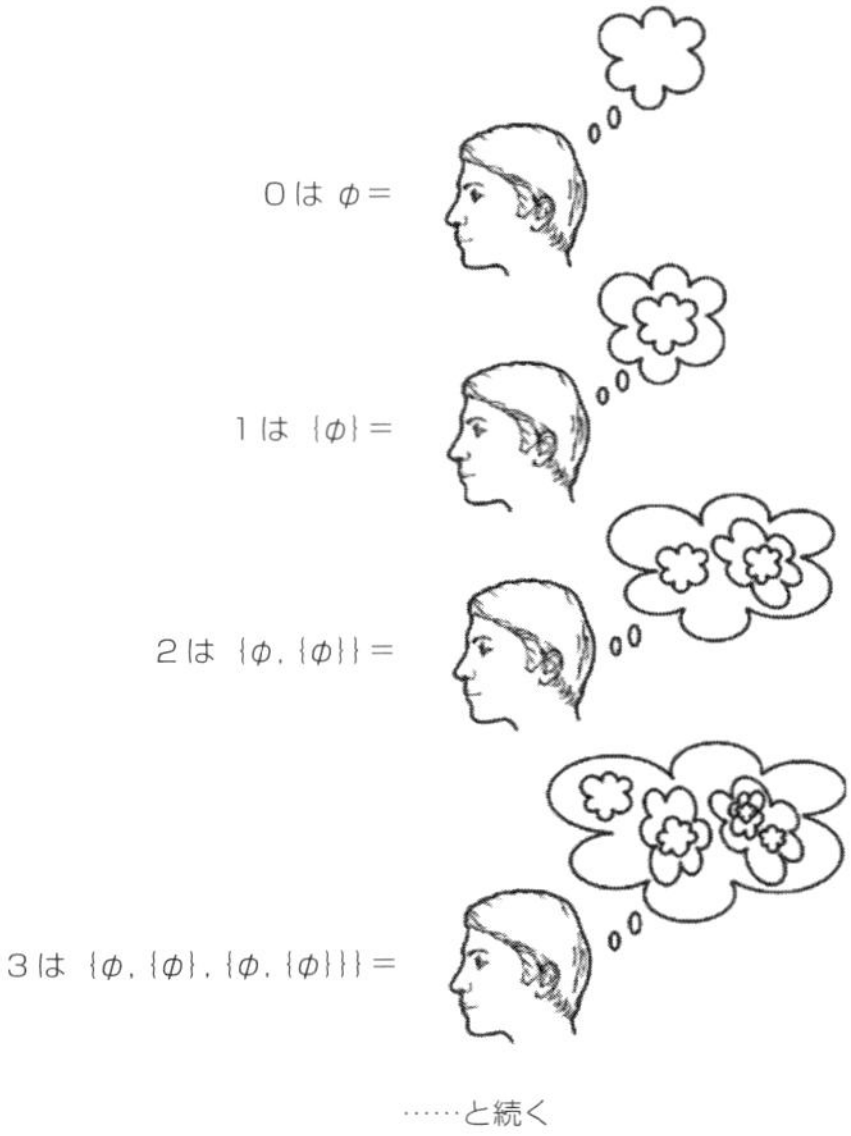

図5・6　空集合をもちいて数を作り出すことの、思考による類推。ひとつの「集合」をひとつの思考で表し、空集合を空っぽの思考で表す。そこで、その空っぽの思考が数１を生み出し……という過程について考えよう。

超現実的な数

初め、すべては空虚だった。J・H・W・H・コンウェイは、数の創造を始めた。コンウェイは言った。「大も小も、あらゆる数を生む二つの規則あれ。第一の規則はかくのごとし。すべての数は、前に作られた数から成る二つの集合に応じ、左集合のいかなる要素も、右集合のどの要素より大きくもなく、それに等しくもないこと。第二の規則はかくのごとし。ある数が別の数より小さいかそれに等しいのは、第一の数の左集合のいかなる要素も第二の数より大きくもなく、それに等しくもなく、かつ、第二の数の右集合のいかなる要素も、第一の数より小さくもなく、それに等しくもない場合のみである」。そしてコンウェイは、自ら作った二つの規則を調べた。すると見よ、規則はうまくいった。

ドナルド・クヌース(27)

空集合をもちいてまったくの無から構造を作り出すという楽しみは、自然数だけのものではなかった。最近、独創的なイギリス人数学者で論理ゲームの達人であるジョン・コンウェイが、自然数だけでなく、有理分数、終わりのない小数、さらにはその他すべての超限数をも導き出す、発想力豊かな新たな方法を考案した(28)。この無から生まれた子どもたちを、コンピュータ科学者のドナルド・クヌースは「超現実」数と名づけた(29)。クヌースは、小説内の会話という形を借りて、彼自身がコンウェイのアイデアを突き詰めて考えることで、この数学的な概念をこれまでにない方法で解説した。この物語を書くにあたって、クヌースには、超現実数の謎を解き明かす他にも、大きな目的があった。数学をいかに教え、説明すべきかという自身の信念を、はっきりと伝えたかったのだ。典型的な授業や教科書は、ほとんどどれもが消毒済みで、発見の過程に欠くことのできない直観や間違った出発地点がぬぐい去られている(30)。結果だけが、定理や証明や注釈を論理的に並べることで提示されている。クヌースは、数学を「教室から外に出し、人生にもち込む」べきだと考え、超現実数を、こうした形式ばらない解説スタイルの見本にもちいた。コンウェイの数の創造の雰囲気を少しだけ紹介しよう。

基本的な規則は二つしかない。第一に、あらゆる数（xと呼ぶ）は、前に作られた数の二つの集合（「左集合」がL、「右集合」がR）から作られる。よって、次のように表記する。[31]

$$x=\{L|R\}\ (*)$$

これらの集合には、左集合のいかなる要素も、右集合のどの要素よりも大きくも、それに等しくもないという性質がある。さらに、ある数が別の数より小さいかそれに等しいのは、第一の数の左集合のいかなる要素も第二の数より大きくもなく、それに等しくもなく、かつ、第二の数の右集合のいかなる要素も、第一の数より小さくもなく、それに等しくもない場合に限られる。数ゼロは、右集合と左集合の両方を空集合（ϕ）とすることで、作ることができる。

$$0=\{\phi|\phi\}$$

この定義は規則に従っている。まず、空集合には要素がないため、左の空集合のいかなる要素も、右の空集合のいかなる要素とも等しくなく、それより大きくもない。さらに、0は、0より小さいか、それに等しい。少し考えれば、この規則を延長して、他の自然数を作ることができる。この時点でϕと0を使えるので、この二つを組み合わせる方法は二つしかなく、それぞれにおいて、1と－1ができる。

$1=\{\phi|0\}$ および　$-1=\{0|\phi\}$

この調子で進み、1と－1を公式（＊）に当てはめ、他のあらゆる自然数を作り出す。したがって、正の数Nがあれば、次のように空集合と組み合わせることでN＋1を作ることができる。

$\{N|\phi\}=N+1$

そして、負の数については、次のようになる。

$-N-1=\{\phi|-N\}$

加法や乗法などの操作も、自己矛盾なく定義できる。[32] 空集合は、単純なふるまいをする。空集合に何かを足しても空集合であるし、空集合に何かを掛けても空集合のままだ。

これもまたすべてうまくいったが、以前に説明した古い方法ではできなかったことができるようになったのは、何のおかげなのか。コンウェイが対象を拡大して、LとRにもっとめずらしい数を入れると、決定的なことが見えてくる。たとえば、集合Lを、0, 1, 2, 3,……のように続いていく、無限に続く自然数（可算無限と呼ばれる）としてみよう。すると、無限を次のように定義できる。[33]

$\text{無限}=\{0,1,2,3,\ldots|\phi\}$

次に、右側に無限をおくと、無限から1を引いたものという奇妙な定義になる。無限より小さな無限数とは何なのか。

$$\text{無限} - 1 = \{0,1,2,3,\ldots \mid \text{無限}\}$$

また、こうもできる。

$$1/\text{無限} = \{0 \mid 1/2,\ 1/4,\ 1/8,\ 1/16,\ \ldots\}$$

さらに、無限の平方根はこう表せる。

$$\sqrt{\text{無限}} = \{0,1,2,3,\ldots \mid \text{無限},\ \text{無限}/2,\ \text{無限}/4,\ \text{無限}/8\ldots\}$$

こうした独特の量はどれも、これまでに数学者によって定義されたことはなかった。コンウェイは、空集合と二つの簡単な規則から出発して、カントールが発見したあらゆる種類の無限と、以前には定義されていなかった$\sqrt{\text{無限}}$のような、数限りない変わったものまで作成することに成功している。私たちが知っているあらゆる現実の小数は、その他の現実の数よりもっと近くに寄ってくる、多数の新しい「超現実」数に取り囲まれている。このように、ゼロから無限にいたる既知の数学のすべては、既知の数のあいだに隠れていた思いがけない新しい数とともに、非存在のように見える空集合（ϕ）から作り出すことができるのだ。無からは無しか生まれないと言ったのは誰なのか。

この公式を知っているだろう。mが正の数の場合、m割るゼロは無限。それなら、両辺にゼロを掛けて、もっと簡単な式にしてはどうだろう。そうすると、mが、無限掛けるゼロに等しくなる。つまり、正の数は、ゼロと無限の積であるということだ。これは、無限の力によって無から宇宙を創造したことの証明にならないか。

オルダス・ハクスリー(34)

神と空集合

空集合の思いもよらない豊かさについて論じると、神の存在についての悪名高い神学論争との関係が目に入ってくる(35)。この論争は、一〇七八年、当時カンタベリー大司教だったアンセルムスから始まった。アンセルムスは、神を、それよりも偉大で完全なものは考えられないようなものであるとした(36)。そうした概念は私たちの心のなかに生じるものであるのだから、知的な存在を有するのは間違いない。しかしその概念は、心の外にも存在するのか。アンセルムスは、そうでなければ矛盾に陥るから、存在するはずだと主張した。それよりも偉大なものが考えられないようなものよりも偉大なものを思い浮かべることはできるだろう。そうしたものには、精神的な概念に加えて、実際の存在という属性もある。

この議論は、その後何世紀ものあいだ哲学者や神学者を悩ませ、現代の哲学者からは、チャールズ・ハーツホーンを除いて一様に否定されている(37)。懐疑派の代表はカントであり、彼は、「存在」は事物の属性であると議論では仮定されているが、実際にはそれは、何かが属性をもつための前提条件なのだと指摘した。たとえば、「何頭かの白い虎が存在する」と言うことはできるが、「何頭かの白い虎が存在し、何頭かの白い虎は存在しない」と言うことは概念上、無意味である。このことから、白さというのは虎の属性でありうるが、存在は属性にはなりえないとわかる。色によって虎の違いを区別できるが、それと同じように、存在によって区別する（可能性がある）ことはできない。何かが論理的に可能性があることから、必然的にそれが実際にも存在するはずだと断言するのは、文法的には正しくても論理的には正しくない。

神を、もっとも偉大で完全な存在であると定義して、もしもその神が存在しなければ、神は、神がなりうるほどの完全なものではなくなるから、必然的に神は存在する、と証明しようとする試みに似た、おもしろい例がある。たとえば、空の集合が、それよりも空の集合が考えられないような空集合が存在しないと想定してみよう。すると、これらすべての存在しない集合を含む集合を作ることができてしまう。この集合は空であり、したがって必然的に空集合になる。悪魔は、それよりも完全ではないものが考えられないものであるという適切な定義をすると、アンセルムスの論理をもちいて、悪魔の非存在を演繹できることがわかる。存在しない悪魔は、存在という属性をもつものよりも、低い身分をもっているからだ。

長除法

今では確かに、何でもあり。

コール・ポーター

この章で見てきた数学の発展の概要から、ゼロと無と空虚のあいだの古くからあるつながりに生じた溝が、いかに大きくなっていったかがわかる。かつて、これらの概念は、ひとつの直観の一部であった。インドのゼロ記号を使って厳密な数学の操作を行うことができるようになったことから、無がいかにして何かになりうるのか、という意味深長な概念を哲学的に探求することが許されるようになった。しかし結局は、数学の世界は大きすぎて、物理的な現実と密接につながったままではいられなかった。数学者は最初のうち、数を数えたり、図を描いたりといった観念を、主に身の回りの世界から取り入れていた。彼らは、ただひとつの幾何学や、ただひとつの論理学があると信じていたのだ。一九世紀になると、さらにその先を見るようになる。自然界から抽出した数学の単純な体系から、記号を組み合わせる規則によってのみ定義される、新しい抽象的な構造を創造するためのモデルが作られた。数学は無限である可能性があった。物理的な世界の一部を描写する数学の部分集合は、数学全体よりも小さくて、おそらくは有限かもしれない。数学のそれぞれの構造は、論理的には、互いに独立していた。多くの構造には、「ゼロ」や「単位元」という要素が含まれる。だが、ゼロという名前は共有していても、まったく別々のものであり、定義されている数学的構造のなかでしか存在せず、従うとされている規則によって論理的に保証されている。数学的構造の威力は一般性にあり、その一般性は、特殊性を欠くところにある。

バートランド・ラッセルが一九〇一年に書いた文章が、誰よりもこの新しい意図をうまくとらえている。

純粋数学は、何かについてこれこれの命題が真であれば、そのものについての別のこれこれの命題が真になる、というような言説からもっぱら成り立っている。最初の命題が本当に真であるかどうかは論じない、真であると仮定されている何ものかが何であるかに言及したりはしない、ということが肝要だ。仮定が何かについてであって、誰かひとりとか、もっと特定のものについてでなければ、その演繹は数学になる。したがって数学は、何について話しているのか、話していることが真であるかどうかが、決してわからないものであると定義できるだろう。(38)

純粋数学は、古代の学問のなかで、形而上学的なかせから逃れた最初の学問になった。純粋数学は、自由な数学になったのだ。科学や哲学や神学の領域にある何らかのものとの対応に頼ることなしに、観念を考案することができる。皮肉なことに、この数学の再生は、そこで生まれた大量のゼロではなく、ゲオルグ・カントールが疑うことを知らない数学者たちの頭上に放った過剰なほどの無限とともに、力強い到来を告げたのだ。潜在的な無限はあるかもしれないが、実際の無限は決してない、という古代の思い込みは、顧みられなくなった。カントールは、数学界の保守的な面々の猛烈な抗議を前に、際限なく無限を送り出した。カントールは結局、深刻なうつ状態に陥り、翳りのある晩年を送ったが、数学者には思うがままに創出する自由があると精力的に主張していた。

数学は、その他のあらゆる科学から区別される異例な立場にあり、そのおかげで比較的自由な方法で容易に追求ができるために、何よりも自由数学という名前を与えられてしかるべきだ。もしも私が選んでよいなら、従来の「純粋」数学よりも、こちらの名称のほうがよいと思う。(39)

こうして数学が自由に発展し、数学の想像力の進む方向に形而上学的な影響が与えられることがなくなった。無はゼロのかせから逃れ、空虚と真空の曖昧さを置き去りにした。ところが、さらなる驚きが待っていた。純粋数学の世界から出現した風変わりな数学的構造は、自然への応用とは関わりがないだろうと思われていたのに、不思議で不可解な何かが起ころうとしていた。対称性や端正さを追求するために、あるいは単に、一部の合理主義者の一般化にたいする欲求を満足させるために拾い上げられた、数学的な思いつきと同じようなものが、科学の舞台に想定外に姿を現そうとしていたのだ。新しい数学が、時間と空間と、過ぎ去ったものすべてにどのように適用されようとしているかが、真空によって明らかにされようとしていたのだ。

6

空《から》っぽの宇宙

まず空間があって、それからものをそのなかに入れることはできない。最初ににやにや笑いがあって、それからチェシャ猫を連れてきてそれをくっつけることができないのと同じだ。

アルフレッド・ノース・ホワイトヘッド

紙のうえで宇宙全体を扱う

わたしはつねづね、愛は宇宙論に少し似ていると思っている。ビッグバンが起こり、大量の熱が出て、次第に離ればなれになり、そうして冷えていく。つまり、恋人たちは、宇宙論者とそう変わらない。

フィリップ・カー(1)

二〇世紀におけるもっともめざましい知的な業績は、アインシュタインの重力理論である。これは「一般相対性理論」として知られ、三〇〇年も続いたニュートンの理論に取って代わった。アインシュタインの理論は、物体が、光速度に近い速度で、非常に強い重力場で動く系を記述するときに使うことができることから、ニュートンの理論を一般化したものだと言える。(2)ところが、運動速度が遅く、重力が非常に弱い環境で適用すると、まるでニュートンの理論のように見える。この太陽系では、ニュートンの理論とアインシュタインの理論のあいだにある明確な違いは一〇万分の一にすぎないが、天文学の道具を使えば、その差は容易に検出される。地球から遠く離れた、密度の高い天文学的な環境では、ニュートンとアインシュタインの予測の差は非常に大きくなる。今までの観測結果から、アインシュタインの予測の精度は、その他のどのような科学理論で確認できるものも超えることがわかっている。特筆すべきことに、重力の局所的、宇宙的なふるまいについてアインシュタインが見せてくれた図は、宇宙の構造と、そのなかで起こることがらについて私たちがもちうる、もっとも確実な指針である。

この短い前置きから、アインシュタインの重力理論は、ニュートン理論を少し延長したものであり、二つの質量のあいだに働く力は、それぞれの中心間の距離の二乗に比例して小さくなるというニュートンの主張を微調整したものだ、と考えてもよいかもしれない。いや、これはあまりに真実からかけ離れている。状況によっては、アインシュタインとニュートンの予測の差異はごくわずかな場合もあるが、アインシュタインの時間と空間についての概念は根本的に異なるものだ。ニュートンにとって、時間と空間は完全に固定された量であり、そのなかにある物体の存在に影響を受けることはない。時間と空間が、運動が起こる領域を提供しているのであり、ニュートンの法則がそれらに出発の指令を与えているのだ。

重力が異なる質量を互いに引き寄せる場合、その間の距離があっても、重力は両者のあいだの空間のなかで即時に働くとされていた。悪名高い「遠隔作用」が起こる仕組みは、一切、説明されなかった。ニュートンは周囲と同様にこの欠陥に気づいていたが、それにかまわず、成功を収めた簡潔な重力理論を押し進めた。この理論はうまく機能していたし、潮汐や地球の形について正確な予測が立てられ、月や天体や地球の運動についての観測結果の多くを説明してくれていたからだ。実際、この問題を隠しとおし、他のどこかで人間の思考に危機をもたらしてなどいないと高をくくることはできただろう。ただしそれも、特殊相対性理論が発見されるまでのことだ。相対性理論によって、真空内では情報を光速度よりも速く送ることは不可能であるはずだ、と予測されたのだ。(3)

一九一五年、アインシュタインが、重力がどのように作用するかという謎を、新しい方法で解いてみせた。時空の構造は、平坦なテーブル面のような固定した変化しないものではなく、そのなかに分布する質量やエネルギーによって形づくられ歪められている、という説を打ち出した(4)。時空は、そのうえに物体が置かれると波打つゴムシートに似たふるまいをする。質量とエネルギーが存在しないときには、空間は平坦だ。質量が加えられると、空間は曲がる。質量が大きい場合、空間の平坦な表面の歪みは、質量に近いところでは大きくなるが、質量が遠ざかっていくと小さくなる。この単純な類推は、示唆に富んでいる。ゴムシート上のある一点で質量を上下に揺らして、水たまりの表面にあるような波を起こそうとすると、その波は、重力波のように外側に伝わっていく。また、ゴムシート上の一点で質量を回転させると、シートが少しねじれて、遠くの地点で他の質量を同じ方向に引っ張ることになるだろう。いずれの作用も、アインシュタインの理論において発生し、観察されている(5)。アインシュタインは、二組の重要な数学の方程式を発見した。ひとつは、「場の方程式」と呼ばれるもので、時空のなかの物質とエネルギーの特定の分布にたいする時空の幾何学を計算することができる(6)。もうひとつの「運動方程式」と呼ばれるものは、曲がった空間で物体と光線が動く仕組みを説明する。しかも、その内容が、美しいほど簡潔だ。物体は、波打つ面の上で、場の方程式から導かれる最速のルートに沿って動く。まるで水が、山頂から河岸の平野まで、曲がりくねって流れ落ちる経路をたどるかのように。

物質が空間を曲げ、美しい曲線を描く空間が物質と光の運動を定めるというこの説には、際立った特徴がいくつかある。これによって、第五章で取り上げた非ユークリッド幾何学が、純粋数学の書庫から科学の領域へと招き入れられる。ユークリッドの平坦な空間には留まらないさまざまな空間を記述する膨大な数の幾何学を、アインシュタインが、質量とエネルギーの存在によって歪められた、ありうる空間の構造をとらえるためにもちいたのだ。アインシュタインはまた、引力という概念を捨て去り（ただ

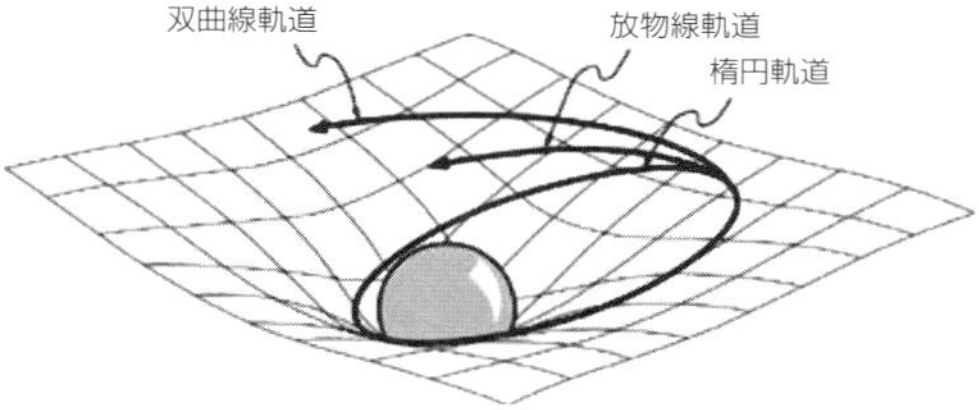

図6・1　運動する物体は、曲がった面の上にある二つの点を結ぶ最速の経路をたどる。

し、この概念は私たちの意識にすり込まれているため、天文学者はいまだに、事物の外観を記述する便利な手段としてこれをもちいている）、それとともに、引力が瞬時に遠隔作用するというやっかいな概念も切り捨てた。つまり、アインシュタインの考え方では、曲がった空間における物体の運動は、それが出会う局所的な地形によって定められるのだ。物体は、できるかぎり速く進める経路を選択するだけである。小惑星が太陽のそばを通るとき、太陽の存在によって空間の曲率が大幅に歪められた領域に入り、通過時間を最短にする軌道を維持するために、太陽のほうに近づいていく（**図6・1**を参照）。両者の相対的な位置を比べているだけの観測者の目には、小惑星が力ずくで太陽に引き寄せられているかのように映る。だが、アインシュタインは、いかなる力についても言及していない。すべてのものは、何の力も作用していないかのように動き、平坦なユークリッド空間上での直線から類推される経路をたどって運動する。運動する物体は、空間の局所的な曲率から指令を受け取っているのであり、何の仕掛けもなく長距離を瞬時に作用する謎めいた引力から指令を受けているわけではないのだ。

アインシュタインの理論は、発表された直後から、次々に成功を収めた。水星の観測された動きと、ニュートンの理論から予測される動きとの食い違いを説明し、遠方の星明かりが地上の望遠鏡に届くまでに、太陽の重力によって逸れる量も正しく予測した。しかし、世界の理解にたいするもっとも大きな寄与は、私たちの住む宇宙を初め、あらゆる宇宙の構造と進化について議論する能力を私たちに授けてくれたことだった。

アインシュタインの場の方程式のどの解も、ひとつの宇宙全体を記している。これを天文学者は、ときに「時空」と呼ぶ。方程式の解は、一刻ごとに空間がどのような形をしているのかを示す。これらの曲面を積み重ねれば、空間のなかにある質量とエネルギーの運動と相互作用に応じて、空間の形がどのように展開していくかを表す絵ができあがる。こうして積み重ねられたものが、時空である。(7) 場の方程式から、与えられた質量とエネルギーの分布によって作り出される、特定の空間のマップと時間の変化のパターンが求められる。したがって、方程式の「解」から、対応する二つのものが得られる。それは、物質とエネルギーの特定の分布から作り出される幾何学、あるいは逆から言えば、特定の物質とエネルギーのパターンを収容するために必要となる曲面幾何学である。言うまでもないことだが、アインシュタインの場の方程式を解くのはきわめて難しく、知られている解はどれも、物質の分布と、ある特殊で簡潔な性質をもつ幾何学を記述している。たとえば、物質の密度は、どこでも同じか(空間において均質)、どの方向においても同じか(等方性)、時間とともに変化しないと想定される(静的)かもしれない。これらの特殊な想定のどれにも頼らないのであれば、分布が「ほぼ」均質で「ほぼ」等方性であり、ほぼ「静的」であるか、非常に単純な方法で変化する(一定の速度で回転するなど)ような、方程式の近似解で満足しなければならない。こうした比較的単純な状況ですら、数学的には非常に複雑であり、アインシュタインの理論をどのように使おうとしても、それがきわめて困難になる。一対の星などの、非常に

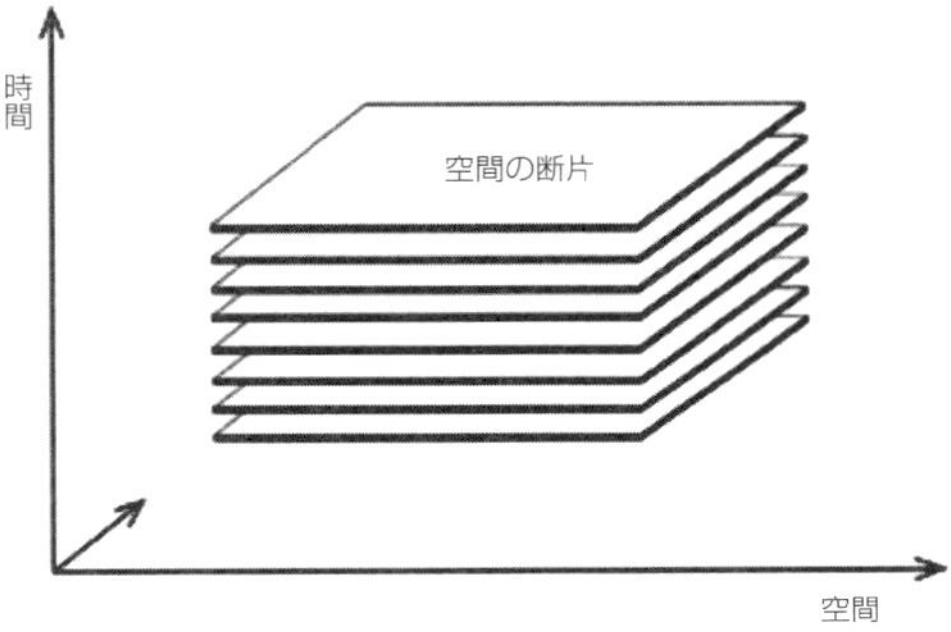

図6・2　時空は、空間の断片を重ねたものからなっている。各片には、時間の瞬間のラベルが貼られている。空間の次元のうち二つだけを示す。

現実的な配置がどのようにふるまうかという問題を解くためには、スーパーコンピュータの計算能力がしばしば必要とされる。しかし、こうした複雑さは決して、アインシュタインの理論に欠点があるからではない。これは、重力の複雑さの表れなのだ。重力は、あらゆる形態の質量とエネルギーに作用するが、エネルギーは、大きく異なる多数の形態をとり、ニュートンの時代には知られていなかった独特な方法でふるまう。何よりも悪いことに、重力はものを引きつける。こうして、空間の曲面をさざ波を立てて広がる重力波は、エネルギーも運んでいき、そのエネルギーは自身の重力場の源として作用する。重力は、光と違い、自身とも相互作用をするのだ[8]。

真空の宇宙

……主はその上に混乱を測り縄として張り、空虚を錘として下げられる。その土地の貴族たちには、もはや、王国と名付くべきものはなく、高官たちもすべて無に帰する。

イザヤ書[9]

アインシュタインの理論の解が宇宙全体を記述しているという事実は衝撃的だ。場の方程式において最初に発見されたいくつかの解から、私たちの周囲にある天文学的な宇宙の見事な記述が導き出され、それらはすぐに望遠鏡で確認された。そこからさらに、真空についての新しい概念が見えてきた。

ここまで、アインシュタインの方程式が、この宇宙に与えられた質量とエネルギーの分布によって作り出された空間における曲面幾何学の計算手段となることを学んできた。この記述からすると、物質やエネルギーがまったく存在しないなら――すなわち、空間が従来の意味において完全に空っぽな真空だったら――空間は平坦で歪みのないものになると予測したかもしれない。ところが残念ながら、ものごとはそう単純ではない。完全に平坦で歪みのない幾何学は、たしかに、質量とエネルギーの存在しない場合の方程式の解である。ここまでは予想のとおりだ。しかし、質量もエネルギーも含まないが、曲がった空間幾何学をもつ宇宙を記述する解が、その他にもたくさん存在するのだ。

アインシュタインの方程式のそうした解は、「真空」宇宙や「空っぽの」宇宙と呼ばれるものを記述する。空間の三つの次元と、時間のひとつの次元をもつ宇宙を記述するが、空間の次元のうちのひとつを忘れて、どんな時でも二つの空間次元だけをもつ世界、すなわちテーブルの上面のようなもの、いや、平坦とは限らないことからトランポリンに近いものを考えてみると、そうした宇宙がもっと容易に想像できる。時間の経過とともに、空間の面の地形は、場所によっては平坦に近づいたり、さらに曲がって歪んだりと変化する。一瞬ごとに、曲がった空間のさまざまな「断片」ができる。[10] それらをすべてひとまとまりに積み重ねれば、時空全体ができあがる。まるで、何枚もの薄いスライスを重ねて、チーズの塊にするように。

もしも、古い断片を取り出してきて重ね合わせても、原因と結果の連鎖でなめらかにつながったできごとの連続に相当するような、なめらかで自然な組み合わせにはならないだろう。ここで、アインシュタインの方程式の出番になる。中身になるものが方程式の解であれば、重ね合わせたものが意味のあるものになると約束されるのだ。[11]

これはまったく問題ないが、質量とエネルギーの存在によって空間の幾何学に曲率が生じて、時間の流れの速さが変化するというようにアインシュタインの理論の仕組みを理解すると、空っぽの宇宙はすべて平坦になるべきではないか。そこに、恒星も惑星も物質の原子もないのなら、どうしたら空間が曲がったりするのか。何がそこにあって、空間を曲げるのか。

アインシュタインの重力理論は、ニュートンの理論よりも対象範囲がかなり広い。重力の作用が、宇宙の片側から反対側へと瞬時に伝わるという考えを捨て、情報を光速度よりも速い速度では伝達できないという制限を組み入れた。これにより、重力は、光速度で進む波という形をとってその作用を広めることができる。こうした重力波が存在するとアインシュタインが予測しており、実際にそうであることはほぼ間違いない。重力波はあまりに弱く、現在は地上で直接検出できないが、その間接的な影響は、パルサーを含む連星系で観測されている。パルサーとは、高速で回転する灯台の光のようなものだ。光がこちらに向かってくるたびに、閃光が見える。周期的なパルスを観測する時間を定めることで、その回転をとても正確に観察することができる。二〇年間にわたる観測の結果、アインシュタインの理論で予測される速さで重力波を放射することによって連星系のエネルギーが失われていると仮定した場合に予測されるまさにその速度で、連星パルサーのパルス速度が減速していることがわかった（図6・3）。

今後数年間で、意欲的な新しい実験が行われ、こうした重力波の直接的な検出が試みられるだろう。その作用は、潮汐力に似ている。あなたの読んでいる本のページを重力波が通過すると、本の体積は変化しないまま、横にわずかに引き伸ばされ、縦に圧縮される。この作用はごく小さいものだが、マイケルソンがエーテルの存在を検証するためにもちいた干渉計のような精巧な器具を使えば、この銀河やその先の、遠い場所で起こった激変的な現象から発せられた重力波を検出することができるかもしれない。検出の可能性がもっとも高いのは、軌道がますます接近しながら、互いの周囲を回る最後の苦しみの状態にある、密度の非常に高い恒星かブラックホールから放射される重力波だ。それらは最後には、ともに渦巻き状に進みながら激変を迎え、そこから、大量の光と重力波が放出される。遠い未来には、連星パルサーが崩壊してこの状態に陥り、重力波のすさまじい爆発が起こるだろう。

大きな質量の存在によって形状が歪められた空間を思い描くと、重力波がその様子をいかに変えうるかが理解できる。質量がその形を変え始めて、球形ではなくなっていくとしてみよう。こうした変化が幾何学のなかにさざ波を作り出し、その波が幾何学全体に広がり、質量から遠ざかっていく。この乱れの源から遠くにいるほど、さざ波がそこに到達したときの影響は弱くなる。こうした波について、まるで音波のようなエネルギーの一形態が、宇宙にもち込まれたかのような話し方をしているが、その性質は実際にはかなり異なっている。こうした波は、空間と時間の幾何学にあるひとつの側面だ。空間の幾何学にさざ波を生じさせている、変化しつつある質量を取り除いても、そうした波はまだそこにある。宇宙全体は、ある方向には少しだけ速く、非球形的に膨張することもあり、非常に波長の長い重力波が存在して、あらゆる瞬間の空間の宇宙を表す、膨張し続ける「ゴムシート」の全体的な張力を支えることになる。

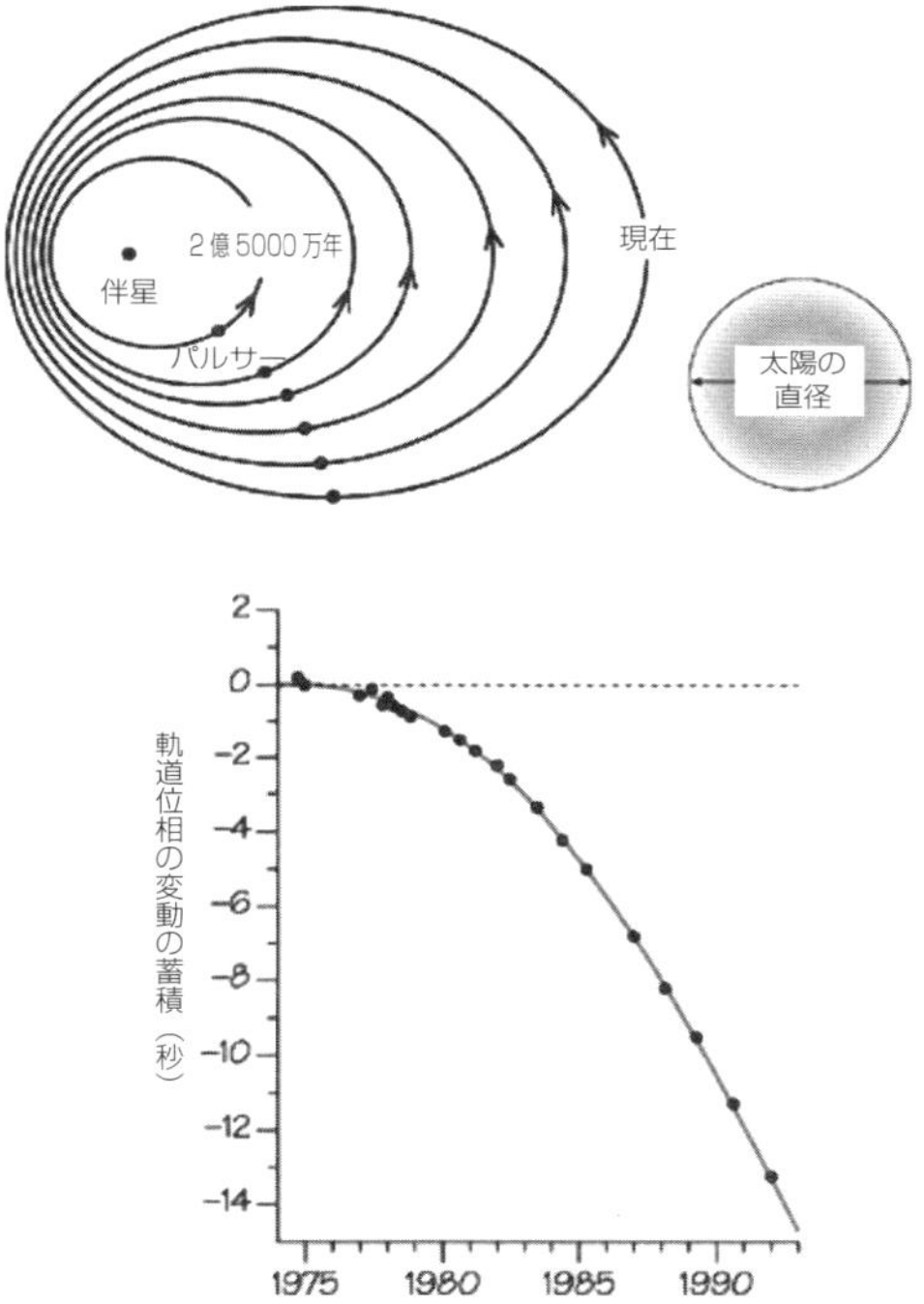

図6・3　連星パルサーPSR1913+16。この種のもので知られている50の系のうちのひとつ。互いの周囲を軌道を描いて回る、二つの中性子星からなっている。一方がパルサーで、電波のパルスを発しており、高精度で観測できる。観測の結果、パルサーの軌道周期は、年間、10億分の2.7だけ変化していることがわかった。中性子星からの重力波の放射によってエネルギーが失われることから、一般相対性理論によってこの変動が予測されている(12)。

アインシュタインの重力理論によって、私たちの宇宙と同じように膨張するが、物質をまったく含まない宇宙についての正確な記述を知ることができるという事実があっても、そうした宇宙が現実的であるという意味にはならない。アインシュタインの理論が優れている点は、そこに適用しようとする物質の分布や性質に応じて、あらゆる形や大きさをもつ、ありうる宇宙の無限の集まりを記述するということだ。アインシュタインの方程式のもっとも単純な解のひとつが、物質を含み、すべての地点ですべての方向に同じ速さで膨張するものであり、それは、観測される私たちの宇宙のふるまいをきわめて正確に記述する。宇宙論者が直面している最大の問題は、なぜこの解が、単なる理論上の可能性から、現実の物理的な存在になるために選ばれたのか、ということだ。なぜ、この単純な宇宙であって、アインシュタインの方程式から得られる他の宇宙ではないのか。

アインシュタインの方程式だけからわかることよりも、宇宙にはさらに多くのことがあるのだろう。物質のもっとも基本的な粒子についての理解にアインシュタインの方程式を結びつけると、どういった曲がった空間が物理的に可能であるかについての制限が厳しくなる恐れがある。あるいは、この宇宙の歴史の初期段階には、奇妙な形態の物質が存在していて、それによって、アインシュタインの方程式が可能にする複雑な宇宙のすべてかほとんどすべてが、何十億年も待てば必ず、今日観測されるような、全方向に等しく膨張する単純な宇宙にますます似てくるということなのか。

エルンスト・マッハ

確実であることはたやすい。十分に曖昧であるべきだ。
チャールズ・サンダース・パース[13]

アインシュタインが一般相対性理論を着想し、構想を練るにあたって、彼自身が空っぽの宇宙をどうとらえるかが重要な鍵となっていた。ニュートンの理論の欠陥や、その修正方法を長くにわたり考察していたアインシュタインは、その間、物理学者であり科学哲学者であるエルンスト・マッハ（一八三八〜一九一六）の影響を色濃く受けていた。マッハの関心は幅広く、音の研究で大きな成果を上げていた。空気力学者は必ず、高速度を「マッハ数」で表す。これは、音速の単位をもちいた速さの値である（およそ時速一二〇〇キロメートル）。ところがある点では、マッハには機械反対主義者に似たところがあり、原子や分子の存在を証明する直接的な実験証拠が出てきてからも、哲学的な理由から、それらが物質の基本的な構成要素であるという考え方に反対していた。それにもかかわらずアインシュタインは、マッハの力学についての有名な著書に感銘を受け、それが重要な動機となって、あのような特殊相対性理論と一般相対性理論を構築するにいたった[14]。アインシュタインはさらに、局所的な物体の慣性についてのマッハの確信にもおおいに影響を受けていた。これはその後、「マッハの原理」として知られるようになる。マッハは、私たちの周囲にある物体の慣性と質量は、この宇宙にあるすべての質量の重力場の影響が集積したものから生じる、と考えていた。アインシュタインは、質量とエネルギーの存在が曲率を生み出すとする一般相対性理論を打ち立てたとき、マッハの概念が自動的にこのなかに組み込まれていることを期待し、そうなっているはずだと確信をもっていた。ところが、そうではなかった。マッハの原理を煎じ詰めると、アインシュタインの理論には真空の解がないことになる。空間と時間の幾何学が、質量とエネルギーの存在によってではなく、重力波だけで曲げられる宇宙はないというのだ。重力波の存在は許されるが、物質の不規則な分布の運動によって生じるべきだという。空間の幾何学には、宇宙が誕生したときから組み込まれていたさざ波や、方向によって膨張速度に差があることだけに関わったさざ波の存在はありえなかった。

この宇宙の運動のなかでもっとも大がかりなもの、すなわち、マッハとアインシュタインが拒絶する必要に迫られた、物質との関連のない運動が、全体的な回転運動である。アインシュタインは長いあいだ、自身の理論からその運動がたしかにあるとわかっていたが、それでもこれは衝撃だった。一九五二年、アインシュタインと同じくプリンストン高等研究所にいた論理学者のクルト・ゲーデルが、アインシュタイン方程式において、まったく予想外の、回転する宇宙を記述する解を発見した。さらに驚くことに、このありうる宇宙では、時間旅行ができるのだ。その後の研究によって、アインシュタイン方程式のこの解は特殊なものであり、私たちの宇宙をそれで記述することはできないことが判明した。だが、もはや賽は投げられた。もしかすると、同じ性質をもつ他の解があったのかもしれないが、どちらのほうがより現実的なのか。あるいは、もしかするとマッハが正しくて、私たちのほうが、アインシュタインの方程式の解を探すなかで、マッハの「原理」を式で表す正しい方法を見つけられていないだけかもしれない。なにせ、この宇宙の全体的な回転は、まだ観測されていないのだ。数年前、宇宙内での放射強度の等方性に関する天文学的な観測結果をもちいて、もしも宇宙が回転しているなら、その速度は宇宙の膨張速度の一〇〇万倍から一兆倍も遅いということが、数名の研究によって[15]明らかにされている[16]。

マッハの原理には、真空は好まれないという古い観念が反映されている。これは現代の宇宙論ではおおむね見過ごされているが、その理由は、マッハの原理の厳密な内容をすべての人に納得させることが難しいから、というだけではない。多数の科学者がこの原理を現代風にして、アインシュタインの方程式の解のいくつかを物理学的に現実的なものとして選び出すための手段として使えるかどうかを確かめようとしたが、どの試みもうまくいかなかった。たとえこれに成功したとしても、他の方法では学べないような何かをマッハの原理から学び取れるかどうかは明らかではない。重力場はすべて、ビッグバン以降は自由な動波の残っていない物質という源から生じなければならないと言うことは構わないが、なぜ、そのような状況が存在しなければならないのか。もしもこの宇宙が、非常に強い起源をもたない重力波の存在に支配されているとしたら、宇宙の膨張のしかたは大きく違っていただろう。さまざまな方向にさまざまな速度で膨張しただろうし、膨張速度と同じような速度で回転していたかもしれない。観測結果によれば、こうした想定はどれも、現在の宇宙には認められない。宇宙の膨張は、どの方向においても、一〇万分の一の精度で同一なのだ。

マッハの原理は、「なぜ宇宙は今あるような宇宙なのか」という問いに答えを出すことができなかったため、表舞台から徐々に姿を消していった。今日の宇宙に、起源をもたない重力波の測定可能な影響が認められないことを説明づける、いっそう説得力のある理由が、他の観念によって提示されることを、私たちは後に知ることになる。それらの説は、マッハなら断言しただろうに、そうした重力波が存在しえないというのではなく、重力波は、宇宙の年齢が高いときには必然的に非常に弱くなり、宇宙の全体的な膨張にはごくわずかな影響しか与えない、ということを示している。

宇宙定数

高齢で著名な科学者が、何かが可能だと言うときには、それはほとんど間違いないが、何かが不可能だと言うときには、きっと間違っている。

アーサー・C・クラーク

アインシュタインが一九一五年に、自身の新たな重力理論が宇宙論においてもつ意味を探り始めたとき、天文学的な宇宙の規模と多様性についての知識は、今日よりもはるかに少なかった。私たちの銀河とは別の銀河が存在すると考える理由は何ひとつなかった。天文学者は、恒星や惑星、彗星、小惑星に関心を抱いていた。アインシュタインは、自身の方程式をもちいて宇宙全体を記述しようとしていたが、問題があまりに複雑だったため、簡略化のための仮定を立てずには解くことはできなかった。だが、彼はかなり運がよかった。数学者の人生を間違いなく容易にするような、宇宙についての仮定を立てたが、それは同時に、現実の宇宙にたいして立てるには適切な仮定ではなかったかもしれない。観測による証拠がまったく存在しなかったからだ。アインシュタインの立てた簡略化のための仮定とは、この宇宙は、どんなときにも、どの地点でもどの方向にも同一だというものだった。すなわち、均質で等方性があるということだ。もちろん、厳密にはそうではない。だが、実際はかなりそれに近いため、完璧な均一性からの逸脱はとてもわずかであって、この宇宙全体の数学的な記述には有意な違いは生じない、と想定できる。[17]

アインシュタインは、この研究を進めるうちに、方程式が、とても奇妙で予想もしないことを示していることに気づいた。この宇宙は、つねに変化している必要がある、というのだ。物質が一様に分布し、それぞれが遠くに離れた恒星を表し、その恒星たちがおおむね、長い時間にわたってそのままであり続けるといった宇宙の解を見つけることは不可能だった。恒星は、自身の重力によって互いに引き寄せ合うだろう。宇宙が収縮し、物質どうしが衝突して宇宙の爆発が起こるのを避けるためには、それを克服するための、外側へ広がる運動が必要となるだろう。それが「膨張する」宇宙だ。

アインシュタインは、これらの説のどれも気に入らなかった。どちらも、宇宙は不変の巨大な舞台であり、そこで、天体の運動が繰り広げられているとする当時の考え方に反していた。恒星や惑星は現れては消えていくかもしれないが、宇宙は、永遠に存続するはずだった。収縮する宇宙と膨張する宇宙という相反する概念に直面したアインシュタインは、自身の方程式に立ち帰り、どこかに抜け道はないかと探した。すると、それがひとつ見つかった。

どのようにそうなったかを理解するには、まず、アインシュタインがそもそもその方程式にたどりついた背景を少々押さえておく必要がある。曲面の幾何学を空間の物質量と関連づけるこの方程式は、独特な形をしている。

〔幾何学〕＝〔質量とエネルギーの分布〕

表面の形を記述するあらゆる種類の式も、原則として、この方程式の左辺に置くことが可能だ。しかしそれを、密度や速度や圧力などの性質をもつ現実の物質と放射の分布に等しいとするのなら、その式には、エネルギーや運動量などの量は、自然のなかでは保存されるべきであるという事実を反映しなければならない。さまざまな物体のあいだで相互作用が起こったとき、それらの量をあらゆる方法で混ぜ直して、分布し直すことができるが、すべての変化が完了して、エネルギーと運動量が最終的に合計されたときには、その値は最初の時点と同じでなければならない。エネルギーと運動量は自然のなかでは保存されるという要件は、アインシュタインを、方程式の左辺にもっとも単純な幾何学的な要素を入れさせるのに十分だった。

すべては、美しく収まるように思われた。重力が非常に弱く、速度が光速度よりはるかに遅く、空間の幾何学における完全なユークリッド幾何学的な平面からの逸脱がごくわずかな状況を前にすると、これらの複雑な方程式は、不思議なことに、ニュートンが二三〇年以上前に発見した重力法則とまったく同じものへと変身する。それは、「逆二乗の法則」と呼ばれるもので、二つの質量間の重力は、双方の中心点からの距離の二乗に反比例すると規定されている。

不運なことに、宇宙の不変性を執拗に拒絶したのは、このエレガントな図式だった。膨張する宇宙を前に、アインシュタインは解決策を見つけた。自身の理論を、重力が非常に弱く、空間がほぼ平坦であるときに、ニュートンの理論と同一になるようにしたかったアインシュタインは、奇妙な可能性を無視することにした。方程式のなかで、幾何学についての情報をもつ部分に、エネルギーと運動量が自然のなかで保存されるという要件を変更することなく、別の単純な部分を加えることを許したのだ。こうした新たな追加によって、ニュートンの弱い重力場の記述がどうなったかを見てみると、とても異様なものになっていた。ニュートンの逆二乗の法則は話の半分にすぎない、ということになったのだ。実はもうひとつ、付け加えるものがあった。あらゆる物質間に働く力は、距離に比例して増加する。天文学的な距離を対象にすると、重力によるこのもうひとつの力が、ニュートンの、逆二乗の法則にしたがって減少する力の作用を超えるはずだ。アインシュタインは、方程式においてこの力の強さを表すために、ギリシア文字のラムダ（Λ）を取り入れた。すると式は、次のようになった。

〔幾何学〕＋〔Λ力〕＝〔質量とエネルギーの分布〕

アインシュタインの理論からは、Λの値がどれくらい大きいか、あるいは正か負かさえもわからなかった。実際、これを方程式に入れておく大きな理由は、その値がゼロであるべきだという理由も同様にないからだった。Λは、重力のなかの、逆二乗の引力の部分の強さを決定するニュートンの重力定数のGのような、自然の新たな定数だった。アインシュタインはΛに「宇宙定数」という名を与えた。

アインシュタインは、Λが正の値であれば、重力全体にたいする斥力の寄与は、ニュートンの重力にある引き合う性質とは反対のものになるだろうと考えた。そうすれば、遠く離れた質量どうしが反発し合うことになるだろう。この値を適切に選択すれば、逆二乗の法則の重力をちょうど相殺し、星で満ちた宇宙が、膨張も収縮もしない静的な状態になるだろうと理解した。Λの証拠がまったく見あたらないという事実は、簡単に説明できた。宇宙を静止させておくために必要なΛの値は非常に小さいため、その値が地球にもたらす帰結はそれよりはるかに小さいものになり、重力の測定値に認識できるほどの影響は出ないからだ。このような状況になるのは、Λの力が距離とともに増加するからだ。天文学的な領域ではΛの力は大きくなり、宇宙全体を静止させるだろうが、地上や太陽系内のような短い距離においては、その力はごく小さい。

その次に起こったことは、アインシュタインを少々困惑させた。自身の唱える静止した宇宙は、新たな方程式によって宇宙がもつことを許される唯一の種類の解だと考えていた。しかし、その方程式を研究していたのは、アインシュタインだけではなかったのだ。

アレクサンドル・フリードマンは、サンクトペテルブルクで研究生活を送る、若き気象学者かつ応用数学者だった。数理物理学の発展を間近に観察し、アインシュタインの新しい重力理論の背後にある数学を理解した、最初の科学者のひとりだった。それは、特筆すべき業績だった。アインシュタインの理論には、非常に抽象的で、それまでの物理学には使われていなかったような数学がもちいられていた。天文学者のほとんどは、数学よりも物理学のほうに強く、計算を検証してさらに新たな計算ができるような高度な技能をもってアインシュタインの理論を理解するだけの力はなかった。しかし、フリードマンは違っていた。必要とされる数学を迅速に身につけ、まもなく、アインシュタイン自身が見落としていた、方程式の新たな解を発見した[18]。アインシュタインが、Λの項を導入することで抑制しようとしてきた、膨張と収縮の解を見つけたのだ。三種類の膨張する宇宙を図6・4に示す。

しかし、フリードマンはさらに興味深いことにも気づいた。Λを方程式に加えてもなお、宇宙は静的にはならなかったのだ。重力の引く力がΛの新たな斥力とちょうど釣り合うような解をアインシュタインは見つけていた。だが、それは持続しなかった。不安定だったのだ。たとえば先端で立たせた針は、どんな方向につついても転がってしまう。アインシュタインの静的な宇宙の密度が、わずかにでも不規則だったら、その程度がいかに小さくても、宇宙は膨張か収縮を始めるだろう。フリードマンは、たとえΛの力が存在しても、アインシュタインの方程式には、膨張する宇宙を記述する解があることを示すことで、このことを確認した。こうした計算を続けて論理的な結論にいたったフリードマンは、二〇世紀の科学界において最大の予測を打ち立てた。宇宙全体は膨張しているはずだ、というのだ。(19)

フリードマンはアインシュタインへの手紙に、アインシュタインの方程式には他の解もあると書いたが、アインシュタインは、フリードマンの計算が間違っていると決めつけて、あまり気に留めなかった。まもなく、フリードマンより年長の同僚が、講演会でベルリンに赴いた。この機会を利用して、フリードマンの計算をアインシュタインと論じる目的もあった。そこでアインシュタインはただちに、間違っているのはフリードマンではなく自分自身だと納得した。方程式の新しい解をまったく見落としていた

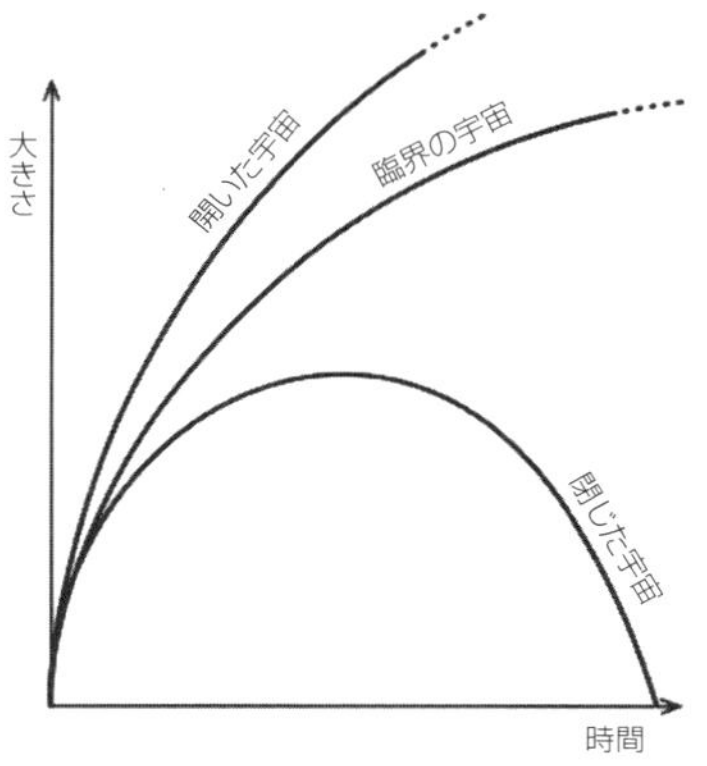

図6・4　フリードマンの発見した三つの宇宙。開いた宇宙と臨界の宇宙は、永遠に空間的な広がりを続ける。閉じた宇宙は、最終的には崩壊して、最大圧縮の状態に戻る。臨界の軌道は、将来の歴史を無限と有限に分ける線である。

のだ。アインシュタインは、フリードマンが正しく、静的な宇宙は死んだ、と文書で発表した。何年も後にアインシュタインは、静的な宇宙という自分の信念を守るために宇宙定数を発明したのは、「わが人生における最大の誤り」だったと述べた。

一九二九年、天文学者はついに、フリードマンの予測したとおり、宇宙は確実に膨張していることを証明した。フリードマンによるアインシュタインの方程式の解は、Λを入れたものもそうでないものも、今日なお、宇宙の膨張をもっともうまく記述している。フリードマンは、存命中に、自分の予想がいかに広範囲に影響を与えたのかを知ることはなかった。哀しいことに、気象データを集めるために高高度気球で飛行して健康を損ね、わずか三五歳でこの世を去ったのだ。[20]

静的な宇宙が崩壊したにもかかわらず、Λは生き延びた。アインシュタインが方程式にΛを導入するにいたった論理は必然的なものだった。静的な宇宙を求める思いが、たとえ必然的なものでなかったとしても。Λの値はごく小さくて、その影響は、天文学的な距離においてさえ取るに足らないものであり、その存在は、実際的な目的のためには無視されるかもしれないが、これを理論から取り去る理由は何もなかった。観測の結果すぐ、Λが存在するのなら、その値はごく小さいはずだということがわかった。だが、なぜそんなに小さい値でないといけないのか。アインシュタインの理論では、Λの大きさや、実際的な物理学的起源については何も語っていない。いったい、どんなものが考えられるのか。これらは重要な問いだった。その答えからきっと、真空の性質について何かがわかるからだ。なぜなら、たとえこの宇宙からすべての物質を取り除いたとしても、Λはそのまま残り、宇宙が膨張か収縮をすることになると考えられるからだ。Λはつねにそこにあり、すべてのものに作用しながらも、何にも影響を受けなかった。まるで、宇宙から取り除くことのできるすべてのものを取り除いた後に残った、遍在するエネルギーの形態のようだった。これはまさに、真空についての誰かの定義ととてもよく似ている。

深いつながり

私は宇宙論が好きだ。宇宙全体を、一定の形をしたひとつの物体とみなすと、気持ちが何か高揚してくる。神以外に、宇宙そのものよりも高尚で、人の注目に値するものがあるだろうか。金利や戦争や殺人のことは忘れて、宇宙《スペース》について話そう。

ルディ・ラッカー(21)

宇宙定数が物理学の残りのすべてと関連があるかもしれないと最初に述べたのは、ベルギー人の天文学者でカトリックの司祭でもあったジョルジュ・ルメートルだ。ルメートルは、膨張する宇宙というアイデアを、物理学の問題として初めて真剣にとらえた科学者のひとりである。もしもこの宇宙が膨張しているのなら、過去には、もっと熱く、もっと密度が高かったはずだと考えた。宇宙の事象をはるか昔まで遡れば、物質は熱放射に姿を変えるだろう、というのだ。

ルメートルはアインシュタインのΛをかなり気に入り、Λが主要な役割を果たしているアインシュタインの方程式について、新たな解をいくつか発見した。ルメートルは、Λはアインシュタインの理論に必要だと信じていた。Λを忘れようとしたアインシュタインや、たとえ存在しても無視できる程度のものだと考えていた他の天文学者と違い、ルメートルは、Λの再解釈を試みた。アインシュタインはΛを方程式の幾何学の辺に入れていたが、ルメートルは、物質とエネルギーの辺に移動させることができると判断した[22]。

〔幾何学〕＝〔質量とエネルギーの分布〕－〔Λエネルギー〕

そうして、Λを、宇宙の物質量に寄与するものとして再解釈する。

〔幾何学〕＝〔質量とエネルギーの分布－Λ質量とΛエネルギー〕

こうすると、宇宙にはつねに、その圧力が、エネルギー密度をマイナスにしたものに等しいという奇妙な流体が含まれることを認めなくてはならない。負の圧力は、何もめずらしくはない張力だが、Λの張力は、可能なかぎりの負の張力であり、つまりは反発する重力作用を及ぼす[23]。

ルメートルの洞察はとても重要なものだった。宇宙定数をこのように解釈すれば、非常に高いエネルギーをもつ物質のふるまいを研究することによって、宇宙定数がどのように生じたのかを理解することが可能になるかもしれないと、ルメートルは考えたのだ。こうした研究によって、圧力とエネルギー密度とのめずらしい関係をもつ物質の形態が特定できたら、重力と宇宙の幾何学についての理解を、物理学の他の分野に結びつけることが可能になるかもしれない。また、真空の天文学的な概念にとってもこれは重要だった。アインシュタインの宇宙定数の可能性を無視すれば、通常の物質がひとつもない真空宇宙が存在するだろうということになる。しかし、宇宙定数が実際に、つねに存在する物質の一種であるなら、真の真空宇宙は実際には存在しないことになる。宇宙には希薄なΛエネルギーがつねに存在し、あらゆるものに作用するが、他の物質の運動や存在の影響は受けないでいる。

残念ながらルメートルの主張は、当時一流のアメリカの科学雑誌に掲載されたにもかかわらず、まったく注目されなかったようだ。初期の原子物理学者や素粒子物理学者は、彼らの物質理論に、Λに非常によく似たものを見いだすことは一切なかった。宇宙論者のあいだでも、Λの印象は強まったり弱まったりを繰り返した。そこに第二次世界大戦が勃発し、物理学の目指す方向は、核の反応過程や電波へと移っていった。戦争が終わるとすぐに、宇宙論者は、フレッド・ホイル、ヘルマン・ボンディ、トーマス・ゴールドが最初に提唱した、定常宇宙論という新しい理論に目を奪われた。定常宇宙もフリードマンの宇宙のように膨張するが、密度は時間とともに減少しない。実際、目立った特徴はひとつも、時間とともに変化することはない。この定常性は、膨張による希釈をぴったり相殺する速さで、新たな物質をどこででも作り出すという仮定上の「生成」によって保たれている。そこで求められる速度は感知できないほど遅く、一〇〇億年ごとに一立方メートルあたり、ほんの数個の原子が出現するくらいだ。ビッグバンモデルとは違い、定常宇宙論には、あるときにすべてのものが出現したという、明らかな始まりはなかった。[24] そこでの生成は連続していたのだ。

最初、この宇宙論には、アインシュタインの重力理論に取って代わる新たな理論が必要であるかのように思われた。宇宙の密度を一定に維持するために必要な、新しい原子や放射が安定して少しずつ作られる新たな「生成場」がなければならなかった。一九五一年、イギリス人天体物理学者のウィリアム・マクリーが、さほど急進的なものは必要ではないことを証明した。[25] エネルギーと質量の追加的な源として、生成場を、アインシュタインの方程式に加えることができるだろうというのだ。しかもそうすると、ちょうど、Λの項のように見える。連続した生成は必要なかった。

熱心な提唱者にとっては悲しいことに、定常宇宙はすぐに、歴史の本にしまい込まれた。これは、科学理論としては優れたものだった。宇宙は、どの時代をとっても、平均すると同一に見えるべきだ、というとても明確な予測をしたからだ。ただしそのせいで、観測による検証にはきわめて弱かった。一九五〇年代後半、天文学者は、宇宙は定常状態にはないことを示す証拠を集め始めた。さまざまな種類の銀河は、時間とともに大きく変化していた。クエーサーは、今日よりも過去のほうが、宇宙にぎっしりと存在していた。ついに一九六五年に、昔の熱いビッグバンの状態から放たれた熱放射の残りが、電波天文学者によって検出され、現代的な宇宙論が誕生した。

一九六〇年代半ば、赤方偏位がひとつの値の周囲に集まっていることからクエーサーが最初に発見され、Λの圧力が十分に強ければ、宇宙の大きさが現在の大きさの三分の一程度のときに、宇宙の膨張を一時的に遅らせることができていたかもしれない、という説が出た。このことから、この時代の付近で、クエーサーがまとまって形成されたと考えられるかもしれない。しかし、いっそう大きな赤方偏位をもつクエーサーがいくつも発見されると、この説は消えていき、赤方偏位が特定の値より下に偏っているように見えるのは、クエーサーを探索する手法によって人為的に作り出された結果なのだということが理解され始めた。

それ以降、観測天文学者は、宇宙が永遠に膨張し続けられるほど十分速く膨張しているか、あるいは、いつか収縮に転じて、ビッグクランチに向かうのかについて判断するために、決定的な証拠を探し続けている。もしも、非常に遠い銀河系外の距離にわたって引力を支配できるほど大きなΛが存在するなら、それは、図6・5に示したような方法で、宇宙の膨張に影響を与えるはずだ。もっとも遠くにある銀河団は、膨張しながら減速するのではなく、お互いから遠ざかりながら加速しているはずである。

この明らかな宇宙の加速を探すには、遠くの恒星や銀河の距離を測定する方法を見つけることが必要だ。これらの物体からやってくる光の色のパターンの変化に注目することで、それらがどれくらいの速さで膨張して私たちから遠ざかっているのかを簡単に決定できる。今日ではこれを一〇〇万分の一程度の精度で行える。だが、どれくらい遠くにあるのかを知るのはそう簡単ではない。基本的な方法は、光源の見た目の明るさは、重力の作用と同じように、距離の逆二乗に比例して減少するという事実を利用するものだ。たとえば、同一の一〇〇ワットの電球を、暗闇のなかで、自分からそれぞれに異なる距離に置いておくと、それらの見た目の明るさから、自分からの距離を決定できる。ただし、自分と対象とのあいだに遮るものはないと仮定する。電球の本当の明るさを知らなくても、どれも同じ明るさだとわかっていれば、見かけの明るさを比べることで、相対的な距離を推測することができるだろう。九分の一の明るさなら、三倍遠いということだ。

天文学者はまさに、こういうことをできるようになりたいと願っている。問題は、自然は宇宙に、同一の明るさだとわかる標識のついた電球をちりばめていないことだ。どうすれば、本来同じ明るさをもつ電球の集まりを見て、その見かけの明るさをもち

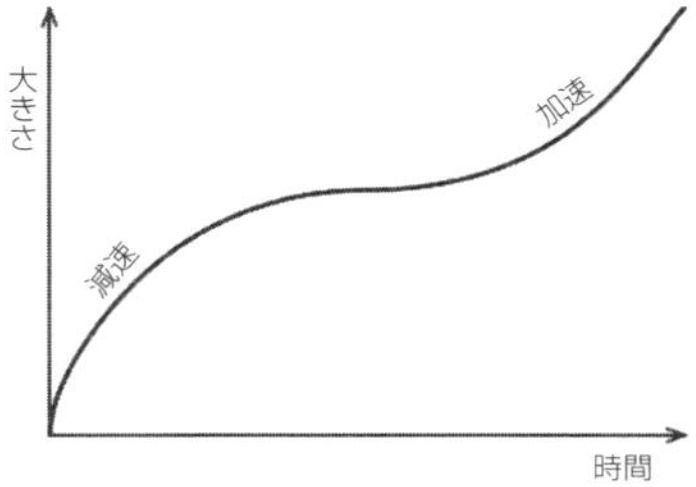

図6・5　宇宙の膨張にたいするΛの影響。重力の逆二乗よりも大きくなると、宇宙の膨張が減速から加速に切り替わる。

いて相対的な距離を判断できていると確信がもてるのだろうか。

天文学者は、容易に識別ができ、本来の特性が非常にはっきりとわかっている物体の集まりを突き止めようとしている。典型的な例が、見かけの明るさが本来の明るさと単純な方法で関連していることが理論上はわかっており、明るさのパターンが変化する、変光星の集まりだ。変化する光のサイクルを測定し、本来の明るさを推定し、見かけの明るさを測定し、距離を推定し、スペクトル光の変化を測定し、後退速度を推定すると、なんと、距離に比例した速度の増加が明らかになり、宇宙の膨張を観測できる。一九二九年にエドウィン・ハッブルが、この方法を初めてもちいて、フリードマンがアインシュタインの理論をもとに予測した宇宙の膨張を確認した。それを**図6・6**に示す。

残念ながら、こうした変光星のうち、非常に遠い距離にあるものは見ることができず、ハッブルの研究が行われて以来の観測天文学の最大の問題は、距離を正確に決定することになっている。これは、一八世紀にジョン・ハリソンが、航海中に経度を正確に決定できるようにするために、時刻を正確に計測しようと試みたことに似ている。[27] かなり最近まで、最大規模の銀河系外の領域を対象として、宇宙の膨張を明らかにしようとする試みが重ねられてきたが、それらはどれも精度が足りず、アインシュタインのΛの存在の証明にも反証にも使えない。今日の宇宙の膨張速度が加速しているのかどうかも、確証がもてていない。証拠の不在は、不在の証拠とみなされた。しかも、天を観測する人間が宇宙に登場し始めた時代に、Λが宇宙の膨張を加速させ始めていたとしたら、どういう事情であっても、とても大きな偶然の一致が必要だったと思われる。さらに、Λは、非常に小さな値でなければならないだろう。Λの値は実際にはゼロだと想定して、なぜそうなのかを説明する十分な理由を探したほうがよい、と天文学者は考えていた。

　昨年、事態は急激に変化した。観測天文学に変革をもたらしたハッブル宇宙望遠鏡によって、地球の大気でちらつきや歪みが出ることのない位置から、これまでよりずっと遠くまで見渡すことが可能になったのだ。地上の望遠鏡も、ハッブルの時代には思いもよらなかった感度を達成するまで進化した。新たな電子技術によって、古い写真フィルムが、光を捕まえる感度がフィルムの五〇倍も高い光レコーダーに取って代わられた。地上の望遠鏡が広範囲の空を観測する能力と、ハッブル宇宙望遠鏡の、小さくぼんやりと光る光源に対象を絞って素晴らしい鮮明度で観測する能力とを組み合わせ、遠くの距離を観測する新たな方法が発見された。

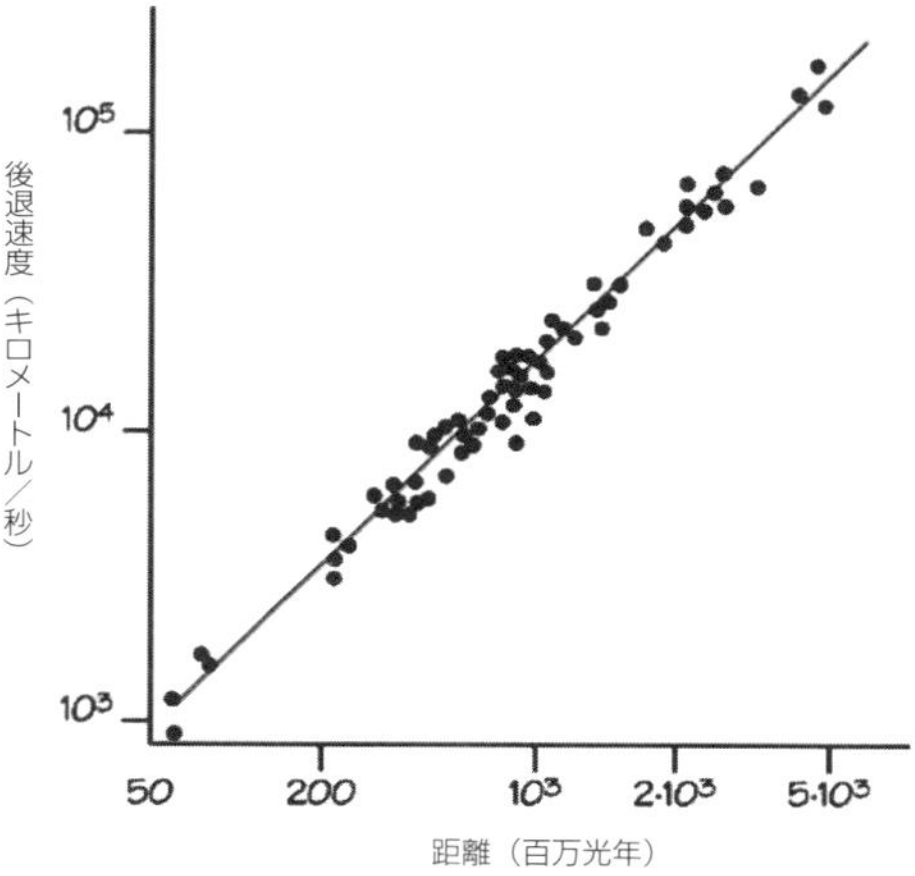

図６・６　ハッブルの法則[26]。遠方にある光源の、私たちからの距離にたいする後退速度の増加。

　観測者は、地上の強力な望遠鏡を使って、一〇〇近い夜空の区画を監視する。それぞれの区画には、空がとくに暗くなる新月の時期では約一〇〇〇個の銀河が含まれている。三週間後にまた観測を行い、同じ範囲の銀河を撮影し、その間に劇的に明るさを増した星を探す。その目的は、はるか彼方にある超新星を見つけることだ。一生の終わりにさしかかり、爆発をしている星が超新星である。この程度の範囲を探査すると、おおむね、明るさを増している超新星が二五個ほど見つかる。超新星を見つけると、次は、超新星の光がその後変化していく様子をくわしく観察する。図6・7に示したように、明るさが最大に達し、それから爆発前のレベルにまで減退する。ここで、地上望遠鏡による広範囲の探索に、ハッブル宇宙望遠鏡の、かすかな光や色を観測できる能力を加えると、観測能力がいっそう強化される。

超新星の光の変動をくわしく図式化することで、天文学者は、遠方にある超新星が、よく理解されている近傍の超新星と同じ光の特徴をもっていることを確認できる。このように同種のものが似ているために、見かけの最大の明るさから、近傍の超新星にたいする遠方の超新星の相対的な距離を決定することができる。両者の本来の明るさは、おおよそ同じであるからだ。こうして、超新星の距離を決定する強力な新手法が、超新星のスペクトルを測定し、そこから後退速度を導き出すという従来のドップラー偏移測定に加わった。そうして、ハッブルの膨張法則が改良され、さらに遠くの距離まで適用されるようになった。

天文学の二つの国際チームが別々に行った地上望遠鏡とハッブル宇宙望遠鏡の観測を組み合わせて、四〇個の超新星を調査した結果、宇宙の膨張が加速していることを示す強力な証拠が提示された。観測結果には、宇宙定数、すなわちΛの存在が必要とされるという驚くべき特徴が見られた。これらの観測結果が、加速していない膨張宇宙で説明づけられる見込みは、一〇〇分の一よりも小さい。宇宙の膨張への真空エネルギーの寄与率は、宇宙にある通常の物質すべてを合わせた寄与率よりも、おそらくは五〇パーセントは高い(28)。

光源への距離による赤方偏移の変動は、Λが存在しないとした場合に予測されるパターンとは一致しない。Λから逃れる唯一の方法は、観測の誤りを主張することか、未発見の天文学的プロセスの存在によって、観測に偏りが生じて超新星の見かけの明るさがずれているため、仮定されるような正しい距離の指標にはならないと訴えることしかない。この二つの例は、やはり現実にありうるものであり、観測者らは、あらゆる手段を講じて、起こりうる誤りが忍び込んでいないかどうかを確認している。ひとつ懸念されるのは、超新星は、近傍に観測される超新星と本質的に同じであるとする前提が間違っているのではないかということだ。(29) もしかすると、遠く離れた超新星から、地上にある望遠鏡に向かって光が旅を始めたとき、その証拠はすでにないが、それとは異なる種類の星の爆発があったのかもしれない。いずれにしても、とても遠く離れた宇宙の物体を見ているときには、光がそこから最初に離れて、こちらの望遠鏡に向かい始めた数十億年前の光を見ているのだ。そうした遠い過去には、宇宙は今よりも密度の濃い場所であり、未熟な銀河で満たされていて、現在の姿とはかなり違っていたのだろう。これまでのところ、いろいろ考えられる可能性はどれも、詳細な検討に耐えられてはいない。

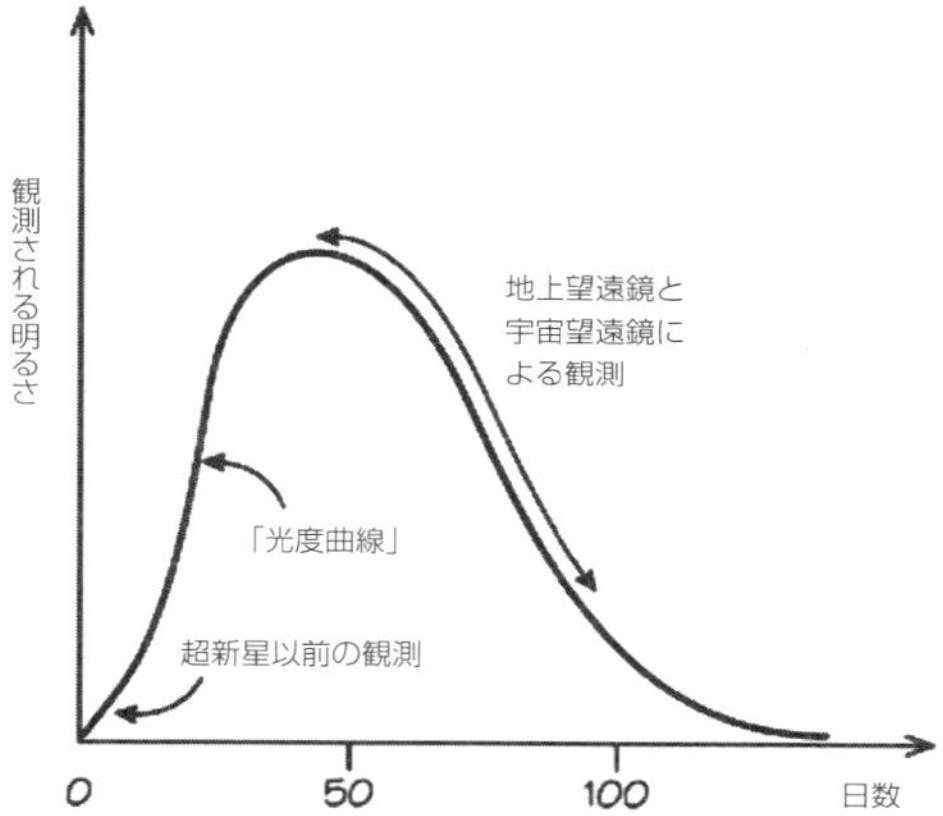

図６・７　超新星の光度曲線。超新星の観測される明るさの変動には、最大に達してから、爆発以前のレベルにまで減退するという特徴がある。

　もしもこれらの考えうる誤りの原因を排除するこ

とが可能になり、これまでどおりに、複数の観測チームによって、複数のデータを複数の方法で分析することで、既存の観測が継続されれば、非常に劇的で予期せぬことが告げられるだろう。すなわち、宇宙の膨張は、今日、Λによって制御され、加速化されているということが。そのような状況が、私たちの真空の理解と、重力の性質と自然の他の力とのあいだの深いつながりを介在しているであろう真空の役割とに与える意味は、非常に大きい。

ここまで、Λにたいする天文学者の考えと、もしかするとΛが、ルメートルが示唆したように、遍在する真空エネルギーの役割を果たしているのかについて考察してきた。この七〇年間で、素粒子の世界の研究が、勢いを増し、注目を集めるようになってきた。そこでは、真空と、真空がもちうるきわめて単純な中身についても探索された。天体望遠鏡によって宇宙の真空エネルギーが発見され、これが真空の探索にも大きな意味をもつことがわかっている。今度はその方向に着目していこう。真空とその性質を理解する旅は、まずは素粒子の内部から始まり、その次は予期せぬことに、大きく方向を転換して、星と銀河の宇宙へと戻っていく。

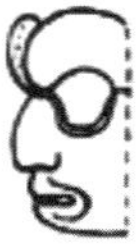

7

決して空《から》にならない箱

エーテルの身の上話には、悲劇の要素がある。最初、光を発するエーテルがあった。光の波の理論や、場の概念における助産婦や看護師としての、科学において計り知れない価値のある役割を豊富に与えられた。しかし、その代価がふくらむと、エーテルは無慈悲にも、さらには喜んで見捨てられた。信頼は裏切られ、最後の日々は、あざけりや不名誉のために苦々しいものになった。今やエーテルは去り、いまだ歌を捧げられてもいない。ここでしかるべき埋葬をして、その墓石にふさわしい言葉を刻み込もう。

そのころ電磁気のエーテルがあった。

そして今、そのエーテルはもはやない。

ベネシュ・ホフマン[1]

結局、世界は小さい

この［量子］理論は、極端に知性の高いパラノイア患者が、支離滅裂な思考の要素からこしらえた、幻想の世界をほんの少し思い出させる。

アルベルト・アインシュタイン(2)

物理的な宇宙の特徴についてのもっとも偉大な真実のひとつが、変化の法則とパターンには統一性があるということである。このことは、過去二五年のあいだにどんどん注目を集めるようになってきている。かつて、物質のもっとも基本的な粒子の性質は、天文学的な領域にある巨大な銀河の集まりの形や大きさとは、ほとんど関係がないものと思われていたようだ。同様に、宇宙の最大の構造についての研究が、最小の構造に光を投げかけることになると考えた人も、ほとんどいなかっただろう。しかし今日では、物質の最小の粒子の研究は、宇宙の理解を目指す探求や、宇宙にある物質の組成と、複雑に絡み合っている。その理由は簡単だ。宇宙が膨張していることが発見されたが、それは、過去の宇宙は、今よりも熱く、密度が高かったということを指すからだ。宇宙の歴史を最初の数分間まで遡ると、エネルギーと温度が上昇し続ける環境に遭遇し、最終的には、原子やイオン、分子といったあらゆるおなじみの物質の形態が、もっとも単純で最小の成分に還元される。したがって、物質のもっとも基本的な粒子の数と性質が、宇宙の子ども時代を生き延びるさまざまな形態の物質の量と質を決定するにあたって、重要な役割を果たすのだ。

大と小をつなぐ宇宙の環は、真空の運命においても重要な役割を演じている。先ほど、アインシュタインの構築した重力理論が、いかにして、物理的な宇宙の全体的な進化を記述するために利用できるのかを見てきた。実際には、望遠鏡を通して見る本物の宇宙の構造にとてもよく似た、数学的に単純な宇宙を題材にしているのだが。まずは、いかにしてアインシュタインの理論が、質量とエネルギーを一切もたない宇宙、すなわち「真空」宇宙を数学的に自然に記述することにより、物理学の用語からエーテルを排除する後押しをしたのかを振り返った。空間を曲げるために電場と磁場が導入されたが、エーテルは必要ではなかった。しかし、この新しい理論の末尾には、とげがあった。この理論によって、自然には新しい力の場が存在しうることになり、重力作用をまったく思いもよらない方法で打ち消したり強めたりする。また、距離とともにその力を増すために、地上での作用はごくわずかになるが、膨張する宇宙のスケールでは圧倒的なものになる。この遍在する「Λ」の力は、新たな宇宙のエネルギー場として解釈されうる。いつどこにでも存在し、無の実現を妨げるものとして。だが、もしもそのような真空の破壊者が存在するなら、それはどこからやってきて、通常の物質がもつ性質とどのように関係するのか。ルメートルやマクリーなどの天文学者は、こういった疑問を投げかけたが、それに答えることはなかった。彼らは、素粒子物理学の世界が、アインシュタインの真空エネルギーとのつながりを強化することを可能にするだろうと期待していた。

アインシュタインによる特殊相対性理論と一般相対性理論の構築は、現代物理学の発展の物語の半分にすぎない。残り半分は、アインシュタインとマックス・プランク、エルヴィン・シュレーディンガー、ヴェルナー・ハイゼンベルク、ニールス・ボーア、ポール・ディラックが切り開いた量子物理学の物語だ。重力の新理論がアインシュタインひとりで構築したものであり、修正や解釈を必要としなかったのにたいして、ミクロの世界を探索する量子論は、多数の人間によって作られたものであり、曲がりくねった道程を経て、ようやく明確で有用なものとなった。量子論の意味を解明する作業には、数学の難解な問題と、解釈と意味にかかわる微妙な問題が絡まっていて、そのうちの一部は、今日になってさえ解決とはほど遠い状態だ。毎年、物理学の素人でも理解できるように量子力学の謎を解説しようと試みる、一般読者向けの科学読み物が何冊か出版される。(3)これらの本の著者は誰しも、量子論の創始者の不気味な警告の言葉を借りて、量子論の仕組みを自分なりに説明しようとする。たとえば、主な設計者であるニールス・ボーアの言葉はこうだ。

量子論にショックを受けない人は、それを理解していない。(4)

アインシュタインの言葉はこちら。

私が量子論に感じるものは、あなたの感想とよく似ている。量子論の成功を、本当は恥じるべきなのだ。なぜならこれは、キリストの格言「右手のすることを左手に知らせてはならない」に従って獲得された理論だからだ。(5)

リチャード・ファインマンの言葉も。

量子力学を理解している人は誰もいないと言っても間違いじゃない(6)。

ヴェルナー・ハイゼンベルクの言葉。

量子論は、イメージや比喩でしか語れないのに関係を十分に理解できるという、驚くような事例を見せてくれる(7)。

ヘンドリック・クレーマーの言葉。

量子の理論は、科学における他の勝利によく似ている。何か月かはそれを見て微笑むが、何年か後には嘆き悲しむのだ(8)。

このように賛否両論はあっても、量子論が、原子や素粒子の世界の仕組みについて予測したことはすべて、このうえなく正しい。コンピュータや省力化のための電子機器は、量子論が明らかにしてくれたミクロの世界の働きの上に成り立っている。可視宇宙の縁にある超新星を観測する光検出器でさえ、ミクロの物質の奇妙な性質を頼みにしているのだ。

世界を量子で見た図は、光の波のようなふるまいと粒子のようなふるまいという対立する証拠から発生したものだ。一部の実験では、光はあたかも、運動量とエネルギーをもつ「粒子」で構成されたかのようにふるまった。また別の実験では、光は、干渉や回折のような、波のもつ性質をいくつか見せた。これらの分裂的なふるまいは、エネルギーには何らかの画期的な性質があると仮定したときにのみ、説明可能になる。まず、エネルギーが量子化される。原子内では、エネルギーはありうるすべての値をとらず、段階的な特定の値のみをとる。その値の間隔は、新しい自然定数の値によって定められている。これはプランク定数と呼ばれ、文字hで表される。波のような特徴をもつ軌道のふるまいがいかにして量子化されるかを、**図7・1**に直観的に描いた。自然数の個数の波のサイクルだけが、軌道内に収まることがわかる。

次に、すべての粒子は波のような側面をもつ。質量と速度に反比例する波長をもつ波としてふるまうのだ。その量子の波長が、粒子の物理的な大きさよりもかなり小さければ、単純な粒子のようにふるまうが、量子の波長が粒子の大きさと等しいかそれ以上になれば、波に似た側面が重要になり、粒子のふるまいを支配し、新しいふるまいを生み出す。一般的に、物体の質量が増すにつれ、量子の波長が縮んで物理的な大きさよりもかなり小さくなり、単純な粒子のように、非量子的、すなわち「古典的」なふるまいをするようになる。

粒子の波のような側面は、極端に微妙なものであることが判明した。オーストリア人物理学者のエルヴィン・シュレーディンガーが、粒子の波のような属性が、力やその他の影響を受けたとき、時間や空間とともに変化する様子を予測する簡単な方程式を提示した。しかしシュレーディンガーは、方程式がそれほど正確に計算している属性が何であるのか、はっきりとはわからなかった。その属性が何であるべきかを見抜いたのは、物理学者のマックス・ボルンだった。不思議なことに、シュレーディンガーの方程式は、実験を行ったときにある特定の結果が得られる確率の変化を記述したものだった。それは、世界について知りうることについて、何かを教えてくれる。したがって、粒子が波のようにふるまうといっても、その波が、水の波や、音の波であるかのように考えてはならない。たとえば犯罪の波やヒステリーの波といった、情報や確率の波のようにとらえるほうが適切だ。ヒステリーの波が群衆のあいだを通り抜けるなら、人々のあいだにヒステリー行動がより多く見られそうだということになる。同様に、電子の波が実験室を通過するなら、室内で電子がより多く検出されそうだということになる。量子論は完全な決定論ではあるが、外観や、測定されるもののレベルにおいてはそうではない。シュレーディンガーの驚くべき方程式からは、量の変化が完全に決定論的に記述され（「波動関数」という名称）、ある状況下での波のような側面がとらえられる。しかし、波動関数は観測不可能だ。この関数をもちいてできるのは、さまざまな結果が生じる確率について、観測の結果を計算することだけだ。たとえば、五〇パーセントの確率で原子がある状態をとり、五〇パーセントの確率で、原子が別の状態をとることがわかるかもしれない。しかもなんと、微視的な領域において、逐次的な観測の結果としてわかるのは、まさにこういうことである。いつでも同じ結果が

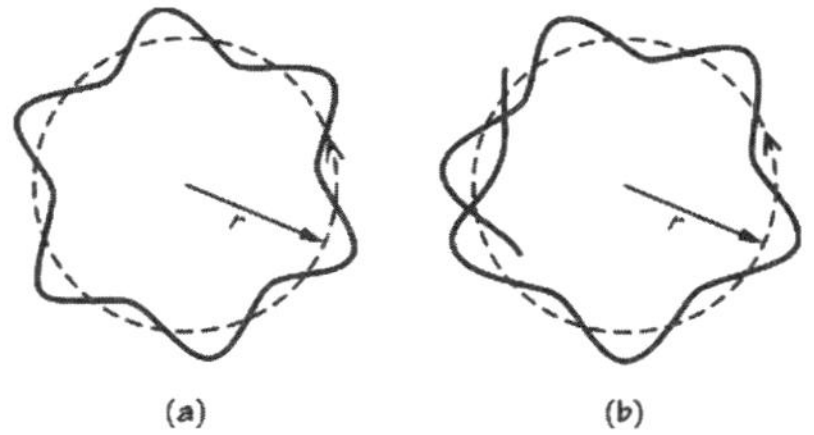

図７・１　自然数の個数の波長のみが、(a) にあるように円形軌道に収まる。しかし (b) はそうではない。

得られるのではなく、ある結果が別の結果よりも多く起こりそうだというパターンがわかるのだ。

こうした単純な考え方から、熱放射とすべての原子と分子のふるまいを正確に理解するための基礎が築かれた。最初、それらのふるまいは、ニュートンが定義した粒子の運動の明確な図からはるかにかけ離れているように見える。だが、驚いたことに、粒子がその量子の波長よりもはるかに大きいという限定的な状況を考えれば、量子論は、測定する物の平均値がニュートンの法則に従うという結論に縮小される。ここでもまた、効果的な科学の進歩にある重要な特徴が認められる。すなわち、成功を収めた理論が新たな理論に取って代わられるとき、だいたいにおいてその新たな理論の適用範囲は従来よりも大きいが、適切な限定的な状況においては、古いほうの理論に還元されるというものだ。

量子論は一見、偶然と非決定論の上に築かれた世界観を招き入れるかのように見える。実際、アインシュタインの見解はそのとおりで、みずからが誕生に手を貸した理論を、事物の状態を説明する究極の理論のひとつにはなりえないとして、拒絶するにいたった。「神がさいころを振る」とは、とうてい考えられなかったのだ。しかし、今から振り返ってみると、世界の安定には、量子論のようなものが必要なのだ。もしも原子が、一個の電子が一個の陽子の周りを何らかのありうるエネルギーで回転している小さな太陽系のようなものだとしたら、電子の運動は、どのような半径も取りうるだろう。光や遠くの磁場によって電子がわずかでも振動したら、エネルギーと軌道が、あらゆる値をとることができるために、微妙に変化して新しい値に移るだろう。この民主主義的な状況の結果、すべての水素原子（陽子一個と原子一個からなる）がそれぞれ異なるものになるだろう。物質には、規則性も安定性もなくなるのだ。たとえ、ひとつの元素のすべての原子が最初はまったく同一であったとしても、自然のなかでは、それぞれの原子が、外部からの影響を繰り返し受けて、大きさとエネルギーがランダムに変化することになるだろう。すべてのものが、異なるものになっていくのだ。

この状況を救うのが量子だ。電子は、陽子の周囲を回る特定の軌道しかとることができず、エネルギーは固定されている。水素原子は、小数しかない特定のエネルギーの値だけをとる。原子の構造を変えるためには、原子に全エネルギー量子が衝突しなければならない。原子は、もともとのエネルギー状態に近い、任意の新たなエネルギー状態へと移行することはできないのだ。原子のエネルギーはこのように、とりうる値が完全につながっているのではなく、段階的な個別の値へと量子化されている。この特徴が、わたしたちの世界が安定して一様であり、生命を支える場所になっていることの中核にあるのだ。

すべての質量とエネルギーが波のような性質をもつことから導かれる劇的な結末のうち最大のものが、真空の概念への影響である。もしも物質が、究極的には、弾丸のようなごく小さな粒子で構成されているのなら、粒子が、箱の片側に入っているか、それとももう片側に入っているかをはっきりと言える。これが波の場合なら、「どこにあるか」という問いへの答えは、そんな明確なものではない。波は、箱全体に広がるからだ。

一九〇〇年、ドイツ人物理学者のマックス・プランクが、量子的な考え方を最初に応用した。エネルギーが、熱放射箱のなかで、異なる波長をもつ光子に分配されていることを明らかにしようとしたのだ。これは、「黒体放射」と呼ばれている。[9] 観察の結果、熱エネルギーが、特徴的な方法で異なる波長へと分配されていることがわかった。地上の熱と日の光は、太陽から供給されている。太陽の表面は、絶対温度（ケルヴィン度）で約六〇〇〇度の温度をもつ黒体の放射体のようにふるまう(10)。短波長でのエネルギーは小さい。ピークは可視光のスペクトルの緑の部分にあるが、エネルギーの大半は、私たちが熱として感じる赤外領域から放出されている。これは**図7・2**を参照するとよい。

図7・3のように、温度が上昇するにつれ、曲線の形が変化する。

温度が高くなっていくと、どの波長でもエネルギーの放射が大きくなるが、ピークは短波長へと移動する。

じれったいことに、プランクの研究以前には、この曲線の全体的な形を説明することがかなわなかった。ピークの位置や、エネルギーが減少し続ける長波長帯については解説できたが、短波長のところで急激に減少する理由は解明できなかった。プランクが、ある特定の種類の公式を使って、この曲線を「説明」することに初めて成功した。だがそれは、何が起こっているかを本当の意味で説明しているわけではなく、簡単に描写しているにすぎなかった。プランクは、その最適な公式のようなものを導き出せる理論を構築しようとし、黒体エネルギーの分布には普遍的な性質があるという点に、強い関心を抱いた。放射源が何でできているかは、関係なかった。炎であろうと、恒星であろうと、熱した鉄であろうとも、同じ規則が適用された。重要なのは、温度だけだった。これは、物の材質は重力とは関係がないようだとするニュートンの重力法則に少し似ている。キャベツでも国王でも何でもよい。引力を決定するのは、質量だからだ。

プランクは、小さな振動子の集まりの動きによって、黒体放射のふるまいを描写しようとした。振動子は、熱が加わると互いにぶつかることによってエネルギーを獲得し、振動子の周波数によって決定される周波数で電磁波を放出する。プランクはここで、素晴らしい洞察力を発揮した。それまではつねに、このような系にある振動子は、どのような少量のエネルギーでも放出することができると考えられてきた。ところがプランクは、エネルギーの放出は、周波数 f に比例した特定の量、すなわち量子においてのみ発生しうると提唱した。そうすると、放出されるエネルギーは、0、hf、$2hf$、$3hf$ といった値だけをとることになる。h は、自然の新たな定数であり、今ではプランク定数と呼ばれている。[11] プランクは、光を発する物体全体は量子化された振動子が多数集まったものであり、それぞれの振動子が、振動

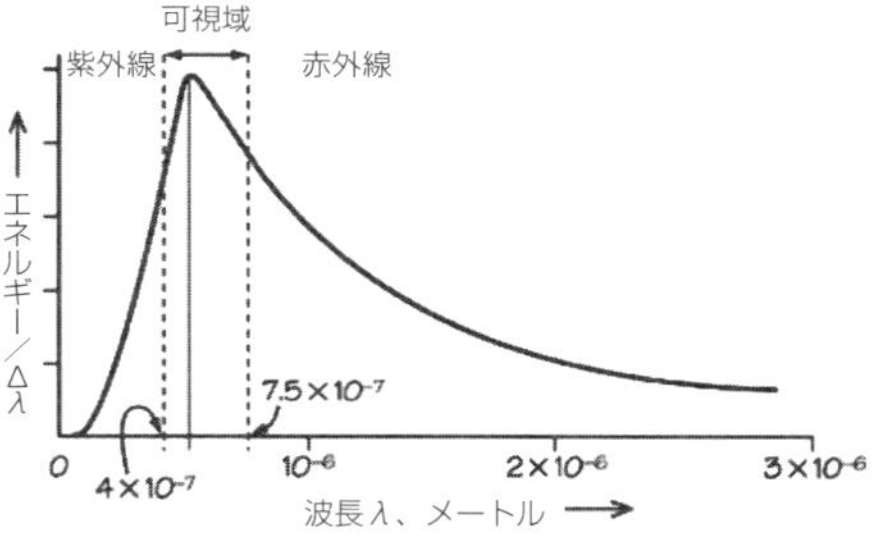

図7・2　太陽の温度に近い絶対温度6000度（ケルヴィン度）の「黒体」放射源のスペクトル

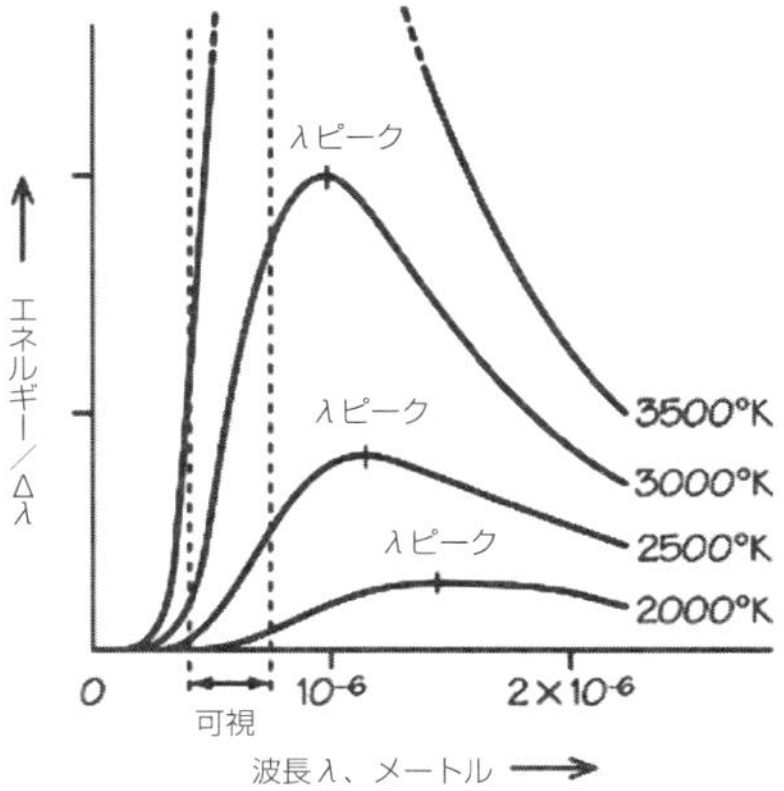

図7・3　絶対温度（ケルヴィン度）が上昇するにつれ変化するプランク曲線

しながら同じ周波数の光を発しているとするモデルを考案した。振動子のエネルギーは、量子的段階ごとにしか変化できない。いかなるときでも、熱い物体には、高いエネルギーをもつ振動子よりも低いエネルギーをもつ振動子のほうが多くある傾向が強い。なぜなら、低いエネルギーをもつ振動子のほうが励起されやすいからだ。こうした単純な仮定にもとづき、プランクは、個々の波長における放射は、実験曲線を正確にたどる公式によって求められると示すことができた。エネルギーの平均値を測る尺度が「温度」である。しかも、その公式から予測されるエネルギーは、まだ観測されていなかったが、その後に正しいことが証明される波長で放出されていたのだった。

これらの予測の正しさが証明されてから、プランクの黒体の法則は、物理学の基礎のひとつとなった。もっとも華々しい成果に、この一二年間において、天文学者が、衛星受信機をもちいて、膨張する宇宙の初期の熱い段階の名残である熱放射を、地球の大気の干渉効果をはるかに超えた前例のない精度で計測することに成功したことがある。その観測結果は素晴らしいものだった。二・七三ケルヴィン度における自然界でかつて観測されたなかで、もっとも完璧な黒体の熱放射のスペクトルだった。[12] その有名なグラフを**図7・4**に示す。

一定の温度では物質と放射の熱均衡が保たれる性質があるとするプランクの推論は、広く検証され、ついには、すべての原子の相互作用を完全に量子論で説明づけることにつながった。この考え方には、実は不可解な面があることが明らかになった。容器内での放射の均衡状態について、直観的なアイデアが記されているのだ。容器の壁面よりも放射のほうが熱くなり始めると、壁面が熱を吸収し、ついには放射と同じ温度になる。反対に、最初は壁面のほうが容器内の放射より熱いと、壁面からエネルギーが

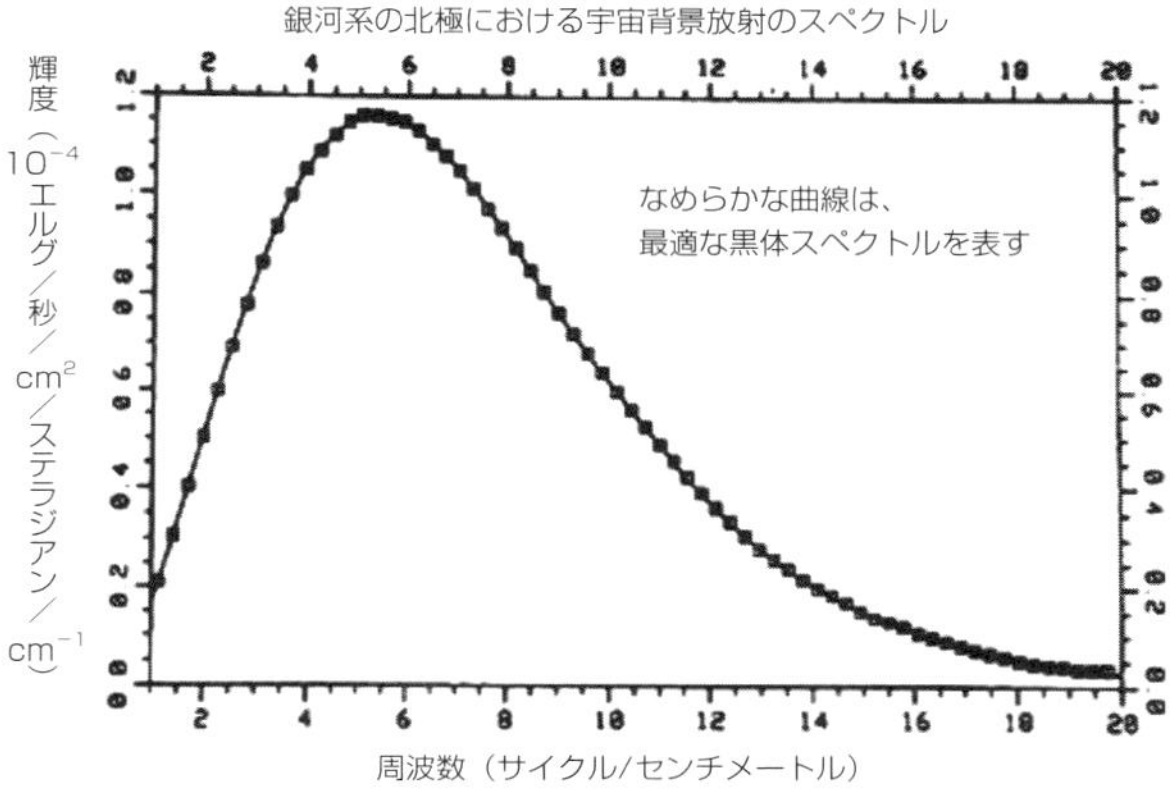

図7・4 宇宙の初期段階の名残である熱放射のスペクトルを、NASAの宇宙背景放射探査機（COBE）で観測したもの。完璧なプランク曲線からの逸脱は一切見られない。

放出され、放射に吸収されて、最終的には温度が等しくなる。壁面の温度が有限な空の箱を作れば、壁面から粒子が放射され、真空を満たすことになるだろう。

物質を量子としてとらえることのもつ意味がいっそう深く探索されるにつれて、真空の概念に影響を与えることになる、さらに極端な新しい事態が見えてきた。ヴェルナー・ハイゼンベルクは、たとえ完璧な道具をもちいても、任意の精度で同時に計測することの不可能な、相補的な属性があることを示した。この計測における制約は、不確定性原理として知られるようになる。不確定性原理の制限を受ける相補的な属性のなかに、位置と運動量の組み合わせがある。したがって、何かがどこにあり、なおかつどのように動いているかを、任意の精度で同時に知ることはできない。こうした不確定性は、量子的波長と比較できるごく小さな物にのみ関係する。なぜそのような不確定性が発生するのかを理解するには、ひとつには、測定しようとする行為はつねに、測定される物を何らかの形で乱すということを認識しておくことが大切だ。このことは、量子論以前の物理学ではまったく無視されていた。その代わりに実験者は、完璧に姿を隠した野鳥観察者のように扱われていた。だが現実には、観察者はシステム全体の一部であり、測定という行為によって生じる摂動（たとえば、光が分子に当たって跳ね返り、光検出器に記録される）は、何らかの形でシステムを変化させる。この他に、不確定性原理をさらに複雑で正確な見方でとらえると、量子状態を記述するにあたり、位置や運動量などの古典的な概念を適用することには限界があるとわかる。ただし、計測する際に状況を変化させてしまうために認識が妨げられるような、明確な位置と運動量が存在する、というわけではない。むしろ、位置や速さといった古典的な概念は、量子状態においては共存できないということだ。ある意味では、そう驚くことではない。非常に大きな物のふるまいを記述するすべての量が、非常に小さなものを記述する際に必要とされるものと同じなら、世界はとても単純なものになるだろう。そうした世界では、無にいたるまでのすべてのものが、まったく同じになるはずだ。

新しい真空

真空とは、容器のなかから取り除けるものをすべて取り除いた後に残るものである。

ジェームズ・クラーク・マクスウェル(13)

不確定性原理と量子論によって、真空についての概念が根底から覆された。もはや、真空をただの空っぽな箱とする単純な考え方にしがみつくことができなくなってしまったのだ。もしも、箱のなかに粒子がひとつもなく、質量やエネルギーが一切ないと言えるとしたら、必然的に、不確定性原理に背くことになるだろう。すべての地点における運動についての完全な情報と、与えられた瞬間における系のエネルギーについての完全な情報を要求することになるからだ。物理学者が量子論の視点から物理系をいっそう深く調べるにつれ、不確定性原理が最後に到達する位置が明らかになり、ゼロ点エネルギーとして知られるようになった。熱放射の平衡についてのプランクの記述の中心にある、振動子のような系にたいする量子化の影響を調べると、決して取り除くことができず、それ以上縮小できない基本的なエネルギーがつねに存在することが判明した。物理学の既知の法則に支配された、考えうるどのような冷却プロセスによっても、系のエネルギーのすべてが引き出されることはないだろう。振動子の場合、ゼロのレベルは、エネルギー量子hfの半分に等しくなる。[14] 振動粒子の位置を知っていれば、その運動と、ひいてはエネルギーは不確かになり、運動量はゼロ点運動となるという点で、この限界は、不確定性原理の実体を尊重し反映している。

物質の量子的な記述の核心部分において明らかになったことから、真空の概念をいくらか再編成しなければならなくなった。真空は、空虚や無、空っぽの空間といった概念とは、もはや結びついていない。考えうるもっとも低いエネルギーをもつ状態という意味であり、単に、ありうるなかでもっとも空っぽな状態であるというだけだ。その状態からは、エネルギーをさらに取り除くことはできない。こうした状態を、基底状態もしくは真空状態と呼ぶ。

例として、**図7・5**のように、高さや深さがまちまちな、波状になった山と谷の地形を想像してみよう。谷の底は、系のなかの異なる最小の値である。それらの高さはさまざまで、そこから少しでもいずれかの方向に移動すれば必ず坂を登ることになるという単純な事実によって定められる、局所的な性質をもっている。

最小地点のうちのひとつが、他のどれよりも低いところにあり、これが大域的最小値と呼ばれる。他の最小地点は、単に局所的最小値と呼ばれる。物質の素粒子の系にあるエネルギーの研究においては、そうした小さい値は、最小のエネルギー状態による真空の特性を強調するために、真空と呼ばれる。この例はまた、宇宙とその内部の構造についての理解にとって非常に重要であることが今後わかるであろうことがらを説明している。つまり、多数の異なる最小エネルギー状態がありうることと、そのために、与えられた物質の系において、異なる真空が存在することが可能になるということだ。

量子論によって、放射と物質のふるまいについての予測が巧みになされるたびに、ゼロ点エネルギーの物理的実体を示す間接的な証拠が得られる。しかし、その存在を直接的に証明するものを手に入れることが重要だ。そのためのもっとも簡単な方法を、一九四八年に、オランダ人物理学者のヘンドリック・カシミールが提唱し、その後カシミール効果として知られるようになった。

カシミールは、ゼロ点のゆらぎの海を出現させるような実験方法を探していた。いくつかのアイデアを思いついたが、もっとも簡単なものが、量子の真空のなかに、伝導性の金属板二枚を平行に置くことだった。理想を言えば、この実験は絶対零度で行われるべきだ（あるいは少なくとも、できるかぎりそれに近い温度で）。二枚の板は、自身に降りかかってくるいかなる黒体放射も反射するように設置されている。

板を置く前の真空は、あらゆる波長をもつゼロ点の波の海であると考えられる。真空に板を加えると、ゼロ点の波の分布に異例の効果が生じる。二枚の板のあいだには、特定の波しか存在できなくなるのだ。

二枚の板のあいだに整数個の起伏として収まることのできるものがそうだ。そうした波は一方の板においてゼロの振幅で始まり、もう一方の板において同様に終わる。これは、二枚の板のあいだに伸縮性のあるベルトをわたし、振動させた場合に似ている。ベルトの両端は板に固定され、一、二、三、四と振動していき、もう一方の板に達する前に終了する。**図7・6**を見てほしい。

板と板のあいだに整数個の波長として収まらないゼロ点の波はそこに存在することはできないが、板の外側の空間に存在することは妨げられないという単純な結果になる。すなわち、板と板のあいだより

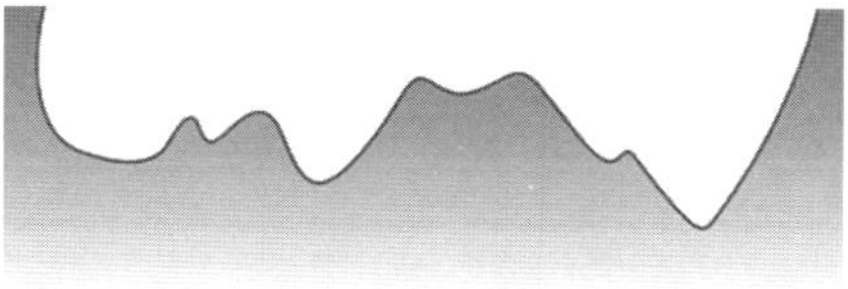

図7・5　数か所の局所的な山と谷を示す、起伏する地形

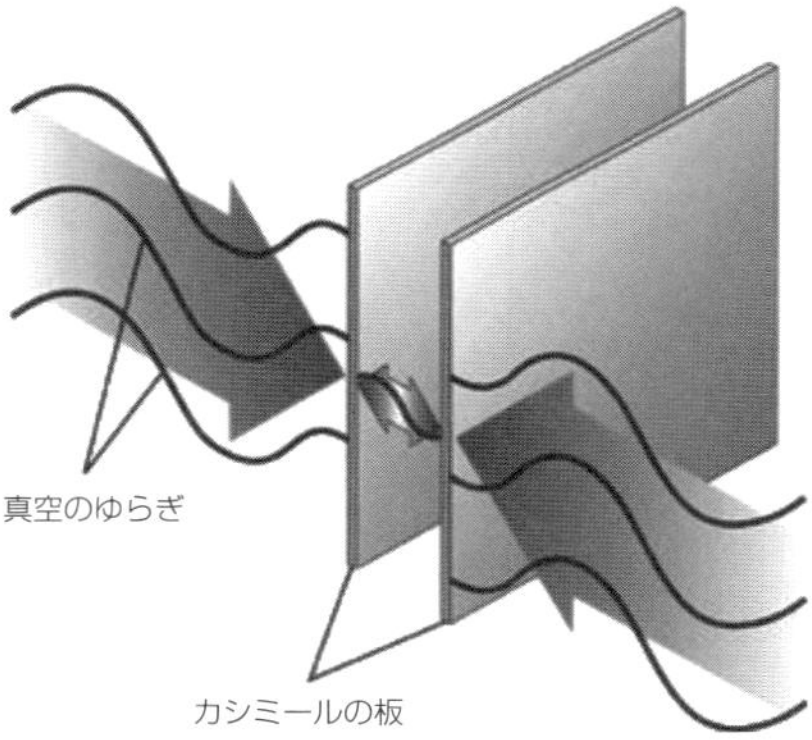

図7・6　二枚の板があると、そのあいだで整数個の波長として収まる真空エネルギーの波が出現する。ただし、板の外側では、ありうるすべての波長が存在できる。

も、板の外側でのほうが、ゼロ点のゆらぎが多くあるはずだ。したがって、二枚の板では、内側の面よりも外側の面のほうに、たくさんの波があたっている。そのために、板は、互いに近づく方向に押されることになる。板を近くに押し合う量（単位面積あたりの力）は、$\pi hc/480d^4$であり、dは、板と板のあいだの距離、cは光の速さ、hはプランク定数である。これがカシミール効果と呼ばれるものだ(15)。おそらく読者の予想のとおり、その力は非常に小さい。板と板のあいだが狭い（dの値が小さい）ほど、板と板を押し合う圧力が大きくなる。こう予測されるのは、板と板のあいだに収まらない波長がいくつかあり、波の集まりから排除されるためにこの効果が生じるからだ。板と板をもう少し離せば、そのあいだに収まる波の数が増え、板と板のあいだと、板の外側とにある波の数の差が、もっと少なくなるだろう。板と板のあいだの距離を一〇〇〇分の一ミリの半分にすれば、引き合う力は、指先に載った五分の一ミリグラムの重さによって生じる力と同等になるだろう(16)。これは、ハエの羽程度の重さだ。

カシミールは、このモデルを球体にしたものがあれば、電子のはっきりとした姿がわかると期待したが、残念ながら、その期待に沿うように、反発する静電力とカシミール効果の引き合う力とのバランスを取ることは不可能だった。実際のところ、ゼロ点の海に平行に置かれた板を球形のシェルや、他の形の物に置き換えると、計算は大きく異なるものになり（そのうえとても難しくなる）、引き合う効果が全体の効果に含まれなくてもよいことになる。真空のなかに作られる領域の形が、それから生じる真空効果の大きさや感覚を決めるにあたって非常に重要なのである(17)。

カシミールの見事なまでに単純なアイデアは、実験によって観測が繰り返されてきた。この効果を観測したと主張したのは、一九五八年のマーカス・スパルネイが最初である(18)。鉄とクロム製の一センチ四方の二枚の板を使って実験を行ったが、最終的に得られた結果は非常に不確かで、引き合う効果が存在しないと言ってもおかしくないくらいだった。一九九六年になってようやく、シアトルのスティーブ・ラモローが、デーヴ・センの協力を得て、完全に明確な効果を検出した。[19] この実験を行うにあたって最大の難所のひとつが、きわめて正確に平行に並ぶように二枚の板を置くことである。カシミールの予測するごく小さな引き合う力を板と板のあいだに観測するには、一センチの距離につき一ミクロンの精度で板と板のあいだの距離を調節できなければならない。一方の板を球形の面をもつ板に差し替えて、平らな板にたいしてこちらの板がどのような向きになっているかが問題にならない――つねに同じ曲率になるから――ようにすると、この作業は容易になる。球形の面がほとんど平らであれば、予測される引き合う力を高い精度で再計算できる（あるいは少なくとも、平らな板とのあいだの距離に等しい距離のあいだで有意な曲がりがあること。ラモローの実験では、板と板の距離は〇・六～一一ミクロンの幅があったが、曲面の曲率の半径は二メートルだった）。実験では、板の面の一方をねじれ振り子のアームに付けて、力を計測する。両方の面は、伝導率と堅牢性を最大にするために金メッキを施した石英でできている。振り子のもう一方のアームは、電圧差のある二枚の電導性のある板のあいだに置かれている。この電圧差を正確に計測すれば、板と板のあいだで引き合うカシミール効果を克服し、二枚の板の間隔を固定させておくために必要な電気力を確定できる。電圧差は、振り子のねじれを〇・〇一ミクロンの精度で検出可能なレーザー干渉計をもちいて計測できる（**図7・7**を参照）。[20] 約一〇〇マイクロダインの引き合う力が計測されたが、これは、カシミールの予測と五パーセントの精度で一致していた。

これらの見事な実験から、取り除けるものをすべて取り除いた後でも、空間には、基底レベルの電磁振動が実際に存在することがわかった。さらに、この基底レベルは、板と板の間隔が変わると変化し、板と板のあいだの振動と、板の外側の振動のレベルが異なることもわかった。板と板のあいだの一定量の空間のなかにあるエネルギーは、板と板が大きく離れているときよりも、近くにあるときのほうが大きい。これは理解できる。もしも板と板が互いに引き合うなら、それらの間隔を保つためにエネルギーを使う必要があり、その後の板と板のあいだの真空エネルギーは以前よりも小さくなるからだ。

カシミール効果で生じる板と板のあいだの量子のゆらぎを調べるために、さらに独創的な実験が考案された。[21] 原子を乱して、電子を、ある量子軌道から別の軌道へと変化させることが可能だが、これが起こると、原子は、二つのエネルギー準位の差に等しい量子エネルギーで決定される特定の波長をもつ光を発する。このプロセスがカシミール実験の二枚の板のあいだに起こった場合、発せられた光の波長が二枚の板のあいだに収まらなければ、通常の減衰は起こらない。原子は、予測されるような崩壊はせず、乱された状態に留まる。放出された放射の波長が板と板のあいだの距離にぴったり収まれば、板のない空間にあるときよりも、原子は速く崩壊する。

ゼロ点エネルギーについて、実験で観測された効果は他にもたくさんある。もっとも初期のものに、一九一四年にピーター・デバイが行った実験がある。デバイは、温度が絶対ゼロ度に近づき始めたときでも、固体の塊を作ろうとしている原子の格子から、かなりのX線の散乱があることを発見した。この散乱は、固体のなかでの振動によるゼロ点エネルギーから発生している。

この数年間、ゼロ点の真空エネルギーを抽出し、エネルギー源として利用することは可能かどうかをめぐって、議論が続いている。アメリカ人物理学者のハロルド・プソフ率いる少人数の物理学者のグループは、ゼロ点ゆらぎの無限の海を開発できると主張している。[22] 今までのところ、ゼロ点エネルギーが何らかの意味において利用可能であると周囲を納得させるまでにはいたっていない。これは、昔あった、永久運動機械、すなわち、無限である可能性を秘めた、クリーンでコストのかからないエネルギー源を追求する試みの現代版である。

この推論にもとづいた計画が議論されるなか、「音ルミネセンス」と呼ばれる、音波エネルギーを光に変換させる劇的な現象によって、多くの人々の真空への興味がかき立てられた。適切な条件下で水に高強度の音波をぶつけると、気泡が形成され、それらがただちに収縮し、光を発しながら突然に消える。ここで観察される現象は従来、泡のなかで衝撃波が発生してエネルギーを放出し、泡の内部が急激に引火点にまで熱せられるからだと説明されてきた。しかし、ノーベル賞を受賞したジュリアン・シュウィンガーが最初に示唆した劇的な可能性にも関心がもたれている。[23] 泡の表面がカシミール実験の板のようにふるまい、泡が収縮するにつれ、内部にあったゼロ点ゆらぎの波長をどんどん放出すると想定してみよう。泡は、そのまま姿を消して無になることはできない。エネルギーは保存されなければならないからだ。そこで泡は、エネルギーを光に預ける。現在のところ、これが実際に起こっていることを示す説得力のある実験結果は得られていないが、よく目にする現象についての基本的な疑問がいまだに解明されていないのは意外である。[24]

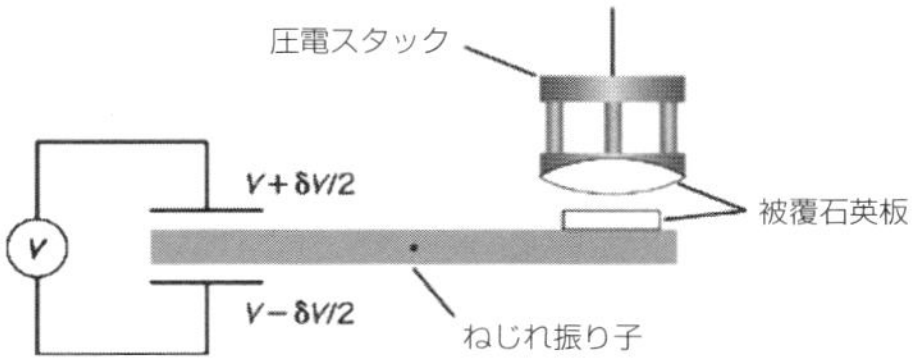

図7・7 量子真空において二枚の板のあいだで引き合うカシミール力を計測するための実験装置

プソフは、まったくの想像ではあるが、真空エネルギーの利用方法をいくつか提案した。ゼロ点エネルギーを操ることで、量子実験における質量の慣性を減少させて、ロケットの性能を飛躍的に向上させる道が開けるというのだ。[22] ものごとはそれほど劇的ではないというのが一般的な認識だ。どのようにすれば、ゼロ点エネルギーをうまく抽出できるのかは、想像しにくい。ゼロ点エネルギーは、原子がもつことのできる最小のエネルギーの定義である。もしも、エネルギーの一部を抽出することができれば、原子のエネルギー状態がさらに低くなることになるが、それは有効なことではない。

真空のなかで途方に暮れる

もう一度、海に行かねばならない、孤独な海と空へと
ほしいのは大きな船と、進路を定めるための星
舵輪の反動と風の歌と白い帆のゆらぎ
水面にかかる灰色のもやと灰色のあけぼの

ジョン・メースフィールド[25]

一九世紀前半、図解入りの航海読本がフランスで出版された。[26] 船員向けに、海上で遭遇する多数の危険な状況にどう対応するかを解説したものだ。悪天候や自然災害への対処方法もあれば、他の船舶と接近した場合の助言もあった。オランダ人物理学者のシプコ・ボースマは、この教科書には、先ほど学んだばかりのカシミール効果を思わせるものに関連して、船員たちに警告する奇妙な記述があることに気がついた。[27]

風のないなかで大きなうねりが発生すると、大型の二艘の船が横揺れを始める、という注意が書かれている。二艘の船が接近して平行に並ぶと、危険が生じる。引き合う力（*une certain force attractive*）によって二艘の船が引き寄せられ、互いの索具がぶつかって絡まり合うと大惨事になる。乗組員は、水面に小さなボートを下ろし、もう一方の船からの引く力の及ばない範囲に船を引っ張るとよいと書かれている。この警告はどうも奇妙だ。これで正しいのか。驚くべきことに、実際に正しいことが判明した。船と船のあいだに働く引き合う力は、量子物理学や真空のゼロ点でのゆらぎなどは関係ない――船が大きすぎるため、そうした効果は心配するほど大きくはならない――にもかかわらず、カシミール効果の板と板のあいだに働く引き合う力に似たような過程で発生する。ゼロ点エネルギーの波のかわりに、船は、海上の波の圧力を感じるのだ。

この類推はとてもわかりやすい。先ほど論じていたのはカシミール効果の板と板のあいだの放射圧だったが、これと同じ考え方が、水の波などの他の波にもあてはまる。**図7・8**では、二艘の船がうねりのなかで左右に振動している。揺れる船は波のエネルギーを吸収してから、外側に向かう波を幾重も作ることでエネルギーを放出する。こうした波の主要な波長が二艘の船のあいだの距離よりもはるかに長ければ、互いの動作をまねる二人のダンサーのように、二艘の船は調子を合わせて揺れることになる。しかし、二艘の船からそれぞれに広がる波は、まったく同調しないだろう。一方の船の波の山は、もう一方の船の波の谷に一致する。すると結局、双方の波が打ち消し合うことになる。その結果、二艘の船のあいだには実質的に、放射された波のエネルギーが一切ないことになり、船の外側へと向かう波の働きによって生じる船と船を押しつける力との釣り合いが取れなくなる。したがって、揺れる船は、真空のゆらぎの海にいる原子のように、互いに近づいていく。

計算の結果、七〇〇トンの快速帆船なら、質量二〇〇〇キロの重さに等しい力で互いに引き合うはずだとわかった。(28)これは妥当な値だ。大型の手漕ぎボートで漕ぎ手が力を合わせれば、打ち勝つことのできる力である。もしも力がこの一〇倍なら、いくら漕いでも効果はない。あるいは力が一〇分の一なら、引き合う力はごくわずかになり、衝突を避けるための措置は必要ない。ボースマはまた、ボートが引き合う力は、波のうねりのなかで二艘の船が前後に揺れる最大角の二乗に比例することを発見した。微風なら、帆がエネルギーを受け止めて、船の振動がかなり早く収まっていくだろう。したがって、かなり穏やかな天候であっても、船と船が近づきすぎて難破の危険に陥ることがあると警告する理由がこれで理解できる。

ラムシフト

わたしも昔は白雪姫だったけど……今では知らぬ間に吹き流されてしまった。
メイ・ウェスト(29)

量子論の最大の成功のひとつは、原子の構造と電子が、ある量子エネルギー準位から別の準位へと移動したときに放出される光の波に特徴的な周波数を、詳細に説明したことだった。こうしたエネルギー準位の計算が最初に行われたとき、すべての観測結果と一致する正確な値が得られたが、真空エネルギーが準位に影響を及ぼしているのではないかとは認識されていなかった。幸いなことに、影響はごくわずかで、それを検出するには、非常に感度の高い計測が必要とされる。一九四七年になってようやく、こうしたわずかな変化を検出できる高感度な計器が使えるようになった。原子核の近くにある電子は、周囲のゼロ点運動によって作り出される小さなゆらぎを感じ取る。こうしたわずかな揺れが原因となって、電子の軌道がほんの少し変化したり、真空のゆらぎを考慮に入れない場合に予測される値と比べて、電子のエネルギー準位が少しだけ変化することになるのだろう。とりわけ水素原子では、本来は同じ準位であったと思われる二つのエネルギー準位の差は、ごくわずかしかない。四〇〇万分の一電子ボルトと、原子からひとつの電子を取り除くのに必要とされるエネルギーの三〇〇万分の一以下である。今では「ラムシフト」と呼ばれるこのわずかなエネルギーの差を、一九四七年にアメリカ人のウィリス・ラムとロバート・ラザフォードが、第二次世界大戦中にレーダーのために開発された技術をもちいて計測した[30]。ラムは一九五五年に、この発見にたいしてノーベル物理学賞を受賞した。

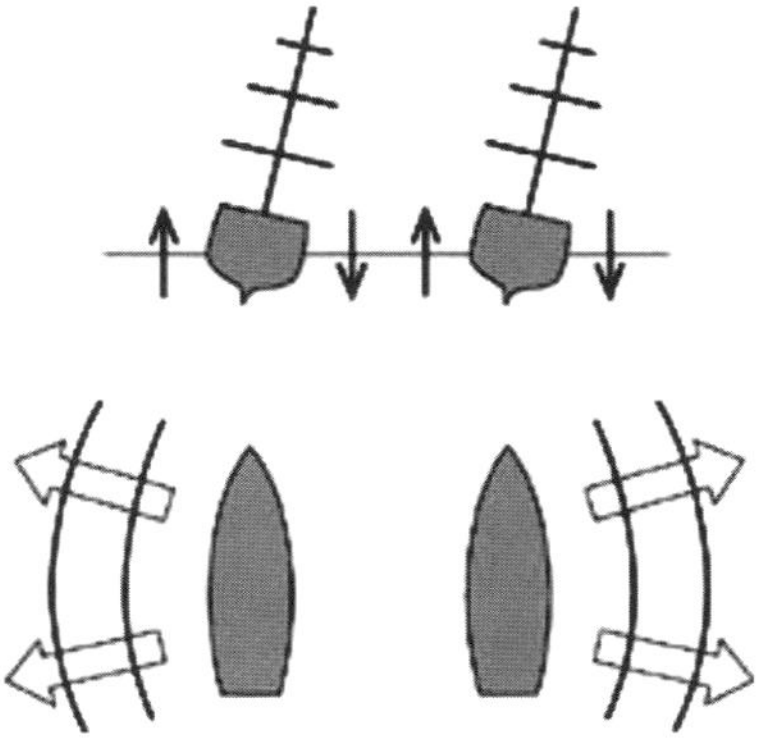

図7・8　二艘の隣接した船が、海の波のうねりのなかで揺れている。船と船のあいだの領域から波がなくなり、船の外側からかかる波の圧力のほうが高いため、船と船は引き寄せられる。

世界の力が合体する

神は原子のなかにいる。……言うなれば重ね合わせだ。こういう言い方を好きかどうかは別として、そういうふうに呼ばれている。量子物体が一時に多数の異なる状態を同時に占めるという点において、重ね合わせは神に似ている。重ね合わせは、いわば神が宇宙に内在することだ。重ね合わせがなければ、量子物体は単に互いにぶつかり合い、固体はとても存在できなくなるだろう。

フィリップ・カー[31]

質量が激しく活動している量子の真空は、物質のもっとも基本的な粒子を詳細まで理解するにあたって、基本となるものであることがついに証明された。私たちの住んでいる比較的低エネルギーの世界において作用している自然の力は、四つしか発見されていない。それらの性質を**図7・9**にまとめた。これらの力の作用をひとつひとつ見ていくと、身の回りに起こるほとんどすべてのできごとを十分に理解できる。[32]四つの力には、日常生活でもおなじみの重力と電磁力の他に、二〇世紀になってようやく明確に分離された二つの微細な力がある。「弱い力」は放射能の根底にあるものであり、「強い力」は核反応と原子核の結合力に関係する。それぞれの力は、力を伝える「キャリア粒子」を交換することによって記述される。この粒子の量子の波長が、力の影響の及ぶ範囲を決定する。重力は、重力子という質量をもたない粒子を交換することによって伝えられるため、影響の及ぶ範囲は無限である。[33]重力は、すべての粒子に作用するという点で独特だ。電磁力の及ぶ範囲も無限である。こちらもまた、質量のない粒子、すなわち光子の交換によって伝えられるからだ。電磁力は、電荷をもつすべての粒子に作用する。とこ

力	範囲	相対的な強さ	作用の対象	キャリア粒子
重力	無限	10^{-39}	すべて	重力子
電磁力	無限	10^{-2}	荷電粒子	光子
弱い力	10^{-15} cm	10^{-5}	レプトンとハドロン	W ボソン、Z ボソン
強い力	10^{-13} cm	1	帯色粒子	グルーオン

図 7・9　既知の自然の四つの力

ろが、弱い力の場合は事情が異なる。電子、μ粒子、τ粒子、およびそれぞれに対応するニュートリノなどのレプトン（ギリシア語で軽い物）と呼ばれる素粒子の組に作用し、いわゆる中間ベクトル粒子（W^+、W^-、Z^0）と呼ばれる三つの非常に重い粒子によって運ばれる。これらの粒子の重さは陽子の約九〇倍で、それらが媒介する弱い力の範囲は有限であり、原子核の半径の一〇〇分の一以下である。

　強い力はもっと複雑だ。もともと強い力は、核反応を起こす陽子のような粒子間で作用すると考えられていた。しかし、これらの粒子を高エネルギーで衝突させる実験を行ったところ、分割不能で、点のような素粒子のようにはふるまわないことが明らかになった。むしろ陽子は、内部に三つの点状の散乱体をもっているかのように、入射してくる粒子を偏向させたのだ。これらの内部の構成物はクォークとして知られ、色荷と呼ばれる電荷に似たものをもっている。色荷とは、ふつうの意味での色、すなわち観察したときの吸収される光の波長で決まる色合いとは関係ない。観察されたすべてのプロセスにおいて保存される特定の属性（電荷と同じく）である。強い力は、色荷をもつすべての粒子に作用するため、ときに「色力《カラーフォース》」と呼ばれることもある。色力は、グルーオンという粒子を交換することで媒介される。グルーオンの質量は、WボソンやZボソンの約九〇分の一であり、強い力の及ぶ範囲は九〇倍ほど広い。その大きさは、最大の原子核の大きさと等しく、この力が原子核を結合させているという事実を反映している。クォークは、色荷と電荷の両方をもっているために、光子とは大きく異なる。光子は、荷電粒子間での電磁気相互作用を媒介するが、それ自身は電荷をもたない。光子だけでは電磁気相互作用は起こらず、電子のような荷電粒子もなくてはならない。これとは対照的に、グルーオンは色荷をもち、色荷をもつ粒子間での相互作用を媒介する。クォークがなくても、グルーオンどうしでの強力な相互作用は起こるのだ。この点で、グルーオンは、重力を媒介する重力子のほうに似ている。重力は、質量やエネルギーをもつすべてのものに作用するため、重力を伝達する重力子にも作用する。

物質のもっとも基本的な粒子は、**図7・10**に挙げた同一のクォークとレプトンのグループであると考えられている。「基本的」というのは、内部構造や構成要素をもつ証拠をいっさい示さないという意味である。

こうした見方がどのようにして定着し、これに関連する粒子の正体と、それらが自然における粒子の見事な働きのなかでどのような役割を担っているかを解明した素晴らしい技術について語ることは、本書を書いた目的のひとつである。[34] なかでも関心の的は、量子の真空がもつ現実と重要な性質を明らかにしてくれる物語だ。

この理論は簡潔で魅力的に映る。見えるもののほぼすべてをこれで説明づけることができ、これのおかげで正しい予測が次々となされた。しかし、今ひとつ不完全なところがある。物理学者は、自然の統一性を強く確信している。異なる粒子のグループを支配する四つの基本的な法則のうえに宇宙が成り

第一族	第二族	第三族
電子	ミューオン	タウ粒子
電子ニュートリノ	ミュー型ニュートリノ	タウ型ニュートリノ
アップクォーク	チャームクォーク	トップクォーク
ダウンクォーク	ストレンジクォーク	ボトムクォーク

図7・10　クォークとレプトンの知られている三つの「族」。クォークのどのペアも、荷電レプトン（電子、ミューオン、タウ粒子のいずれか）と非荷電ニュートリノと関連している。

立っていると聞かされると、彼らは、家のなかで仲間割れをしているような印象を受けるらしい。数多くのさまざまな場所で自然の統一性がかいま見えるために、これらの力が実際には異なるものではないことを証明したい気持ちに駆られるのだ。それらの力の正しい見方が見つかりさえすれば、すべてのものの起源となる、自然にある唯一の基本的な力を構成する別々の部分として、ひとつの大きな絵のなかの個々のピースにふさわしい場所に落ち着くだろう。類似のものが、水のふるまいに見つかるかもしれない。水は、三つのまったく異なる形態で観察される。液体の水と、氷と蒸気だ。それぞれの性質は異なるが、それでもなおどの形態も、水素原子二個と酸素原子一個を組み合わせた、ただひとつの基本的な分子構造の現れだ。外観は違っても、根本には統一性がある。

　四つの基本的な力を統一しようとする試みはどれも、最初から見込みが薄そうに思われた。それぞれがあまりに違って見えるからだ。素粒子の別々のグループに作用し、もつ力もそれぞれに大きく異なる。相対的な力を図7・9に示したが、それを見ると、重力が非常に弱いことがわかる。二個の光子間に働く重力は、電磁力の約10^{38}分の一と弱い[35]。実験室で観測すると、弱い力は電磁力の約一億分の一で、強い力は電磁力の一〇〇倍強い。

　四つの別々の力がこのように異なる力をもち、素粒子の別々の下位グループに作用するという事実は、すべてを包含する「万物の理論」によって記述される単一の超力へと融合させるような、舞台裏に隠された統一性を探し求める人たちをとても困惑させる。四つの力はこれほど違うのに、どうしたら統一できるのか。そこに出された回答では、真空が鍵を握ることが明らかになった。

真空の分極

三十本の輻《や》が真ん中の轂《こしき》につながっている。
真ん中に穴があいているからこそ、車輪は用をなす。
粘土をこねて器を作る。
器のなかに空間があってこそ、器は用をなす。
戸や窓をくりぬいて家がある。
家に穴があってこそ、家は用をなす。
だから、何かが「有る」ということで利益が得られるのは、
何かが「無い」ということが役に立っているからだ。

老子(36)

電磁気などの自然の力の強さは、宇宙の決定的な特徴のひとつである自然の定数であるとかつては考えられていた。それは、ひとつの電子によって運ばれる電荷の基本単位と、真空中の光の速さ、プランク定数hで記述できるかもしれない。これらをまとめて、質量や長さ、時間、温度の単位をもたないものにできるだろう。こうすれば、対象となるものにもちいる計測単位に関係なく（すべてにたいして同じ

単位を使うかぎり）、電磁力の強さを普遍的に計測できるようになる。この、微細構造定数と呼ばれ、ギリシア文字のαで表される純粋な値を、高い精度で調べた実験から得られた値は以下のとおりだ。(37)

$$\alpha = 1/137.035989561\ldots$$

たいてい、この値はおよそ1/137とみなされ、物理学者は喜んで、なぜこのような厳密な値になるのかを解説する。これがいわゆる、自然の基本定数である。物理学者はただちに、数137を重要なものと認識した。きっと、世界中のかなりの数の物理学者のブリーフケースの鍵の暗証番号には、137が入っていることだろう。この定数の探求に刺激を受けて数秘術の想像に浸った例が、**図7・11**にある。

微細構造定数は、二つの電子をぶつけたときに起こる相互作用の強さを導き出す。二つの電子の電荷は同じであるので（負の値）、**図7・12**に示したとおり、二つの磁北極のように互いに反発する。量子力学のない世界では、この相互作用から、環境の温度やエネルギーとは関係なく、同じ程度の偏向が生じるはずだ。大事なのは、1/137という数である。空っぽな空間からなる一九世紀の真空では、これ以上言うべきことはなかっただろう。

量子の真空によって、すべてが一変する。二個の電子はもはや、完全に空っぽな空間にはない。不確定性原理によって、そのような考え方をすることができなくなったのだ。電子は量子の真空内で動いており、その場所は空っぽとはほど遠く、活動であふれている。不確定性原理によって、無限の精度で同時に計測することのできない相補的な性質があることが明らかにされたことを思い起こそう。粒子あるいは粒子の集まりのエネルギーと寿命は、いわゆる「相補的」なものの一例である。粒子のエネルギーについてすべてのことを知りたければ、粒子の寿命についてのすべての知識を犠牲にしなくてはならない。ハイゼンベルクの不確定性原理から、この二つの不確定性の積は、プランク定数をπの二倍で割ったものより大きいことがわかっている。

（エネルギーの不確定性）×（寿命の不確定性）＞$h/2\pi$ （*）

観測されたいかなる粒子や物理的状態も、この不等式に必ず従う。観測が可能であるためには、この不等式が満足されることが必要だ。

量子の真空は、あらゆる素粒子とその反粒子が繰り返し現れては姿を消す海としてとらえることができる。たとえば、一瞬だけの電磁気相互作用に注目してみよう。そこでは、電子と陽電子が騒動を起こしている。[39] 電子と陽電子が対となって量子の真空から出現しては、すぐに互いを消滅させ、姿を消していく。電子と陽電子の質量をそれぞれmとすると、アインシュタインの有名な公式（$E=mc^2$）から、それらが「生成」されるには、$2mc^2$に等しいエネルギーを真空から借りてこなければならないことがわかる。電子と陽電子の対が真空へと消滅するまでに存在している時間があまりに短く、不確定性原理（*）に従わず、

（エネルギーの不確定性）×（寿命の不確定性）＜$h/2\pi$ （**）

となれば、この電子と陽電子の対は観測不能になり、そのために仮想対と呼ばれる。もしも電子と陽電子が長く持続して、対消滅して姿を消す前に不等式（*）が満足されるなら、それらは観測可能になり、

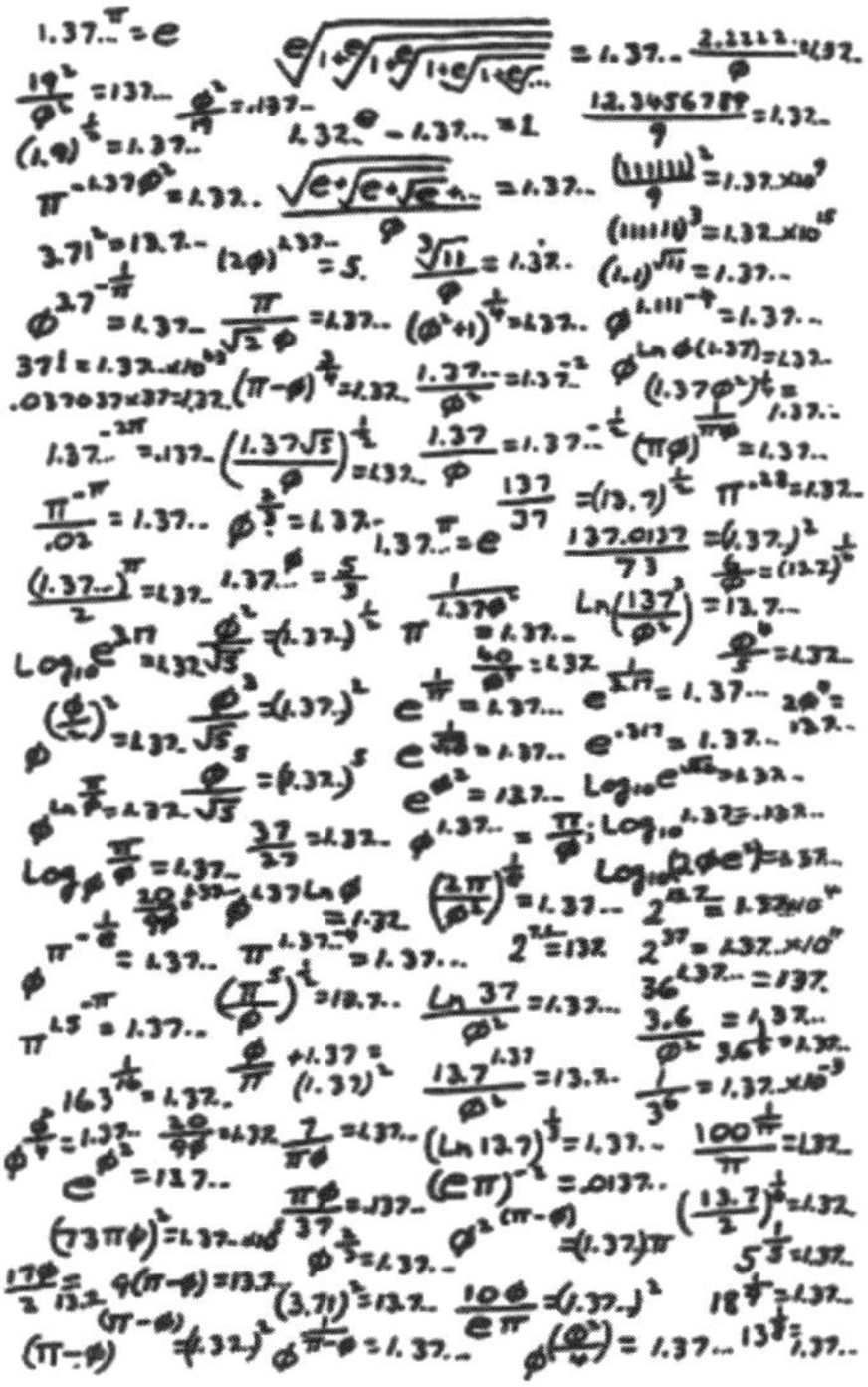

図 7・11　数 137 に関係する数秘術的な想像の例。ゲリー・アダムソン編(38)。

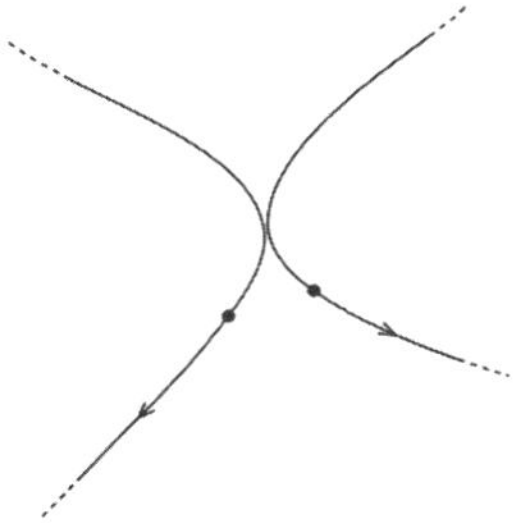

図 7・12　空っぽの「古典的な」真空をもつ世界で偏向する二つの電子

現実対と呼ばれる。仮想対の生成は、エネルギー保存法則に違反しているように思われる。違反しているところを誰にも見つからず、すばやくエネルギーを返済するかぎり、自然は、この原則の違反を許す。仮想の条件（**）を、「エネルギーローン」協定とみなすとわかりやすい。エネルギー銀行からたくさんのエネルギーを借りるほど、気づかれないうちに、素早く返済する必要があるのだ。

　つまりは量子の真空を、そのなかで、電子と陽電子の仮想対がいたるところで絶え間なく出現しては消えていく場所としてとらえることができるのだ。少々不思議に感じる人もいるかもしれない。観測不能なら、なぜ、そんな現象は無視して、もっと簡単な道を選ばないのか。だが、相互作用の準備が整っている二つの電子をもう一度見てみよう。それらが存在することで、量子の真空に重要な変化が生じる。反対の電荷が引き合うため、仮想対のある真空に電子を置くと、**図7・13（a）**のように、正の電荷を帯びた仮想の陽電子が、電子に引きつけられる。

　電子が、仮想対の分離を引き起こし、正の電荷の雲に囲まれる。このプロセスは、真空の分極化と呼ばれる。その作用によって、電子のむき出しの負の電荷の周囲に、正の電荷のシールドが形成される。入射する電子は、真空のなかに位置する電子の負の電荷すべてを感じることはない。それよりも、シールドで覆われた電荷の弱い作用を感じ、真空の分極のない場合よりももっと弱く散乱する。周囲の環境と入射する電子のエネルギーを変化させると、この作用も違ってくる。電子が比較的ゆっくり入ってくると、正の電荷の雲をあまり深くは貫けず、弱く偏向される。しかし、もっと高いエネルギーで入ってくれば、雲の奥まで突っ込んで、その内部の負の電荷の作用をいっそう感じることになる。そうして、低エネルギーの粒子よりも、強い力で跳ね返される。したがって、二個の電子間における反発する電磁

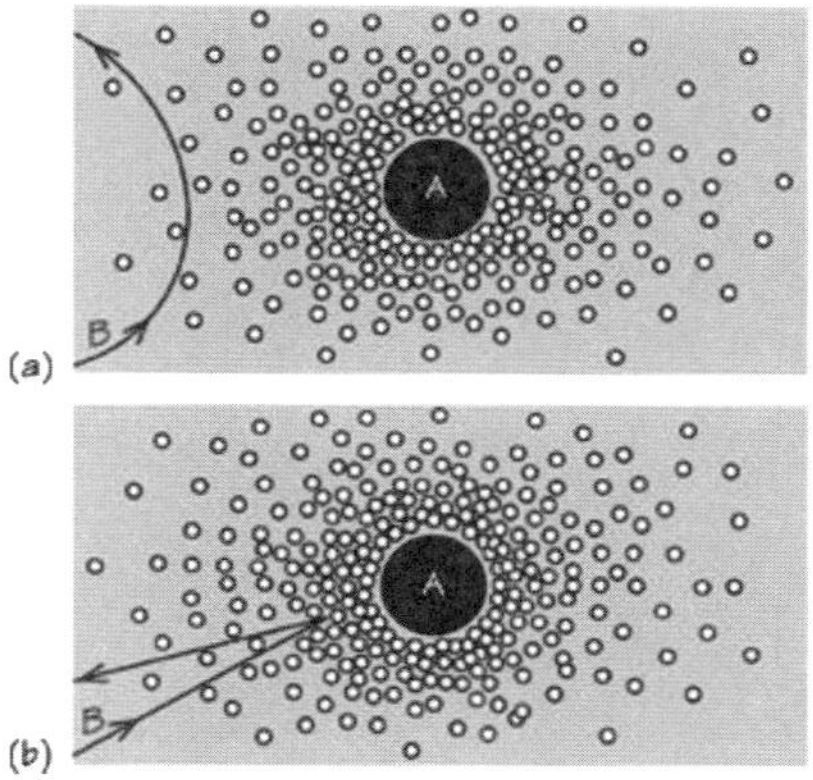

図7・13　(a) 低エネルギーの電子（B）が入射しても、電子（A）の中央にある負の電荷の周囲に仮想の正の電荷のシールドがあるために、散乱が弱い。(b) 高エネルギーの電子が入ってくると、仮想の正の電荷の雲を突き破り、もうひとつの電子の中央にある負の電荷からの強い反発を感じる。

気力の効果的な力の強さは、**図7・13（b）**のように、その作用が起こるエネルギーの大きさに左右されることがわかる。エネルギーが増加するにつれ、相互作用も強くなるようだ。これは、二個の堅いビリヤードの球を、柔らかいウールの布で包むのに少し似ている。球と球がそっとぶつかると、堅い表面どうしがぶつかってはじき返されることがないため、ほんのわずかの偏向に留まり、ウールのあて布だけがそっと跳ね返る。しかし、球と球を高速で衝突させると、あて布で覆った効果はほとんどなくなり、球は強く跳ね返る。この傾向は顕著だ。環境のエネルギーが増加すると、効果的な電磁気相互作用がいっそう強くなる。エネルギーが上昇すると、入射する粒子は、仮想の陽電子の雲の下にある裸の電荷を間近に「見」て、もっと大きく偏向する。

　同じ分析が、クォークやグルーオンなど、色荷をもつ粒子に作用する強い相互作用についても行える。ただし、状況は、電磁気相互作用の場合よりも少しだけ複雑だ。仮想電子と陽電子の反発する電荷の作用を考えるとき、光子は電荷をもたないため、光子による電磁気相互作用の媒介は無視できる。しかし、固定された色荷をもつクォークを真空に置き、もうひとつの色荷をもつクォークをそれにぶつけると、二つの真空の分極作用を考慮に入れることになる。先述のように、クォークと反クォークの対の雲ができ、その雲は、反対の色荷をもつ雲で覆われたクォークを取り囲む傾向がある。電子の場合と同じく、全体的な作用としては、エネルギーが高いほど、強い相互作用がいっそう効果的に強くなる。しかし、グルーオンの存在によっても、色荷のパターンが影響を受ける。仮想のグルーオンは反対の作用をもち、中心の色荷を不鮮明にする傾向がある。さらに広がりをもち点状ではない物体から散乱が起こると、色荷は弱まる傾向がある。こうした二つの反対の傾向のうちどちらが勝るかは、仮想対のなかにどれだけ多くの種類のクォークが出現するかで変わってくる。その数が、自然界で観察される六種よりも多くなければ、勝るのはグルーオンの不鮮明化であり、エネルギーが高くなるほど強い相互作用の効果が弱くなると予測される。

この性質は、エネルギーが無限に増加すると推定すると、明白な相互作用がまったくなくなり、粒子が自由になることにつながるため、「漸近的自由性」と呼ばれている。これは一九七三年に予測されたが、かなり意外なことのように受け止められた。現在では、さまざまなエネルギーにおける相互作用の強さを観測することで確認されている。これによって素粒子と高エネルギー物理学の研究が根本から変わり、温度が非常に高いために、この作用が非常に重大な意味をもっていたと思われる宇宙が膨張を始めた最初の瞬間についての、本格的な研究への扉が開かれた。一九七三年以前は、強い相互作用は解決不能なほどに複雑になっていくため、非常に高いエネルギーにおいて相互作用を理解できる可能性は低いという認識が一般的だった。エネルギーが高くなるにつれ、相互作用がいっそう強くなり、ますます手に負えなくなると想定されていたのだ。漸近的自由性によって、ものごとはいろいろな意味においてどんどん単純化されると考えられるため、真の進展を遂げることが可能になった。

自然の力の強さがそれぞれに違って見えることから生じる、自然の力の統一を妨げる面倒な障害を克服できる方法が、量子の真空のもつこうした重要な作用によって見えてきた。私たちのような生命の存在が可能な低エネルギーの世界においては、力の強さはたしかに大きく変化する。しかし、エネルギーがどんどん高くなるにつれて予測される力の変化をたどっていくと、力の強さがどんどんと近づいていき、ついには、特定のエネルギーにおいて同一の力になる（図7・14）。統一が実現するのは、宇宙の初期の段階に存在していたと思われる超高エネルギー環境においてのみである。今日では、物はすべて冷え、残された私たちは、数十億年の歴史に隠された対称的な過去の遺物を探し求めている。私たちの生命を支える環境のエネルギーでは、これらの力はそれぞれ大きく異なるように見え、自然の力の統一は隠されている。高エネルギーにおいて見られるはずの力の深い対称性は、量子の真空の寄与があって初めて可能になる。仮想粒子の海は、実際そこにあるのだ。その作用は、エネルギーの上昇とともに自然の力の強度が変化すると、予測されたとおりに観測できる。真空は、空っぽとはほど遠く、不活発なものでもない。真空の存在は、素粒子の世界では感じることも観測することもできる。しかも真空の多大な寄与がなければ、自然の統一は維持できないだろう。

ブラックホール

略酊、暴動、暴行、上官への無礼な行動には、ブラックホールへの監禁の処置となる。

英国陸軍軍紀　一八四四

科学全般において、もっとも繰り返し興味をかき立てられるものといえば、間違いなく「ブラックホール」だ。[40] 近くに寄ってくるすべてのものを容赦なくむさぼりくう宇宙のクッキーモンスターは、他のどのような科学的な概念も及ばないほど人々の想像力をかき立て、ハリウッド映画に主演し、数多くのＳＦ小説を誕生させた。ブラックホールとは、物質の重力場が何にたいしても強くなりすぎて、光でさえも、捕まると逃れられないような領域である。アインシュタインの曲がった空間の図では、小さな領域内で質量が集中すると、その部分が巨大になり、空間が大きく曲がり、その周囲の領域がねじれ、どんな信号も外に出なくなってしまう。質量の集中した場所を、事象の地平と呼ばれる、そこから何も戻ることのできない面が取り囲む。物質や光はその面を通じて流れ込むことはできるが、外に出ることはできない。

一般的なイメージとは異なり、ブラックホールは必ずしも、膨大な密度をもつ固体ではない。多数の大きな銀河の中心部に潜んでいると思われる巨大なブラックホールは、太陽の質量のおよそ一〇億倍の質量をもつが、平均密度は空気の密度程度しかない。[41] これらの巨大なブラックホールのうち、どれかひとつの事象の地平面をこの瞬間にでも通り抜けることはできるが、何も奇妙なことは起こらないだろう。

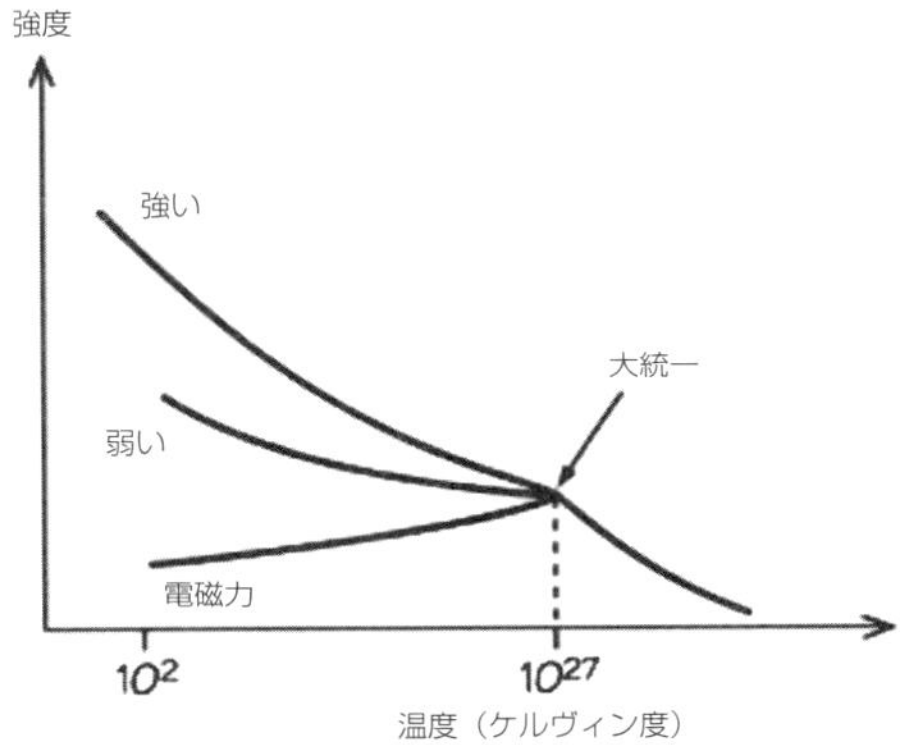

図７・14　漸近的自由性。相互作用のエネルギーが増大するにつれ、クォーク間での強い力が弱まることから、非常に高温の状況では、強い力は電磁力と同じ強度になりうると予測される。

地平を越えても非常ベルは鳴らないし、身体が引き裂かれることもない[42]。だが後々、そうした事態になってくる。徐々に、中心部の増大する密度へと、容赦なく引き寄せられていることに気づくだろう。来た道を後戻りしようとしても、戻れる距離には明確な制限があり、穴の外の出発地点に向けて発した信号はどれも、受信されることはないとわかるだろう。

太陽の質量の約三倍以上の質量をもつ恒星が内部の核燃料を使い果たすたびに、ブラックホールが形成されると予測されている。するとその恒星は、自身の構成要素によって作用する重力を支える手段をもたなくなる。既知の自然の力のなかで、この破滅的な爆縮に抵抗できるほどの強い力は存在しないため、星の物質がどんどん狭い領域へと圧縮され、ついに事象の地平面が形成される。内部から見れば、圧縮はそのまま続くが、外部から見ると、星は目に見えなくなる。遠くからブラックホールを観察する者の目には、非常に強い重力場からエネルギーがはい出して失われるにつれて、地平面の外側に、どんどん赤くなっていく光が見える。(43) そこに残された痕跡は、引力だけだ。ブラックホールの証拠は着々と揃いつつあり、その存在は、天文学者の合理的なあらゆる疑いを超越して確定されたとみなされている。輝く星の周囲を軌道に乗って回っているところに注目すると、ブラックホールを見つけやすい。(44) 目に見える星の軌道から、見えない伴星の存在が明らかになり、その伴星の重力を受けて、星の物質は、外側から内部に向かって着々と引き寄せられる。物質は、ブラックホールによって作られた穴のなかへと渦を巻いて落ち込み、数百万ケルヴィン度まで熱せられる。こうした温度では、熱せられた物質から大量のX線が放射され、渦巻き状の軌道にある他の粒子と衝突する。X線が事象の地平面に近づくと、明滅するX線の波長から、姿を消そうとしている地平面の大きさがわかる。ブラックホールの質量と事象の地平面の大きさとのあいだには、非常に特有な関係がある。目に見える星の運動と、X線の明滅から得られる情報をもちいて、この関係を調べることができる。このような「X線連星系」の数は今では明らかになっており、非常に質量の大きい星が一生を終えて崩壊すると、ブラックホールが生じることの強力な証拠となっている。

一九七五年までは、ブラックホールの話はこれで終わりだと思われていた。物がブラックホールに落ち込むと、二度とは出てこない。ところがその後、このイメージが大きく変わった。スティーヴン・ホーキングが、ブラックホールを量子の真空に置いたらどうなるか、という疑問を投げかけたのだ。(45) 先ほど、カシミール実験の板を量子の真空に置いたらどうなったかを思い出してみよう。あらゆる波長をもつ真空のゆらぎの海に影響が及ぶ。ここにブラックホールをもち込んだら何が起こるかを想像してみよう。仮想の粒子－反粒子対が地平面のすぐそばに出現したら、一方の粒子が地平面のなかへと落ち込み、もう一方の粒子は外に留まることになるだろう。仮想の粒子は現実のものとなる。外に出てくる粒子は遠く離れた観測者によって見つけられ、ブラックホールは、その地平面のあらゆるところから粒子を放射しているように見えるだろう。[46] このプロセスが継続するはずであり、最終的に、すべてのブラックホールがゆっくりと蒸発する。量子の真空を考慮に入れると、ブラックホールは真に「ブラック」ではない。さらなる研究から、真空の粒子の放射は、プランクが最初に発見した黒体熱力学の法則に従うことがわかった。ブラックホールは黒体だったのだ。残念ながら、ブラックホールの大きさが、X線連星系に見られるものと同じ程度である場合、粒子が放射される予測速度はとてもゆっくりだ。ホーキングの放射プロセスが目に見えるようになるには、[47] 大きな山か小惑星程度の質量しかもたないブラックホールに遭遇する必要がある。その地平面の大きさは、陽子一個に等しくなる。こうした「ミニ」ブラックホールは、今日、星が死んでも形成されない。だが、ビッグバンの密度の高い非常に不規則な環境でなら形成される。もしもミニブラックホールが当時形成されていたら、今は、蒸発の最終段階にあるだろう。そのプロセスは、大爆発とともに最高潮を迎え、爆発とともに出現し、光の速さに近い高速度で動く電子から生じた電波をともなう高エネルギーのガンマ線バーストが生じるだろう。四〇〇億年以上ものあいだ、一〇ギガワットのガンマ線のパワーを放射し、その光は、何光年先からも見える。電波望遠鏡を使えば、二〇〇万光年先のアンドロメダ銀河で起こっている原子サイズの爆発から発生している電波を見ることができるだろう。

ブラックホール爆発の証拠は探してはいるが、まだ見つかっていない。今言えることは、爆発しているミニブラックホールが本当に存在するなら、それはきわめてめずらしいことであり、直径一光年の範囲内で、一年に一回程度しか起こっていないということしかない。

ホーキングの放射プロセスは、自然の主要な法則が絡み合う様子を理解するにあたり、非常に重要なものである。相対論や量子論、重力作用、熱力学のいずれにも関係する、独特なプロセスの事例だ。ここでもまた、こうしたことが存在するということは、真空と、真空内のゆらぎの海が実際に存在することの直接的な帰結であるとわかる。ブラックホールの地平面の近くで重力場が急激に傾くために仮想の粒子対が引き離され、消滅して真空のなかに姿を消すことができなくなる。ブラックホールの重力場のエネルギーを失うことで、現実の粒子となるのだ。(48) 本章では、真空が物語の主役に躍り出た。真空の存在と普遍性が、自然のすべての力の働きの根底にあることがわかったのだ。真空は、自然の電磁力と、強い力、弱い力の強度に影響を及ぼし、重力を、エネルギーの量子的な性質と結びつける。これらの影響から、量子の真空と、それを支えるゆらぎが現実にあることの観測的な証拠が得られる。こうした成果は、真空は完全に空っぽな空間であるとする古代の思想を捨てた、新しい真空の概念から生じたものだ。古代の概念は、真空とは、空間から取り除けるものをすべて取り除いたときに残るものだとする、もっと控えめな考え方に取って代わられた。残ったものとは、もっとも低い有効なエネルギー状態である。これはなんと、真空は、絶え間なく、あるいは唐突に、変化するかもしれないということを意味する。もしもそうなったら、宇宙全体の様相が変わるだろう。次章では、どのように変化するのかを見ていこう。

なぜ独占委員会はひとつしかないのか。

スクリーミング・ロード・サッチ[1]

8 真空は何個あるのか？

真空の景観を鑑賞する

偉大なる老ヨーク公には
一万人の家臣がいた
彼らを丘の上まで行進させて
これまた行進して下まで降ろした

マザーグースの歌より

とらえがたさと予測できない性質をもつ量子の真空は、一九七〇年代半ば、基礎物理学の主役へと躍り出た。それ以降、その影響はますます広がり、重要性は増していった。物理学者は新たな研究成果をウェブサイトに発表して世界中の仲間たちに発信しているが、そこには毎日、真空の様相についての新しい研究論文が投稿されている。(2) この爆発的な関心を引き起こしたのは何なのか。真空は、最小限のエネルギー状態でありさえすればよいとする定義が採用されたことが、その原因だ。これによって、ただちに途方もない数の可能性が開かれたのだ。真空は最小限のエネルギー状態であるということにたいして、「最小限のエネルギー状態とはどうしてひとつなのか」という問いが最初に投げかけられるだろう。エネルギーの「景観《ランドスケープ》」には、現実の地勢と同様に、多数の起伏や丘がある。こうした起伏のなかには、波形の屋根や卵パックのように、とても規則正しいものがある。いくつもの別々の最小地点があり、それぞれが、同じエネルギーの最小値をもっている（図8・1を参照）。

このシナリオから、二つの新たな可能性が見えてくる。もしも多数の真空がありうるなら、そのうちのどの真空において、私たちの宇宙が終わりに向かうのかを決める必要がある。さらに、たとえばひとつの最小値から別の最小値へと飛び移るなど、何らかの方法で真空を取り替えることは可能かどうかも知りたい。

図8・1に描いた例では、さまざまな真空は、同じ深さをもつ最小値に相当する。二次元の面に真空の位置を記し、その深さをその地点からの高さで表すことで、この状態にありうる変形の次元を追加することができるだろう。海面からの高低でそれぞれの位置の高度が定義される、地球の表面にある実際の景観に似ている。この余分の次元が追加されれば、連続した点の軌跡が、系の同じ高さにおいて、真空になることが可能になる。**図8・2**に、真空が床の上で環をなす簡単な例を示す。環の中央には最大値があり、エネルギー景観の全体像が、メキシカンハットのようになる。

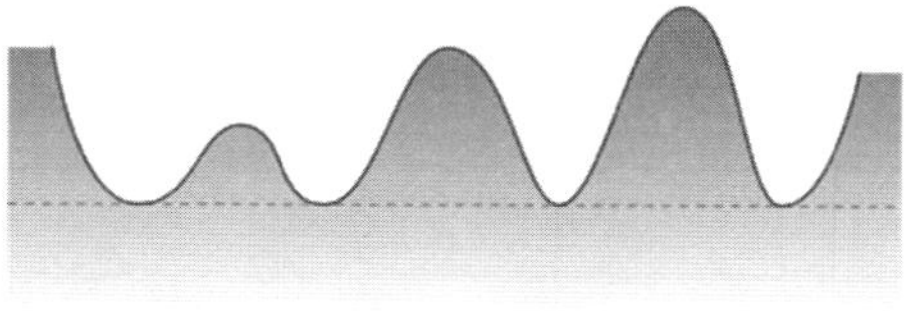

図8・1　等しい深さをもつ多数の局所的最小値のある真空の景観

さらに普通ではない状況を想像することもできる。すべての最小値が同じ水準にある図を描いてきたが、別にそうである必要はない。真空の定義は、景観内に局所的最小値が存在することだ。最小値のすべてが同じ水準になければならない理由はない。他のものより低いエネルギー値をもつものがあれば、それは「真の」もしくは「グローバルな」真空と呼ばれる。さらに、最小値は、もっと微妙な点において異なる場合もある。最小値の近傍にある地形の曲率がさまざまに変わりうるのだ（**図8・3**を参照）。したがって、最小値から遠ざかるにつれ、地形は、急激にあるいはゆるやかに上昇することもある。険しい坂に囲まれた真空にいるなら、勾配の浅い真空にいるときよりも、そこから脱出するのが難しくなるだろう。

自然において観測される力の強度に真空の分極が及ぼす影響のいくつかを先の章で見てきたが、力が作用する環境の温度がいかに重要であるかがわかった。したがって、エネルギー景観は温度に依存すると予測できるだろう。温度が変化すると、景観の形も非常に大きく変わる。真空の数も、その深さとともに変化するかもしれない。景観が劇的に変われば、最小値でなくなるものも出てくるかもしれない。

このプロセスの興味深い例が、磁気に認められる。鉄の棒の磁化エネルギーには、金属の温度に強く依存する変動パターンがある。鉄の棒を、キュリー温度と呼ばれる摂氏七五〇度以上に熱すると、磁性を示さなくなる。鉄の棒には、磁北極も磁南極もなくなるのだ。高温によって、鉄の原子の配列の方向がすべてランダム化され、鉄の性質から全体的な指向性がまったく失われるのだ。鉄が冷えてキュリー温度を下回ると、磁化が自発的に生じる。すると鉄の棒の一端には磁北極ができ、もう一端には磁南極ができる。このように熱しては冷やすプロセスを何度も繰り返すと、磁北極が、いつも同じ端にできるとは限らないことがわかる。キュリー温度を超えた場合とそれ以下の場合のエネルギー景観を**図8・4**に示した。これを見れば、何が起こっているのか理解できる。

キュリー温度より上では、金属棒には、最小の真空状態がひとつだけある。その地点は、ゼロの最小値のところに対称的に位置しているため、棒の一方向（右）のほうが別の方向（左）より好まれることはない。最小値は、険しい壁に囲まれた谷であり、最初の地点が谷の壁のどこにあったかに関係なく、すべてのものがそこに転がり落ちる。すなわち、鉄の棒が最初どういう状態であったかは関係ない、ということだ。鉄の棒が十分に熱くなると、この最小の非磁化状態に入り、それ以前の磁化状態の記憶を一切失う。しかし、鉄の棒がキュリー温度以下に冷えると、とても変わったことが起こる。磁化エネルギーの景観が、中央にひとつの谷があるものから、二つの谷のあいだに山のあるものへと変化するのだ。もともとの最小値が、不安定な最大値になる一方で、いっそう深い新たな最小値が、中央の最大値から左右等距離のところに二つ出現する。いったい、鉄の棒はどうなっているのか。対称的な非磁化状態が不安定になったのだ。系は、二つの新たな最小値のいずれかに転がり落ちる。左右いずれかに向かう確

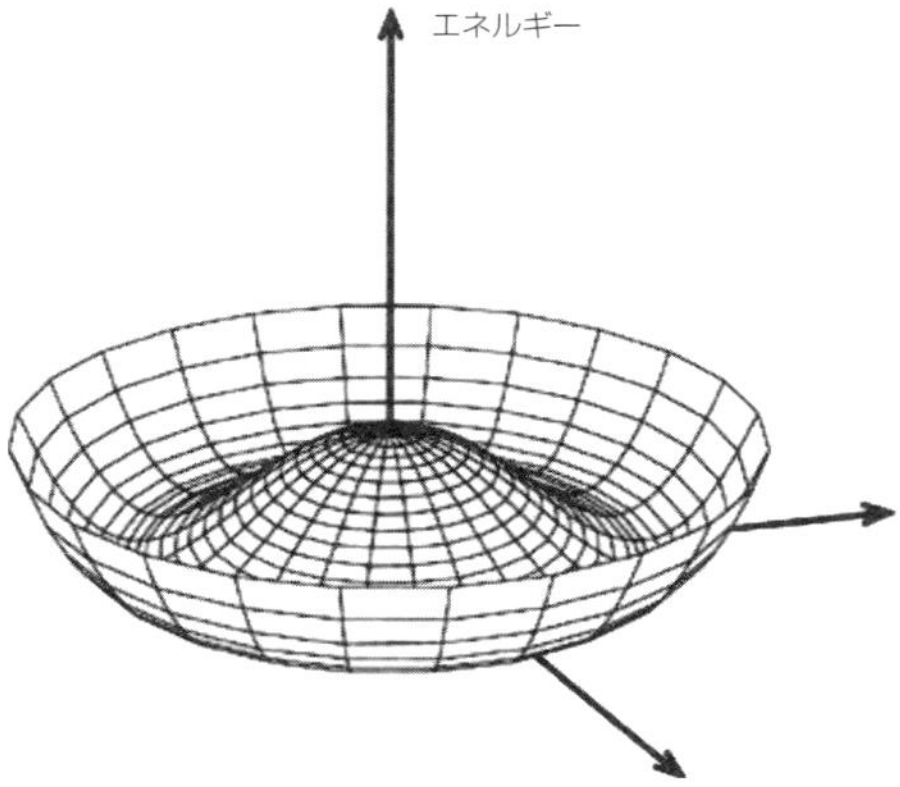

図８・２　同じ深さの最小値をつなげた連続した円

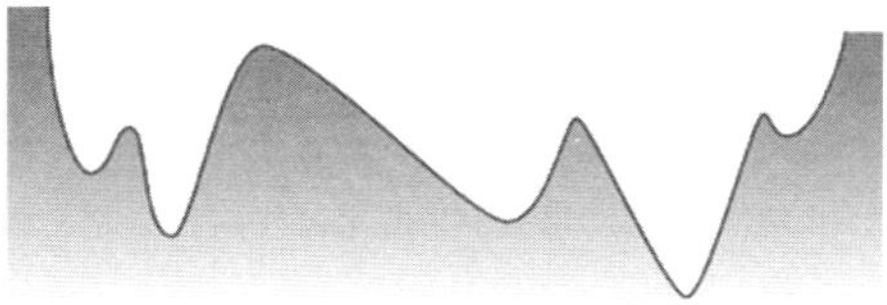

図８・３　さまざまな最小値とさまざまな勾配のある景観

率は等しく、それは、磁石となった棒の右端、左端のどちらが磁化されて磁北極になったかに従う。系の最小値がおよそゼロの値に対称的に位置する状態から、非対称的な状態へと遷移する現象は自然界によく見られるものであり、対称性の破れと呼ばれている。

対称性の破れの現象は、この宇宙の働きについて、非常に奥深いことがらを明らかにする。自然法則は、間違いなく対称的だ。特定の時や場所、方向への指向性をもたない。実際、自然の形態をとるために絶対に必要とされる要件には、まさにそれが入っている。ニュートンとガリレオが部分的にしかこの原理をもちいていなかったことを最初に見抜いたのはアインシュタインだった。アインシュタインはそれを、自然法則が満足させるべき中心的な要件にまで高めた。すなわち、自然の働きは、宇宙にいるすべての観察者にとって、彼らがどのように動いていても、どこに位置していても、同じものに見えなければならないということだ。すべてのものが、他の人の目に映るよりも単純に見えるという特権を与えられた観察者は存在しえない。そのような観察者を黙認すると、究極的には、宇宙を反コペルニクス的な見方でとらえることになってしまう。(3) この民主主義的な原理は、自然法則のもっとも一般的な表れに到達するための強力な手引である。だが、自然法則の対称性にもかかわらず、そうした対称性の法則の帰結は、非対称的な状態や構造になることが観察されている。私たち一人ひとりが、電磁気と重力の法則の複雑で非対称的な帰結なのだ。重力と電磁気の法則が、空間内の位置という点については完全に民主主義的であるのにもかかわらず、私たちはこの瞬間、この宇宙のなかの特定の位置を占めている。自然にある奥深い秘密のひとつに、自然法則の帰結は、法則そのものと同じ対称性をもつ必要はない、という事実がある。帰結のほうが法則よりも、はるかに複雑であり、はるかに対称的ではない。その結果、理解が非常に困難になる。このように、わずかな数の単純な対称的な法則（ひとつだけかもしれない）で支配されていながら、とてつもない数の複雑で非対称的な状態と構造をもち、自身のことについて考えることさえできるかもしれないような宇宙が存在することが可能なのだ。この数十年において、対称的な法則から非対称的な帰結が生じることを理解しようとする傾向が非常に高まってきた。安価で高速なコンピュータが利用できるようになり、この研究がおおいに促進された。非対称的な帰結はだいたいにおいて複雑すぎて、人間が自力で計算していては、起こっていることがらを詳細まで明らかにすることができないからだ。

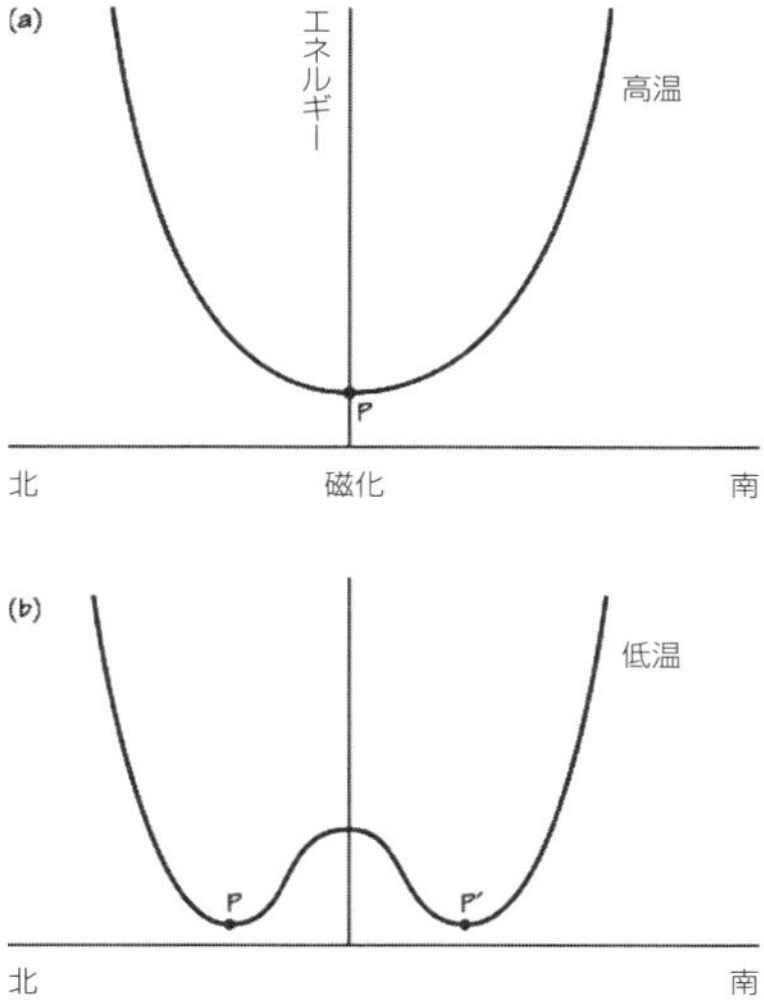

図８・４　金属棒の磁化の温度による変化。(a) 臨界温度より上では、指向性のないひとつの安定した最小値（P）がある。(b) 臨界温度より下では、同じ深さをもつ二つの最小値が現れ、それまでの安定した最小値は不安定な最大値になる。そこにあった点は最終的には二つの非対称的な最小値（P と P′）のどちらかに転がり込み、金属棒の一端が磁北極に、もう一端が磁南極になる。

ブリタニカ百科事典、全巻揃っています。夫が何でも知っているので不要になりました。

『ランカシャーポスト』紙の個人広告[4]

統一への道

自然の力をひとつにまとめることは、温度の上昇とともに力の強度が変化することで可能になる。このプロセスでは、まず、温度がおよそ10^{15}度（ケルヴィン度）になると、電磁気と弱い力が一体となって、ひとつの電弱力になる。電弱力が増大し、強い力が弱くなっていくグラフを描くと、温度が約10^{27}度（ケルビン度）のレベルに達したときに、二つめの統一が起こるとうかがわれる。このいわゆる「大統一」の温度を超えると、ひとつの対称的な力だけが残るが、その温度以下になると、対称性の破れが生じ、さまざまな強い力と電弱力が生まれる[5]。

温度の下降とともに対称性が変化することは、宇宙の初期段階における、すべての物質のふるまいに反映されるだろう。最初の温度とエネルギーが十分に高く、強い力と電弱力の完全な統合を維持できる状態で、宇宙が膨張してビッグバンから遠ざかっている様子が想像できる。温度が特定の値以下になると、これらの力が分離して、それぞれの道を歩んでいく。

宇宙の最初期の段階における力の変化をこのようにとらえることで、高エネルギー物理学者と宇宙論者の注意が、こうした変化が特殊な方法で起こった場合に起こるかもしれない途方もないことがらに向けられた。なんと、宇宙にある素粒子が、真空状態の高い水準から低い水準への変化を経験すると、この宇宙全体が、あまり見たことのない、非常に魅力的なふるまいをするようになるかもしれないというのだ。

宇宙についてのこれらの考察から派生することがらを少しずつ探索するなかで、初期の宇宙に存在していたと仮定される種類の物質がその後どうなったかに、関心が注がれるようになってきた。あまり具体的にしないために、それを「スカラー」場と呼ぶことにしよう。空間のどの地点でも、どの時間においても、この場はひとつの属性——大きさか強度（「スケール」）——しかもたない。たとえば、このページのプリンタのインクの密度はスカラー場だ。部屋の温度もスカラー場だ。だが、風速はスカラー場ではない。風速は、どの地点でも、どの時点でも、大きさおよび方向によって決定されるものだからだ。

この宇宙の歴史の最初期の段階では、温度は今日よりもはるかに高く、多様な真空の景観をもつ新たな形態の物質が形成されることが予測できただろう。そうしたエネルギー場のうちのひとつを取り上げてみよう。この場には、さまざまなレベルの真空の状態がいくつもあっただろう。それは、今日観測される場のどれかにぴったり対応する必要はない。宇宙の初期段階に、放射したり他の粒子になったりして崩壊していったと思われるからだ。だが最後には、自然の力の統一理論が、そのエネルギー場が何であるのかを教えてくれるはずだ。こういった場には、二種類のエネルギーがある。動きと関係する運動エネルギーと、位置と関係する位置エネルギーがそうである。時計の振り子をもちいて簡単な類推ができる。振り子のおもりが最低地点を通って左右に揺れているとき、その運動速度は最速で、エネルギーはすべて運動エネルギーだ。おもりがもっとも高い地点まで上がると、動きが徐々にゆっくりになる。重力の下向きの力をおもりが克服しようとすると、運動エネルギーが位置エネルギーに変換されるのだ。

一瞬ではあるが、おもりが最高地点で止まってから下に向かう動きを始めるまでのエネルギーは、すべて位置エネルギーである。

宇宙の初期のエネルギー場は、振り子のようにふるまう。エネルギーのうち運動エネルギーが最大になると、場は素早く変化するが、位置エネルギーが最大になると、変化はとても遅くなる。ここで、先ほど見ていたポテンシャルの形のさまざまな種類の変化が、宇宙が膨張を始めた最初の瞬間に起こるとしてみよう。スカラー場は、**図8・5**に示したような単一の安定した真空状態において高温で始まるだろうが、温度が特定の値、Tc以下になると、もっと低いエネルギーをもつ新たな真空状態が出現するだろう。

すると、どうなるか。もともとの真空状態の周囲の勾配がわりと浅ければ、場は、山を飛び越えて、新たな最小値へと降りることで、他の粒子や放射とぶつかったりエネルギーを交換したりすることに備えることができる。そうした遷移がとてもゆっくりと起これば、緩やかに動く場の位置エネルギーが、あらゆるところで進行している宇宙の膨張によって希薄になることはほとんどない。一方、宇宙のなかの他の放射やエネルギーはすべて、膨張によって急速に希釈されており、その結果、スカラー場の影響が、他のすべてのものをすぐさま圧倒し、宇宙のなかの質量とエネルギーの代表的な形態となりうる。もしもこうしたことが起こったら、多くの驚くべき結果につながる。ひとつに、宇宙の膨張は、着実な減速から加速へと転じる。こうした新たな事態が生じるのは、ゆっくりと変化していくスカラー場が、まるで重力に反発するかのようにふるまう一方で、他の物質や放射の形態には決まって引く力があるからだ。場がポテンシャルの景観をとてもゆっくりと転がり落ち続けるかぎり、この加速は継続する。こうした緩やかな変化が起こる一方で、加速によって、宇宙の放射温度が急激に低下する。そうしてついに、加速が止まる。スカラー場が新たな真空状態に到達すると、前後に何度も振動し、徐々にエネルギーを失い、他の粒子へと崩壊していく。こうした崩壊によって大量のエネルギーが放出され、膨張による宇宙の温度の低下が急激に緩やかになる。そうして膨張は、通常通りふたたび減速していく（図8・6を参照）。

ここまでたどってきた仮説上の一連のできごとは、宇宙の「インフレーション」として知られるよう

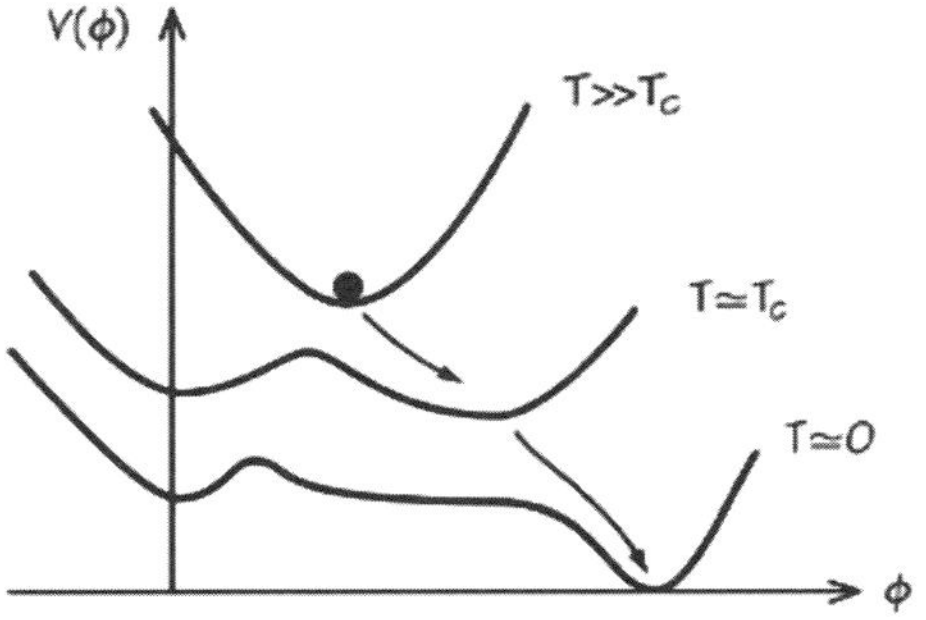

図８・５　新たな最小値の出現

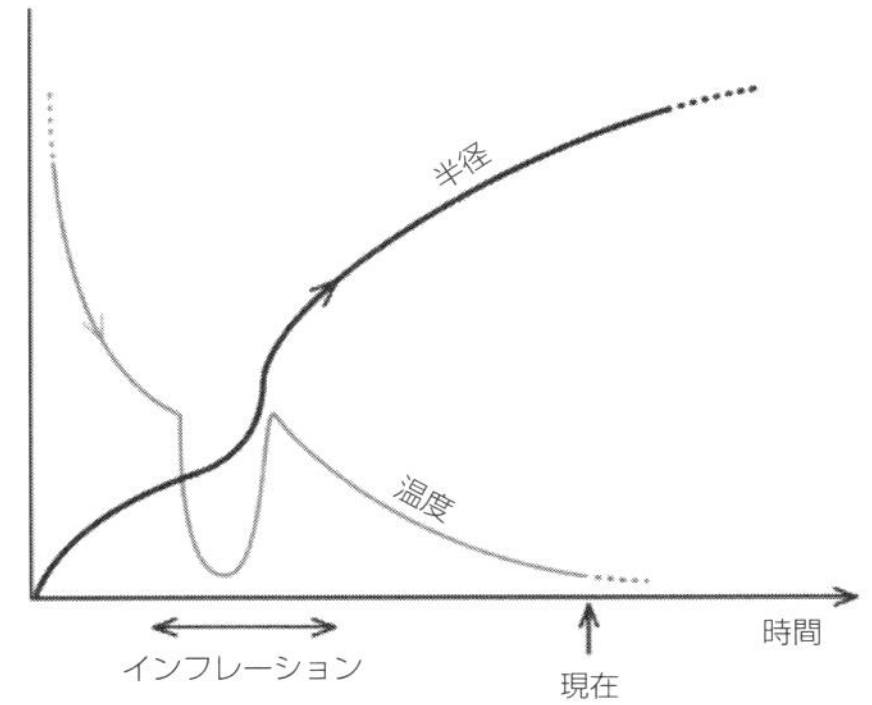

図８・６　宇宙の初期のインフレーションの期間に起こった、急激な膨張と温度の低下。インフレーションが終わるとき、インフレーションを促すスカラー場の崩壊など、複雑な一連のできごとがあり、宇宙が熱くなる。その後は着実に冷え、これまでよりゆっくりと膨張を続ける。

になったものを描写している。インフレーションとは、宇宙の歴史において、宇宙の膨張が加速化する時期のことである。それは、スカラー場のような物質場が、ある状態から別の状態へと非常にゆっくりと変化するときに必ず起こる。実際、真空状態がひとつしかなく、ポテンシャルの景観が勾配のとても浅い「U」の字の形であっても、インフレーションは起こりうる。ロシア人物理学者で、現在、カリフォルニアのスタンフォード大学で研究するアンドレイ・リンデは、宇宙が冷えるにつれ、スカラー場は、山の上のエネルギー水準の高い地点から斜面を転がり落ちていく、と指摘した。(6) 傾斜がとても浅ければ、スカラー場のエネルギーの変化は非常に緩やかなものになり、運動エネルギーはつねにごくわずかな量となって、反重力とインフレーションが起こるだろうとしている。物理学者がこの現象が起こりうるさまざまな状況を調べにかかっているが、この状況を避けることは非常に難しいようである。

真空が変化した結果、宇宙がどうなるかは、一九八一年にインフレーション理論が初めてアメリカ人物理学者のアラン・グースによって提示されたとき以来、宇宙論者の関心の的となっている。(7) この宇宙はじりじりと膨張を続けており、膨張が永遠に続く未来と、膨張がついには収縮に転じる未来とを分ける重大な境界線に近づいている。「臨界」の宇宙、あるいは中間の宇宙は、とても特殊なものであり、この宇宙が、今、こうした特殊な軌跡のすぐそばをたどって膨張しているということは、いくらか不思議に感じられる。臨界の宇宙よりも速く、あるいはゆっくりと膨張している宇宙は、時間の経過とともに、境界線から大きくそれていく傾向にある。

この宇宙が、膨張を始めてから一五〇億年近くたった後、臨界速度からまだなお約二〇パーセント以内にあるということは、宇宙は臨界境界に非常に近い地点から膨張を開始したにちがいない。なぜそうあるべきだったのかはわからないが、インフレーション理論をもちいると魅力的な説明ができる。宇宙が、臨界速度とはほど遠い速度で膨張を始めたと想像してみよう。スカラー物質場が存在し、最後には低い真空状態へと転がり込むとしたら、宇宙の膨張は加速化する。加速を続けるかぎり、膨張の速度はますます速くなり、臨界境界にどんどん近づいていく。

このように、非常に短いインフレーションの期間でも、膨張が終わるまでに、臨界境界のすぐ近くまで膨張することは十分できる。したがってその後の非インフレーション膨張は、臨界境界からの距離にはほとんど影響を及ぼさず、私たちは臨界値から約一〇万分の一以内の速度で膨張する宇宙を観察することになる。

話はこれだけではない。この宇宙のもうひとつの謎は、膨張速度が、どの地点をとっても、すべての方向にたいして、驚くほどの精度で同じであるということだ。可視宇宙の縁から地球に届く放射を調べれば、その温度と強度が、約一〇万分の一の精度で、どの方向にたいしても同じであることがわかる。ところが、宇宙の歴史を遡ると、このことがとても理解しがたく思えてくる。光が宇宙の端から端へと横切るだけの時間がないのだ。宇宙のさまざまな地点での温度と密度の差が均一にならされるには、それまでにあったとされる時間では足りなかった。しかし、もしもインフレーションが早い時期に起こったなら、それに続く初期宇宙の膨張の急激な加速化によって、インフレーションの始まる直前なら光の信号で十分に見渡せた程度の領域が、今日の宇宙の可視部分全体よりも大きく成長していることもありうる（**図8・7**）。インフレーション膨張の期間がなければ、この、可視宇宙と同時協調的に発生した領域は、今日ではわずか一メートルの大きさにしか成長していなかっただろう。これでは、宇宙が10^{24}メートルの範囲まで均一だとする説明にはほど遠い。
　アインシュタインの一般相対性理論の核となる概念は、質量とエネルギーの存在が空間を曲げるというものだった。この空間の曲がりは、重い物体を載せたゴムシートがたわむようなものだろう。もしもインフレーションの始まる前の宇宙がとても不規則なものなら、宇宙のゴムシートはでこぼこだらけということになる。インフレーションが始まると、加速する膨張によってストレッチ効果が生まれ、山や谷が平らに伸ばされていく。ゴムシート全体も、局所的に見ればかなり平らになるだろう。風船をふくらませ、その表面に小さな正方形を描き、さらにふくらませていくと、正方形はますます平らに見えてくる。臨界速度で膨張している宇宙では、どんなときでも正方形は平らで曲がっていない。それよりも速い速度、あるいは遅い速度で膨張している宇宙では、それぞれ、負の曲率と正の曲率をもった空間ができる。いずれの場合でも、さらにインフレーションが進めば、局所的にはどんどん平面のように見えてくる。ほとんどすべての曲面は、短い距離だけを見れば、局所的には平面に近く見えるものだ[8]。

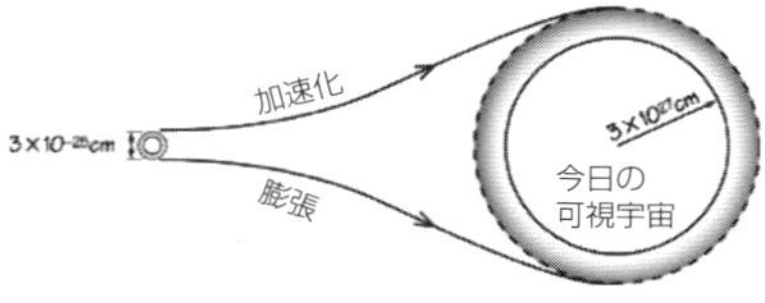

図８・７　膨張の開始直前に光信号によって同時協調的に発生した小さい領域が、インフレーションによって、今日の可視宇宙よりも大きな領域へと成長する。これによって、今日の可視宇宙の均一性が説明づけられる。

　インフレーション理論は一石何鳥にもなる。この理論をもちいれば、この宇宙が今日、臨界境界に非常に近い軌道で膨張することがなぜ自然なことかが説明できる。この宇宙の密度と温度、膨張速度を調べれば、宇宙がなぜ、平均すると、どの場所でもどの方向に向かっても、とてもなめらかなのかが理解できる。星が作られて、自己複製する分子と複雑な生命体を生み出す生化学的なプロセスがそこで進行するために必要な何十億年ものあいだ、生命を支える条件を宇宙が維持することが、インフレーションによって可能になる。宇宙の膨張がこれほど臨界境界に近いものでなければ、星が形成されるはるか以前に、軌道をそれてつぶれてしまい、生命の住めない高密度の大きな塊に戻るか、いっそう急速に膨張するために、銀河や星が凝縮されて生命のために必要な建築ブロックや安定した環境を作り出せなくなるかの、いずれかになっただろう（図8・8）。

このように、インフレーションを発生させる真空の複雑さが自然の統一性の根底にあり、この宇宙が何十億年も存続し、星や生化学的な要素の形成を促す条件を提示することを可能にするのだ。

真空のゆらぎが私を作った

宇宙は神の頭のなかにふっと浮かんだアイデアにすぎない——と言われると、とても居心地が悪い。とくに、家の頭金を払ったばかりのときには。

ウッディ・アレン[9]

真空のゲームからインフレーションが発生し、完璧になめらかで特色のない宇宙ができたとしたら、ものごとはとても退屈なものになっていただろう。手紙に書いてよこすようなことは、ほとんど、いやまったくなかっただろう。この宇宙は均一性のあるものにきわめて近いが、完璧にそうではない。空間のなかの物質密度には、星や銀河や銀河団や、さらには超銀河団などのように、均一性からのわずかなずれがある。[10] 星や銀河の存在を説明するためには、膨張する宇宙が、広い範囲において、平均しておよそ一〇万分の一以上の密度のばらつきをもって、初期の高温状態から出現することが必要だ。インフレーション理論が誕生する前は、そのような不規則性がどこからくるのかは、少々謎だった。純粋にランダムなゆらぎだけでは大きさの説明がつかず、そのゆらぎの源が何であるか、ましてやその規模についても何もわからなかった。この不均一性のレベルと、不均一の程度が観測される天文学的なスケールによって変化する仕組みを同時に説明づけられそうな、新たな説得力のある可能性がインフレーション理論によって提示された。

図8・7をもう一度見れば、インフレーションによって、私たちが今日目にすることのできる宇宙の部分を、膨張が始まってまもない頃の光が横切ることのできるくらい小さな領域から、どのように「成長」させることができるかがわかる。今日、私たちを取り囲む一五〇億光年の空間は、小さな領域から出現した。私たちは、その領域を大きく拡大したものなのだ。もしもなめらかにする完璧なプロセスがあり、なおかつ小さな領域の始まりがもともとなめらかなら、その後のインフレーションによって、大きくて完璧になめらかな領域ができていただろう。だが、残念ながら、完璧になめらかなら、他の部分よりもゆっくりと膨張して、宇宙の膨張から切り離されて銀河や星を形づくり、そのなかで核反応が発生して超新星となり、そこから炭素などの生物学的な元素が作られるような物質の小さな集まりもないということになる。そんなことなら、宇宙はどこも一様だっただろう。構造も星もなく、一糸乱れぬ対称性だけがあったはずだ。

私たちにとっては幸いなことに、絶対にこうはならない。真空には、量子的不確定性のゆらぎが存在するはずだからだ。スカラー場のゆっくりとした変化が宇宙を加速化させることはあるが、そこにはゼロ点運動がなくてはならない。したがって、インフレーションが起こると、ゼロ点のゆらぎによって生じる完全な均一性からのわずかなずれにも、それが作用する。ずれがインフレーション膨張によって引き伸ばされ、宇宙の表面に傷跡のように残り、はるか遠くの天文学的な距離にいたるまで、密度や温度の小さな変動を表す。特筆すべきことに、こうしたゆらぎがとるはずの形と、インフレーションの過程においてたどる運命を予測することができる。こうした真空のゆらぎの作用によって、物質が集まって銀河や星になり、その周囲に惑星が作られて生命が進化できるようになる。真空がなければ、生命の書には白紙のページしかなかっただろう。

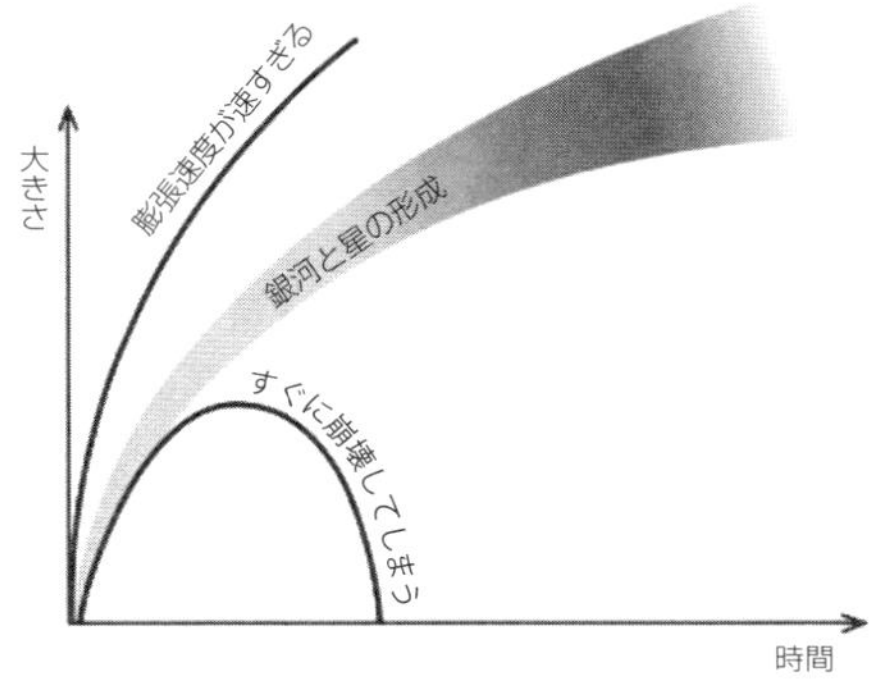

図８・８　膨張速度の遅すぎる宇宙は、銀河が形成される前に、崩壊して大きな塊に戻る。膨張速度の速すぎる宇宙では、物質の集まりが凝縮して銀河や星になることができない。

これらの引き伸ばされた真空のゆらぎについて、予測をしておくべき二つのことがある。平均の強度と、調べる距離によってうねりがどの程度変化するかである。残念ながら、最初の問いには、実際に検証できるような明確な答えはない。そこで、インフレーションという魅力的な概念が力を発揮する。宇宙が膨張を始めた最初の瞬間に素粒子に何が起こるのかを調べようとすればするほど、インフレーションを避けることが難しくなるからだ。ほぼどのようなスカラー場を仮定しても問題はない。非常に特殊な条件に依存することなく、必ずインフレーションに行き着く。しかし、真空から掘り起こされて拡張されたゆらぎの強度を知ろうとすると、インフレーションを引き起こした特定のスカラー物質場の質量を求めなくてはならない。ここでできることは、状況を逆向きに解析して、今、見えている銀河に成長するにはどのくらいの水準の強度が必要だったのかを計算し、それを可能にするスカラー場の質量を決定することだ。これには、多少の作業を要する。銀河は、すでにできあがった姿でゆらぎのなかから出現するのではないからだ。ゆらぎは、とても低い強度で始まることもあるが、徐々にいっそう明確になっていく。平均よりも少しだけ多い物質をもつ領域は、他の領域を犠牲にして、さらに多くの物質を引き寄せる。一種の、「もてる人はさらに与えられる」という、重力のマタイ効果だ。[11] 天文学者たちはこれを重力不安定性と呼んでいる。このプロセスは加速化し、ついには、ほぼなめらかな背景のなかに、密度の高い物質の集まりが作られる。

原子が作られるのに十分なまでに宇宙が冷えてから、最初にあった不均一性が観測可能な星や銀河に成長するのであれば、その不均一の領域がどの程度小さくあるべきかを、逆向きの計算によって求めることができる。[12] すなわち、真空のゆらぎの強度は、およそ10^5分の一程度である必要があるのだ。ビッグバンに由来するマイクロ波背景放射を衛星をもちいて観測することで、この値を再確認できる。古代の真空のゆらぎが、銀河が形成されるずっと以前に、この放射のなかに痕跡を残しているのだろう。天文学者は、マイクロ波背景放射が一九六五年に初めて発見されたときから、過去に記されたこの明らかな痕跡を探し続けていた。そうしてようやく、地球の大気によってひずみの生じる恐れのある位置よりも高いところの軌道を回るＮＡＳＡの宇宙背景放射観測衛星（ＣＯＢＥ）がこれを発見した。その観測結果から、ビッグバンから発生した熱放射が私たちに向かって旅を始めた段階で、求められるレベルのゆらぎが確かに存在していたことがわかった。現在は、この一〇度強の区画で観測された10^5分の一程度のわずかなゆらぎをもちいて、物理学者たちは遠い昔に真空をインフレーション膨張させたとされるスカラー物質場を選び出そうとしている。

幸いなことに、話すべきことは他にもある。真空のゆらぎは、インフレーションを推進している場への感度が高いため、インフレーションから出現するとされているゆらぎのレベルを予測することはできないが、調査にもちいられる天文学的スケールに応じてゆらぎのパターンが変化する仕組みを予測することはできる。こちらは、インフレーションの場やその性質への感度がはるかに低いことがわかっている。ゆらぎが民主主義的な形をとっていて、非常に大きな天文学的スケールにおけるすべての範囲に同一の空間曲率を与えるような、単純できわめて自然な場合もある。COBE衛星によって約一〇度強の空の区画を比較し（満月は約〇・五度）、これらの予測が高い精度で確認された。これは有望な結果だが、そこから観測可能な銀河団や銀河が形成されることになるようなゆらぎを包含する、さらに小さなスケールでの確認が、もっとも大きな課題として残っている。ごく最近、これらのゆらぎが、初めて広い範囲でマッピングされた。ブーメラン実験と呼ばれる南極から打ち上げられた気球実験の結果、臨界境界に非常に近いところで膨張している宇宙の予測にとても近い値が得られたのだ。図8・9に、臨界値よりもわずかに密度の高い宇宙がとりうる形を理論的に予測した連続曲線を背景にして、ブーメラン実験の結果を示した。観測者が探している重要な特徴は、ほぼ一度の区画における温度のゆらぎの振幅にあるピークである。その位置を正確に突き止めれば、宇宙の総密度が正確に調べられる。このピークを明確に観測できたのは、これが初めてだった。さらに小さな角度の区画のデータに、これより低い第二のピークがあるとする意見もあるが、その存在を納得させるには、さらに正確な観測をする必要がある。

二〇〇一年、ＮＡＳＡが探査衛星ＭＡＰ（マイクロ波非等方性探査衛星）を打ち上げ、さらに広い角度を対象にして、はるかに高い精度で、ゆらぎ曲線の形を突き止めることになっている。二〇〇七年には欧州宇宙機関が、いっそう強力な観測装置である人工衛星プランクを打ち上げて、ゆらぎの変化を非常にくわしく精査する予定である。この二つのミッションから、膨大な成果が得られる可能性がある。この宇宙にインフレーションの明確な遺物が実際に存在するかどうかが判断でき、ビッグバンに由来する真空のゆらぎを直接探査できるだろう。

これらの観測結果を、第六章で述べたはるか彼方にある超新星の観測結果と組み合わせると、いっそう強力に宇宙を探査できる。**図8・10**に両方の観測から得られた情報を示す。グラフの垂直軸は、量子的真空エネルギーの形態で存在しうる、宇宙におけるエネルギー密度の量を表し、水平軸は、通常の物質の形態で存在しうるエネルギー密度の量を表す。

ブーメラン実験の観測結果から、この宇宙は、グラフの左下の狭い三角形の部分にあり、かたや超新星は、その観測結果から、それと直角に交差する卵形の領域にあることがわかる。観測の対象領域は、単なる点や線ではなく、面で選択されている。データには、計測上の不確定性があるからだ。注目すべきは、二種類の観測結果の最大の不確定性がそれぞれ反対方向に伸びるため、それらを重ね合わせると、単体で見るときよりも、宇宙の位置を突き止める際の不確定性がはるかに大きくなる点だ。重なる領域では、真空エネルギーの宇宙への寄与が非常に重要であることが求められることがわかる。二つの観測がどちらも正しいなら、それはゼロの近くではありえない。

いたるところでのインフレーション

何も予測したことはないし、これからも決してしない。
ポール・「ガッザ」・ガスコイン[15]

宇宙の急激なインフレーションの利点が初めて認識されてからまもなく、その帰結はこれまでに想像されていたよりも、はるかに大きなものであることが明らかになった。インフレーションが起こる前、宇宙はかなり混乱した状態にあったと想像してみよう。そこには、莫大な数のスカラー場があったかもしれない。それらはそれぞれに異なり、複雑なやり方で他の場に影響を及ぼしている場もいくつかあったかもしれない。それぞれのスカラー場は別々のポテンシャル景観をもち、異なる速度で出発し、異なる速さで減速して、そこに向かって転がり落ちていったのかもしれない。この「混沌とした《カオティック》」インフレーションを描いた無秩序なシナリオから、光の信号によってなめらかにされるほどに小さな領域のすべてが、インフレーションの時期を生き延びたという図が見えてくる。各々の領域が体験するインフ

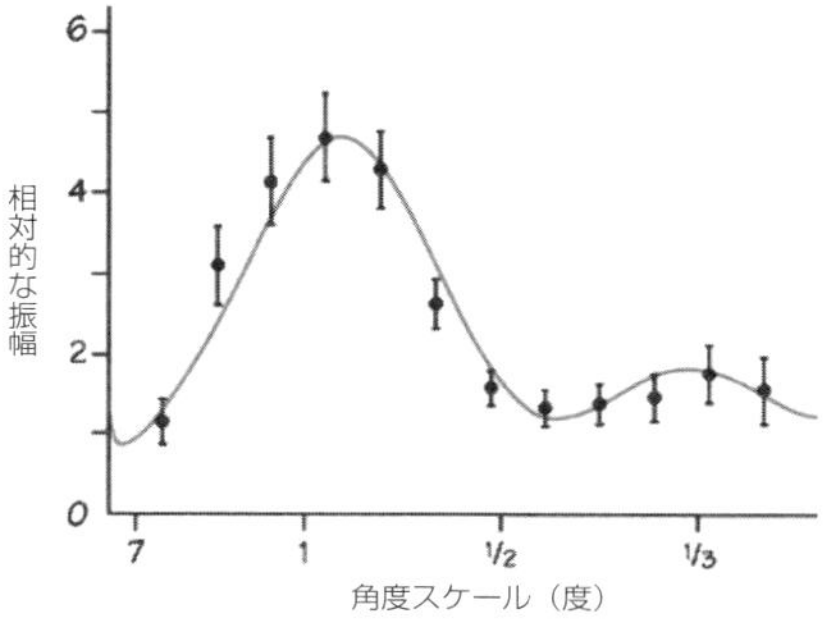

図8・9　ブーメランプロジェクトで発見されたマイクロ波背景放射のなかの温度ゆらぎの変化[13]。ほぼ臨界速度で膨張する宇宙によるゆらぎの予測の、データとの適合度を示す。ゆらぎの第一のピークの角位置は、宇宙の総密度をもっとも高感度に精査するものである。

レーションの量はまちまちだ。大量のインフレーションを体験し、ついには非常に大きくなる領域もあれば、インフレーションを体験することはごくわずかで、その後すぐに膨張が収縮に逆転するような領域もある。ちょうど、泡の集まりがランダムに熱せられると、大きく膨張する泡と、少ししか膨張しない泡に分かれることに似ている。もっとも短命なインフレーションの歴史からは、十分に長い時間をかけて膨張しないために、星が形成されず生命の建築ブロックが作られない領域が生まれる。こうした死産の「泡」たちの内部には、天文学者はいない。大きくて長寿の泡は、何十億年も膨張を続け、生物化学的に複雑なものを形づくる建築用ブロックを作り出すだけの余裕が星に与えられる。私たちのような観測者がいて、宇宙の景色に関心をもつことができるのは、こうした大きくて古い泡のなかだけである。

このような観点から見ると、インフレーションは避けられないもののように感じられる。もしもこの宇宙の広がりが無限で、起こる可能性のあることがどれでも、どこかで起こっているなら、どこかに、位置エネルギーの景観の谷が浅いために、非常にゆっくりとした変化からでもとても加速された膨張が生じるような物質場の存在する領域があるだろう。たとえこの状況がありそうになくても（ありそうにないと考える理由はどこにもないが）、どこかでは起こるだろうし、私たちはそのなかのどこかに住んでいることになる。

このシナリオは、この宇宙の地形図をはるかに複雑なものにする。コペルニクスの時代以降、宇宙における私たちの位置は特別なものではないと考えるように教育されてきた。可視宇宙を観察した結果、平均して、どの場所も、どの方向においても、きわめて類似していることがわかっている。コペルニクスは、宇宙におけるどの視点から見ても、平均して同じレベルの均一性が見られるはずだと示唆している。だから、この宇宙はどこでもだいたい似通っていると予測すべきなのだ。しかし、この意見を信用せず、一五〇億光年先の可視宇宙の地平の先の宇宙でも、ものごとはさほど変わらないとは確信できないと主張する懐疑的な人間はつねにいた。論理的には正しいが、こういう意見の人たちは、はるか彼方の宇宙が異なるものだと考える積極的な理由をもっていなかった。混沌としたインフレーション宇宙が革新的であるのは、その理論によって初めて、目に見える地平のその先の宇宙の構造がとても異なるものであると予測する積極的な理由が与えられたからだ。たとえ、宇宙の始まりが混沌としておらず、ひ

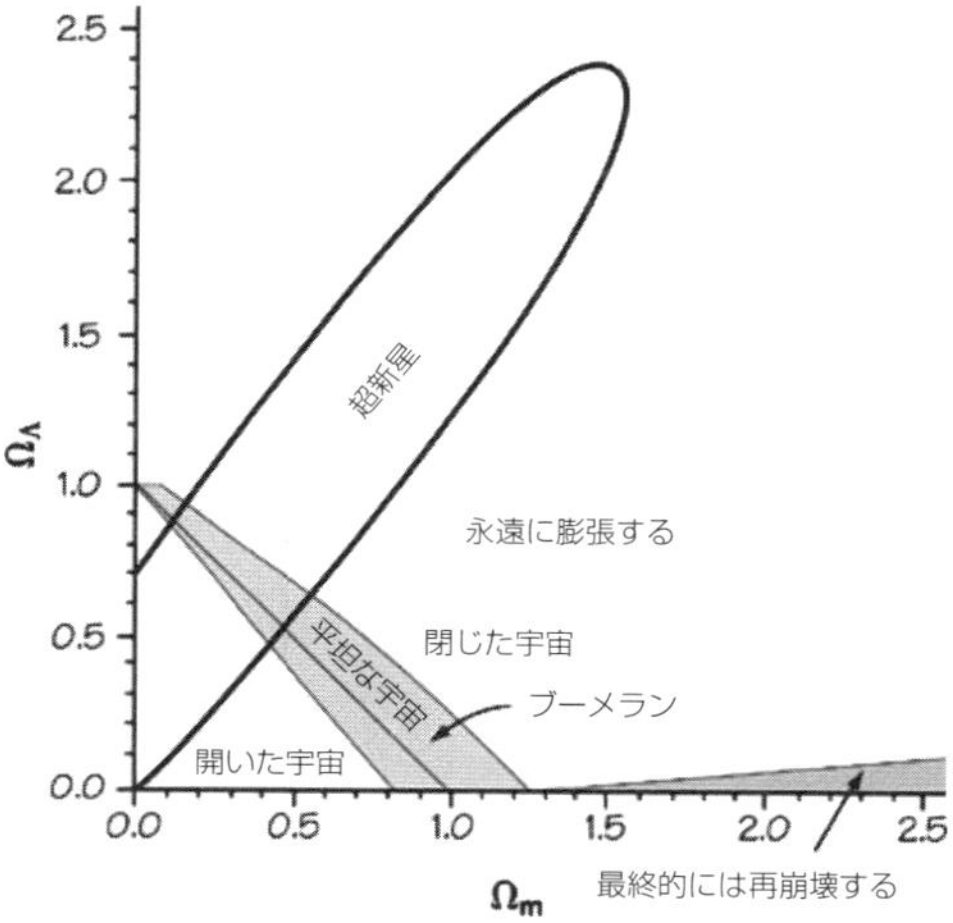

図8・10　物質（Ω_m）と真空（Ω_Λ）の寄与を受けた観測可能な宇宙における総エネルギー密度にたいする相対的寄与の限界。真空は、Λ 圧の形で示す(14)。「超新星」領域は、宇宙の膨張に関係する遠方の超新星の後退の観測結果と互換性がある。「ブーメラン」の領域は、ブーメラン気球飛行実験によるマイクロ波背景放射にある小さなスケールのゆらぎの観測と一致する。「平坦」の線により、開いた宇宙と閉じた宇宙が分かれる。また、もうひとつ網掛けの領域では、宇宙がふたたび「大きな塊《ビッグクランチ》」に崩壊する。こちらの領域は、双方のデータと互換性がない。超新星とブーメランの重なった領域では、宇宙の総密度にたいする真空エネルギーの、ゼロではない大きな寄与が求められる。

とつのスカラーエネルギー場しかなかったとしても、場所によってふるまいがランダムに変化しさえすれば、多数の異なる膨張した領域ができる。現在、それらのなかのひとつの領域において、なめらかで平坦に近い部分だけを見ることができているにすぎない、と考えるべきだ。十分に長い期間、おそらく一兆年ほど待てば、宇宙の膨張によって、ある領域がぼんやりと見え始め、かなり異なる構造が視界のなかにゆっくりと入ってくるかもしれない。その頃には、場所による真空の構造のわずかな変化が、微視的なスケールから銀河系外的なスケールへと増幅されていることだろう。この宇宙のなかの真空の景観にある普遍性と多様性には、膨張を経て、光や暗闇、空間と物質、惑星と人間といった宇宙の多様なものすべての直接的な源となる余地がある。そのために宇宙は、私たちが想像するよりはるかに複雑なものとなる。

多数の真空

近くに住んでいるのであれば、竜を勘定に入れないわけにはいきません。

J・R・R・トールキン

ここまで、位置エネルギーの景観にある谷に、どれだけ多くのさまざまな最小値がありうるかを見てきた。それらの値のレベルがすべて同じ場合も、異なる場合もある。さまざまな真空状態がありうるということの及ぼす影響は幅広い。この宇宙にさまざまな真空がありうるなら、物理学の定数、すなわち、自然の力の強さや特性を測定する量が、ひとつに決まる必要はないということになるからだ。それらの定数は、まちまちの値になっていたかもしれないし、さまざまな量のインフレーションが起こったはるか彼方の領域の一部では、すでにそうなっていたかもしれない。宇宙の真空エネルギーの景観に最小値がひとつしかなければ、物理学の基本的な定数や、自然の力を支配する法則の形態は、どこでも同じであるはずだ。

多数の真空をもつ状況を、よりくわしく見てみよう。初期の宇宙に、**図8・11**のような多数の最小値をもち、波形をした位置エネルギーの景観のなかで動く物質場が存在するとしよう。

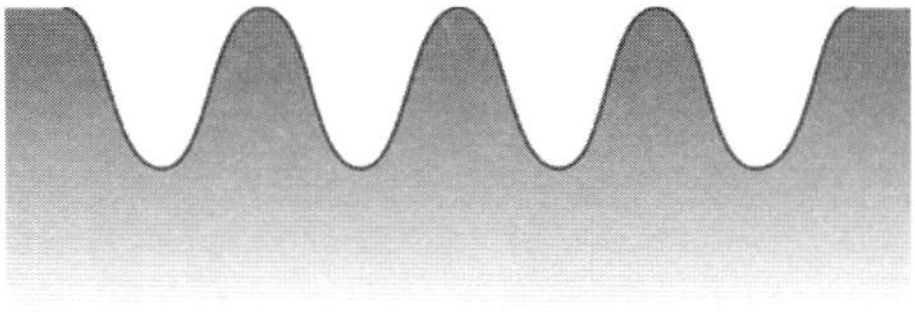

図8・11　多数の最小値がある波状の景観

膨張が始まって宇宙がすぐ冷えたため、場が、この波状の景観のなかのランダムな点に散らされたと想像しよう。すると場は、斜面を転がり始め、局所的な真空状態へと近づいていく。宇宙のなかの別の領域では、場は、別の谷にいて、別の真空状態へと転がり落ちる（おそらくはゆっくりと）。このような多様性の行き着く先はとても幅広い。複数の真空のそれぞれは、異なる自然の力を備えた未来の世界に対応している。ある領域が膨張して、自然の力のなかでもっとも強いものが重力だという状態になるかもしれない。星も、核反応も、化学作用も、生命もない場合もあるだろう。真空が複数あることと、今では自然定数や自然法則と呼ばれている自然の規則に見られる、宇宙における均一性とのあいだには、直接的な深い結びつきがある。話はこれで終わりではない。膨張して天文学的に大きくなった空間の次元の数でさえ、自然定数や自然の力と同じく、谷と谷では違ってくることもありうる。近年、物理学者は、空間（と時間）には、私たちがいつも体験しているよりも多くの次元があるのではないかという可能性を真剣に検討し始めている。どういうわけか、三次元以上の高温の世界では、物理学はより単純で、おのずと統一されているようだ。このような高次元の宇宙と、私たちの観測する空間とを調和させるためには、三つの次元以外のすべての次元が、感知できないほど小さいと仮定する必要がある。どのようにそうなっているのかは、誰にもわからない。おそらく、何らかの知られていない方法で、選択的なインフレーションが起こり、空間の次元のうち三つだけが膨張して天文学的な大きさになる一方、他の次元が感知できないほど小さいままでいるのかもしれない。もしもこのようなプロセスが本当に作用するなら、三つの次元が大きくなったときにだけ作用するのかもしれない。あるいは、その作用はまったくランダムで、大きな次元の数は、無限の宇宙のなかのあちこちで異なるのかもしれない。ここでも、私たちは、生命をもつ観察者は、三つの大きな次元とひとつの時間の矢をもつ領域のなかにいる可能性がもっとも高いと確信できるだけの根拠をもっている。さまざまな次元の空間と時間から生じる帰結を、**図8・12**に示す。

そのような可能性によって、この宇宙のなかにおける私たちの位置についての考え方全体が変わってくる。私たちの存在は、さまざまな自然定数の値が偶然に一致することによって、ようやく可能になることがわかっている。もしもこれらの定数の値が、宇宙の形成のプログラムに変更不可能に組み込まれているのなら、それらの定数が、現在あるように、生命を許容するような値になっていることはまったくの幸運だったと結論づけなくてはならなかっただろう。もちろん、そうなっていなければ、私たちがここにいて、この問題を論じることはなかっただろうが。

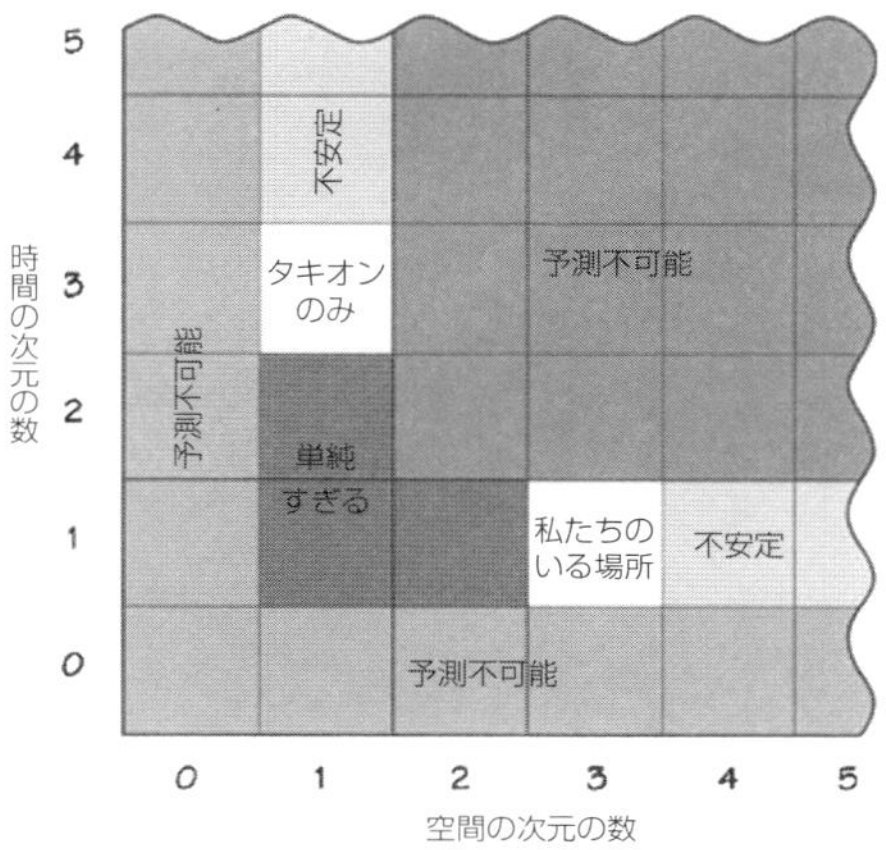

図8・12 さまざまな数の時空の次元をもつ宇宙には、時間の次元がひとつと大きな空間の次元が三つある場合を除いて、複雑な情報処理と生命に資するようには見えない、普通ではない性質がある(16)。

あるいは、炭素や窒素、酸素といった元素の性質にもとづいたＤＮＡ分子という手段をとらない、他の多数の方法によって生命が可能になると主張しようとするかもしれない。実際、多くの科学者（筆者も含む）は、化学的、物理的、あるいはナノテクノロジー的な複雑性の根拠が別にある確率はとても高いと考えているが、星の寿命よりも短い時間スケールにおいて、生命が自発的に発達できるかどうかはさだかではない(17)。いつか、十分に複雑で、「生命」や「人工知能」の名前に値する情報処理の形態を発達させるかもしれないが、それは、自然選択だけでは起こらないだろう。

永久のインフレーション

われわれは、自分が何者であるかを知っているが、自分が何になれるかは知らない。

ウィリアム・シェイクスピア

「混沌とした《カオティック》」真空の景観から、無限の宇宙のいたるところでさまざまな程度のインフレーションが発生しうると認識されてからまもなく、いずれもロシア人物理学者で、現在はアメリカで研究をしているアンドレイ・リンデとアレックス・ビレンケンは、事態はさらに驚くようなものになるだろうと考えた。遍在する激しいインフレーションは、数十億年もの大昔の現象として片づけられなくてもよい。宇宙の歴史を通じて、継続して起こっているはずなのだ。今日でさえ、目に見える地平線の先にある宇宙の大部分は、加速化するインフレーションの状態にあると予測されている。

仮説上のスカラー場はポテンシャル景観の坂を転がり落ちて、もっとも近いところにある真空に向かうように思われるが、真空を量子的にとらえると、坂を下りながらも、場が上下に細かく揺れることがわかる。不思議なことに、単純に坂を下っていく動きより、ジグザグの動きのほうが優勢であるため、ときおり、場が、谷を下るのではなく上ったりもする。これは、とても浅い勾配をきわめてゆっくりと流れる川に似ている。一定の流れのほかに、水面では浮遊物がランダムにあちこちに動いている。全体的な流れがとてもゆっくりで、風がとても強い場合、浮遊物がときおり上流に向かって移動することもある。宇宙論的には、こうした傾向は、すでにインフレーションを経験した宇宙の下部領域内における、さらなるインフレーションの発生につながる。これについては図8・13を参照してほしい。

ここから、インフレーションの自己増殖という驚きの作用が生じる。すべてのインフレーションする領域は、その他のインフレーションする下部領域をいくつか生み出し、さらにそれらが同じことをする。このプロセスは、止めることのできない、永遠に続くものであるようだ。いつかは止まらなくてはならない理由は、これまでに見つかっていない。しかも、このプロセスに始まりがある必要があるかどうかもわかっていない。混沌としたインフレーションのプロセスと同様に、個々の激しいインフレーションからは、大きく異なる性質をもった大きな領域が生み出されうる。そのなかには、大きく膨張する領域もあれば、ごくわずかしか膨張しない領域もあるだろう。空間の次元が多数ある領域もあれば、三つの次元しかない領域もあるだろう。この世界にあるような四つの自然の力をもつ領域もあれば、それより少ない数の力しかない領域もあるだろう。全体的には、ひとつの宇宙のどこかにある、すべての、あるいは少なくともほとんどすべての可能性を実現させるような、物理的なメカニズムを提供するという作用がある。

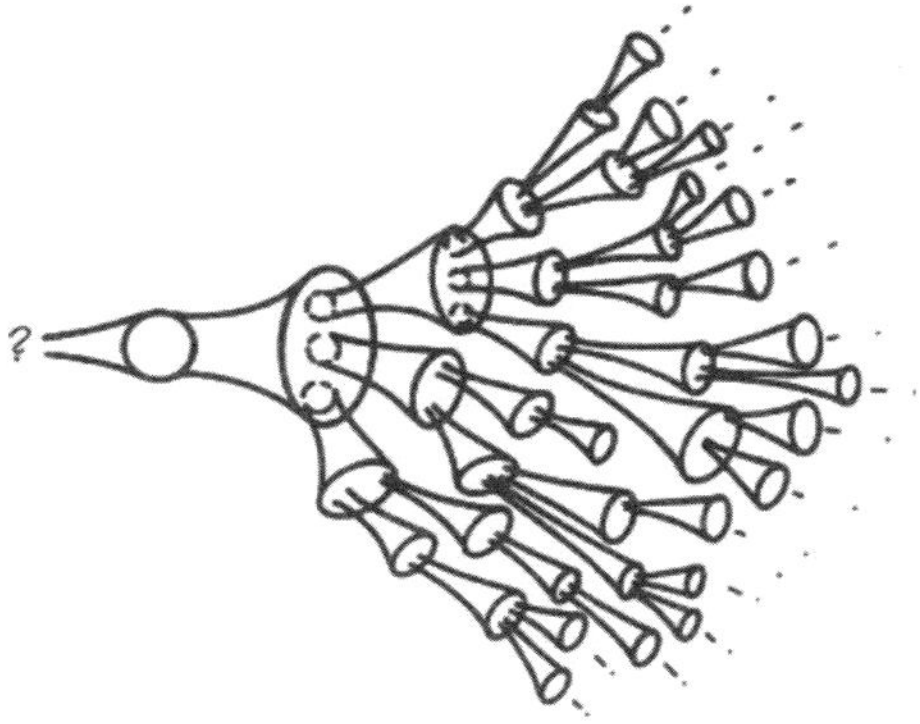

図8・13　永久インフレーション

　これは驚くべきシナリオだ。混沌としたインフレーションの可能性が宇宙の地形図の見方について行ったのと同じように、この宇宙の進化と過去と未来の複雑さについての予想を大きく変革させる。ありうるすべての自然定数の値を並べて、ありうるすべての世界を描写するＳＦ小説がいくつも書かれている。だが私たちの手には、選択肢一式を作り出すことのできるメカニズムがあるのだ。

永久インフレーションとは、宇宙論者たちが意図的に構築したものではない。この宇宙の観測された多数の性質をわかりやすく説明するために提示された理論の、必然的な副産物として現れたのだ。今後行われる天文学的観測によって、宇宙における放射のゆらぎの構造が、この宇宙の可視部分の構造を決めるにあたり重大な役割を果たしたインフレーションと一致するかどうかを確かめることが可能になるだろう。今までのところは残念ながら、永久インフレーションの全体的な構想は、観測による検証を受けるまでにはいたっていないようである。約一五〇億光年より先の距離は、私たちには見ることができない。この距離は、今、目撃している膨張が始まったとされるときから、光が伝わる時間の余裕のあった分の距離である。他のさまざまなインフレーションの領域は、その地平の先にあるのだろう。光の速さが有限であるために、私たちはそれらの領域から隔離されている。いつか、大量の宇宙時間が経過したとき、おそらくは遠い未来の観測者たちが、宇宙のなかの見たことのない島々のうちのひとつが初めて姿を現すのを目のあたりにする特権を与えられるだろう。そこでは、インフレーションがまだ進行していたり、大きく異なる物理法則があったりするのだろう。要するに、この宇宙は一定の状態にありそうでいながら、多くの小さな膨張する泡が存在し、その一個一個から「ベビー宇宙」がひっきりなしに生まれているのだ。この宇宙の大半の領域が、どの瞬間もインフレーションを経験している。私たちは、インフレーションが過去に終わった領域に住んでいる。そうでなければ、ここにいることはできなかっただろう。インフレーションが進行中の領域では、膨張の速度が速すぎて、銀河や星が形成されない。生命を支える環境を整える過程において、これらの必須の段階を踏むには、インフレーションが終わるまで待たなくてはならない。しかし、超新星の観測が正しければ、宇宙のなかの私たちの住む領域で、近頃インフレーションが再開したことを目撃しているのかもしれない。そうだとしても、なぜそうしたことが起こっているのかはわからない。

宇宙の概念はこのようにがらりと変わり、始まりも終わりない宇宙の歴史のなかで誕生した、星や化学作用や生命が発達するために必要な特別な要件が満たされている大きな領域に私たちは住んでいる、と認識されるようになった。宇宙のなかのこの局所的な部分は、インフレーションを経験して、宇宙の目に見える領域を包含するようになった、というのは、話のほんの一部分にすぎない。他の領域では、宇宙はここととは大きく異なることが予測されているのだ。大局的には、宇宙の概念はもはや変容し、私たちの目に見えるものは、全体を表したものではなさそうだ、と予測しなければならなくなっている。私たちを取り巻く宇宙の全体を定義すると期待されるあらゆる複雑さは、真空の構造を反映している。真空とは、底なしのエネルギーの海であり、膨張する宇宙はそこから、独自の道を行く下部領域という形態の子孫を生み出し、それらの領域はどんどん大きくなって冷えていき、最終的には、自身のなかに、さらにベビー宇宙が誕生するような条件を作り出していく。

一見すると、こうしたインフレーションによる再生産は、無から何かを生み出すことのように思われる。実際は、そういうことでは決してない。宇宙のなかにひとつの下部領域が出現して膨張を始めたら、物理学のとても大事な保存法則のひとつに違反するはずだ、という考えもあるかもしれない。そうした法則のなかでもっともなじみ深いものが、エネルギー保存の法則だ。二〇世紀、あらゆる自然のプロセスにおいて、「エネルギー」と呼ばれる量が保存されることが発見された。エネルギーの形を変えたり、いろいろに置き換えたり、それをもちいて質量を放射に変換したり、その逆をしたりできるが、結局のところ、最終的な集計をすれば、合計のエネルギーは同じになることがつねにわかるはずだ。したがって、もしも「無の宇宙」から「宇宙」へと進むなら、無から何か——この場合はエネルギー——を得ることになり、基本的な保存法則が破られると考えられるかもしれない。しかし、ものごとはそう単純ではない。エネルギーは、二つの形態をとる。運動のエネルギーは正であるが、位置エネルギーは負である。位置エネルギーは、重力のように引く力を感じる物体がもつものだ。

宇宙と、宇宙のなかにあって膨張する領域は、それらがもつエネルギーについて調べ始めると、とても驚くべき性質をもつことがわかってくる。アインシュタインの一般相対性理論では、すべての質量とそのなかにある運動のエネルギーの正の値の合計は、質量間に働く重力の寄与する負の位置エネルギーの合計とぴったり釣り合いが取れていると保証される。すなわち、合計のエネルギーはゼロになる。エネルギー保存の法則にひとつも違反せずに、膨張する領域が出現することができるのだ。この結論には少々驚かされる。このことは、負の位置エネルギーの大量の蓄積を利用することで、インフレーションによる膨大な膨張を引き受けることができると示しているからだ。[18]

インフレーションと新しい宇宙定数

どれだけ複雑でも、正しい見方をすればそれ以上には複雑にならないような問題をこれから検討しなければならない。

ポール・アンダーソン

第六章で、宇宙定数の問題という奥深い謎に初めて対面した。アインシュタインは、ニュートンが明らかにした重力は、距離とともに増大するもうひとつの力と組み合わせるべきだということに気がついた。この悪魔を袋から出したことを「人生における最大の過ち」と後悔し、科学者らにそれを忘れてくれと言ったにもかかわらず、新たなものを提案したことを否定する言葉には、まったく説得力がなかった。一九四七年、アインシュタインは、宇宙論の先駆者であるジョルジュ・ルメートル宛の手紙のなかで、失意の念を表している。

宇宙項を取り入れてからというもの、心がいつも重かったのです。でもその当時、有限の物質の平均密度が存在するという事実を扱うことのできる、他の可能性を考えつきませんでした。重力場の力の法則が、論理的に独立した二つの項目を加法でつなげたもので構成されるなど、まったくもって不快でした。論理的な簡潔さについて感じたことを正当化するのには納得がいきません。このような不格好なものが自然のなかに現れるなどとは、どうしても信じることができなかったのです。

宇宙定数を気に入らない人はいただろう。どこかに消えてなくなってほしいと願った人はいただろう。だが、残念なことに、それを排除する相応の理由はないようだ。

ごく最近まで、この問題に頭を悩ませていた物理学者の大半は、宇宙定数はゼロであるはずだと証明するために、まだ見えてこない洞察を探し求めていた。宇宙の膨張が始まってからおよそ一四〇億年後、私たちがこの宇宙に住んでいる時代に、「たまたま」人目をひくようになった宇宙定数のようなものが存在するのは不自然な状況であることから、この姿勢は正しいはずだと信じ込んでいた。ところがこのところ、こうした態度に変化が見られるようになってきた。天文学者が、ゼロではない宇宙定数の存在を示す、強力な証拠を見つけたのだ。その大きさから、宇宙定数は、銀河が形成途上にあるとき――天文学者はこれを「ごく最近」という――に、宇宙の膨張速度を支配するようになったと考えられる。理論家の視点からすれば、これはとても奇妙だ。宇宙定数は、存在するだけでなく、宇宙のなかで生命が発達する時期に作用し始めるような特殊な値をもっている。ただひとつ救いとなるのは、これらの観測結果が正しいなら、説明すべき宇宙定数の値は、非常に特別なものであるということだ。正しい解説を施すべき、特定の標的がわかっている。宇宙定数がゼロであると「説明」づけられる、もっともらしい論理を思い浮かべることはできるだろうが、めずらしい観測値を提示できるようなものはそう多くはないだろう。

インフレーションによって、私たちの抱える謎がたくさん解けた。では、宇宙定数の問題も解けるだろうか。残念ながら、インフレーションがどのような助けになるかは不明だ。この宇宙では、宇宙定数の圧力が真空エネルギーに似ていることはすでに見てきた。インフレーション膨張を駆り立てているス

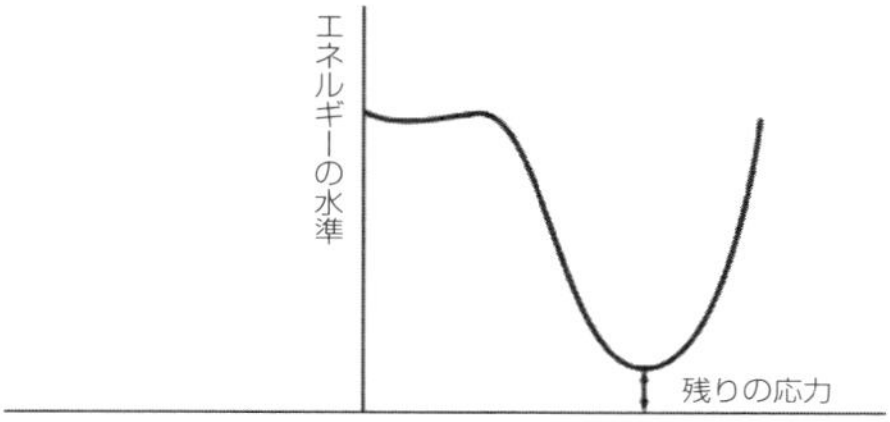

図8・14　ゼロの線より上にくる最小値の高さによって、宇宙のなかの残りの宇宙定数が決まる。

カラー場の位置エネルギー景観を観察すれば、宇宙定数の存在を、その地形にある特殊な性質と関連づけることができる。これまでに示した例（たとえば図8・5など）では、真の真空状態を定義する最小値のレベルは、ゼロの値に置かれていた。しかし、そうする理由はひとつもない。単に、見た目の問題だ。最終的な最小エネルギーの値は、ゼロの線より上のどのようなレベルにでも置くことができただろう。今の物理学の知識では、どこに置くべきかはわからない。しかし、そのレベルが、**図8・14**のようにゼロの線より上であれば、まさしく宇宙定数のようにふるまうエネルギーが宇宙のなかに存在する余地がある。ゼロの線からの高さによって、宇宙定数の大きさが決まってくるのだ。

　数値を見ていくと、状況はさらにややこしくなってくる。宇宙定数の作用は、宇宙が大きくなるにつれ、おなじみのニュートンの重力にたいして着実に大きくなっていく。もしも宇宙定数が、宇宙が数十億年もかけて膨張した後の、ごく最近になって優勢になったのだとしたら、最初は、ニュートンの重力よりもはるかに小さい値だったにちがいない。図8・14にある、ゼロの線から最終的な最小エネルギー水準までの距離が、宇宙定数を説明づけるものではないかと超新星の観測から推定されたが、その値は非常に奇妙だ。およそ10^{-120}、すなわち、1

を、10にゼロを一一九個つけた数で割った値なのだ。これは、科学においてかつて遭遇したなかで、もっとも小さい値だ。なぜ、ゼロではないのか。どうしたら、これほど精密に、最小のレベルを調整することができるのか。もしもこの値が、10にゼロを一一七個つけたものだったら、銀河は形成されなかっただろう。このような極端な値を説明するには、途方もない微調整が必要とされる。インフレーションに、これまでに見落としていたが、インフレーションが終わると真空エネルギーをぴ、っ、た、りゼロにするような、何らかの魔法のような性質があるとしたら、このような値にはならなかっただろう。宇宙は、膨張と冷却を繰り返しながら、ちょうど本章の冒頭で説明した磁石の例のように、ポテンシャル景観で対称性の破れが発生するようないくつかの温度を通過する。これが起こるたびに、真空エネルギーへの新たな寄与が解放され、観測で予測されるよりもつねに莫大に大きな値となる新たな宇宙項に与えられる。しかも、ここで言う「莫大に大きな」値というのは、将来、計算にわずかな修正を施したり、観測の傾向を変えたりすれば、理論と観測が連動するような、観測から推定される値の数倍程度などではない。10にゼロが一二〇個つくような、大きな見積もりのことを言っているのだ。これほど大きな間違いなど、あるものではない。

宇宙定数が存在するかどうか、さらに、存在するとしたら、それがこんな奇妙な値になるのは何のためかなどといった謎は、膨張するスカラー場のポテンシャル景観についての疑問と似ている。なぜ、最終的な真空状態が、ゼロの線にこれほどまでに近いのか。スカラー場が景観の坂を転がり落ち始めたとき、最後はどこで止まるべきかを、どのように「知る」のか。

誰も、これらの問いへの答えを知らない。これらは、重力物理学と天文学における最大の未解決問題なのだ。これらの答えは、多くの形態を取りうるだろう。さまざまな自然の力のすべてを、力の作用を感じるすべてのエネルギー場の真空レベルを規定するようなやり方でつなぎ合わせる、新しく奥深い原理が存在するかもしれない。この原理は、既知のどのような原理とも似ていないだろう。なぜなら、宇宙の膨張のあいだに対称性の破れとして生じる、宇宙定数にたいする考えうるすべての寄与を制御する必要があるからだ[19]。幅広い種類のエネルギーを対象にした物理学を制御する必要があるのだ。

あるいは、宇宙定数がまったくランダムに決定されるような、原理にもとづかない解もあるかもしれない。もっともありそうなのは莫大な値の宇宙定数ではあるが、そうした値では、宇宙があまりに早い段階で速く膨張しすぎて、星や銀河や天文学者が出現すらできなくなってしまう。ありうるすべての宇宙定数の値を示す、ありうるすべての宇宙に目を向けたなら、そこでしか観測者が進化できないからという理由で、あらゆる可能性のなかから、突飛なまでの小さな値をもつ私たちの宇宙に似た宇宙が、おのずと選択されるだろう。実際、宇宙定数が、観測で推定されるより一〇〇から一〇〇〇倍ほど大きかったとしたら、私たちが出現するまでにいたる一連のできごとが起こらなかっただろう。さらに大きな値なら、絶対に起こらなかった。この考え方は正しいかもしれないが、この種の手法では、観測された宇宙定数の正確な値を決して予測も説明もできないだろう。なぜなら、生命は、宇宙定数の値にたいしてあまり感度が高くなく、たとえばその値を二倍するだけでも、生命は不可能になってしまうと思われるからだ。

落下

……だが、たちまち、一瞬のあいだに、わたしたちは変えられる……。

聖パウロ[20]

多数の真空が自然の力や相互作用の特徴を形作っているのかもしれないという見方から、インフレーションの可能性が生まれた。つかの間しか安定しない真空から真の真空への変化がどのように起こるかについては多数の選択肢があり、その原因になると思われるスカラー場の正体については、今のところまだわかっていない[21]。このように真空をとらえると、私たちのいる世界の真空は、深く安定したものであり、「真」の真空、すなわちもっとも低いところにあるものだと、今までのところ想定されてきたことになる。

もしも、私たちのいる場所が、そのような真空の地下室でないとしたらどうなのか。私たちの存在する宇宙の状態が、一時的に安定した状態、あるいは「偽」の真空であることも、まったくもってありうるだろう。真空の景観の、一階ではなくもっと高いところ、ある期間だけ安定した状態にいるのかもしれない。その期間はかなり長い。宇宙の一般法則や性質は、約一四〇億年にわたって変わっていないようだからだ。しかし、あるとき突然に、何の前触れもなく変化するかもしれない。その状態は、**図8・15**に描かれたようなものだと考えられるだろう。

もしもインフレーションによって、図8・15のように、位置景観の浅い岩棚に取り残されたら、崖っぷちから突然に突き落とされて、さらに低い最小値まで落ち込むことになるかもしれない。突き落とす張本人は、宇宙における非常に高いエネルギー事象かもしれない。星と星やブラックホールどうしの衝突によって十分に高いエネルギーをもつ宇宙線が発生したら、ある空間の領域において、新たな真空への遷移を引き起こすことができるかもしれない。[22] 新たな真空の性質によって、次に何が起きるかが決まる。すべての粒子の質量がゼロで、放射のようなふるまいをする真空状態に突然落ち込むかもしれない。すると私たちは、何の警告も受けず、たちまち消滅するだろう。[23] 私たちの生物化学的な生命の形態が、自然界におけるさまざまな力の強さや性質のなかに見られる、ある特定の一致のうえに成り立っていることからすると、真空状態が何らかの形で変化すると、大惨事に見舞われる可能性がとても高くなる。そうすると、異なる形態の生命が存在しうる新たな世界に置かれることになるだろう。そこにある生命が、私たちのような生物化学的な形態から、わずかな進化の段階しか隔てていないはずだとする根拠はない。

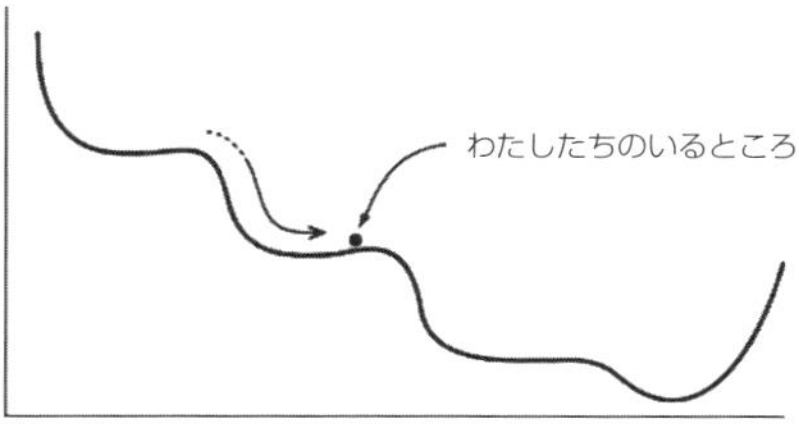

図 8・15　多数の浅い最小値をもつ位置エネルギーの景観は、数十億年にわたり、ある最小値から別の最小値へと徐々に下方に向かっていくのかもしれない。まだ、底に到達していないのかもしれない。

この真空の景観の図は、単なる推測だ。景観の全体像は十分にはわかっておらず、今すでに一階にいるのかどうか、今いる場所の物質の状態が、偶然であれ意図的であれ、さらに落ち込むことのできる階下の真空が存在するのかどうかはわかっていない。自然の力の基本的な性質の一部が予告なしに変化するという過激な可能性について考えてみると、それは、ナイルズ・エルドリッジとスティーヴン・ジェイ・グールドが唱えた断続平衡説を究極までに拡張したものではないかと思えてくる。[24]

二人は、地球上での自然選択による生物学的な進化の経路は、着実に進展するものではなく、ゆっくりとした変化が続く合間に、ぽつぽつと突然の飛躍が起こるものであると提唱した。確かに、山や谷が連なる景観のなかで、力ずくで引きずられていく動きのようなものだと表現することもできる。このような状況下での変化のパターンは、山をゆっくりと上っていって頂上に達したところで、次の山の山腹に突然飛び移り、またしばらくのあいだ、着実に山を上り続けるというものになる。

もしも宇宙がこの例に従うなら、無限の年月の先にいる私たちの子孫には衝撃が待ち受けているかもしれない。なぜ宇宙定数が今の時代にこれほど密接に関わるのかというのも謎だが、「階下への」落下が起こりうる時代が、この宇宙に人類が存在する時代と近いなど、ありそうにないと思うかもしれない。もっとも、宇宙定数との関連がないなら、あるいは、生命の存在によってうかつにも急速な転落を早めるようなことがないのであれば話は別だが。最悪の予想をしておこう。とにかく希望は捨てないことだ。

真空のかけら

猫は、その影と同様に流動的で
風にたいして角度をもたない
滑り落ち、小さく縮み、器用にも
自分より小さい抜け穴をくぐりぬける

A・S・J・テシモンド(25)

本章の冒頭で、三次元の真空の景観を描写した。図8・2にあった、てっぺんに浅い谷があり、つばのいちばん底になる同じ高さのところに最小値が円状につながっているメキシカンハットを想像してみよう。帽子のいちばん底にあたる谷の部分にある円状の真空状態を、エネルギーを変化させずにぐるりと一周することができる。一九七二年、イギリス人物理学者のトム・キブルが、この種の継続的な相互関係をもつ真空が存在する可能性があるということは、宇宙が冷えるにつれて真空の形が変化しうるということであり、それにより、宇宙が形成されたときのエネルギーの記憶が保たれた構造が宇宙のなかに作られるのではないかと考えた(26)。そうした構造が、真空のかけらである。真空の形とパターンには多様なものがありうるが、真空のかけらはそれに応じて、三つの単純な形をとると考えられる。まず、閉じた環でも、終わりのない線でもよいが、「宇宙ひも」と呼ばれる線状の真空エネルギーがある(27)。さらに、「壁」と呼ばれる、永遠に伸長する板状の真空エネルギーがある。そのうえ、「モノポール」と呼ばれる、有限の大きさの球形の結び目がある。ひもには、宇宙を創造した対称性の破れが発生したときの宇宙のエネルギーに相当する、量子の波長によって与えられる厚みがある。同様に、真空エネルギーの板である壁の厚みは、量子の波長によって決まる。

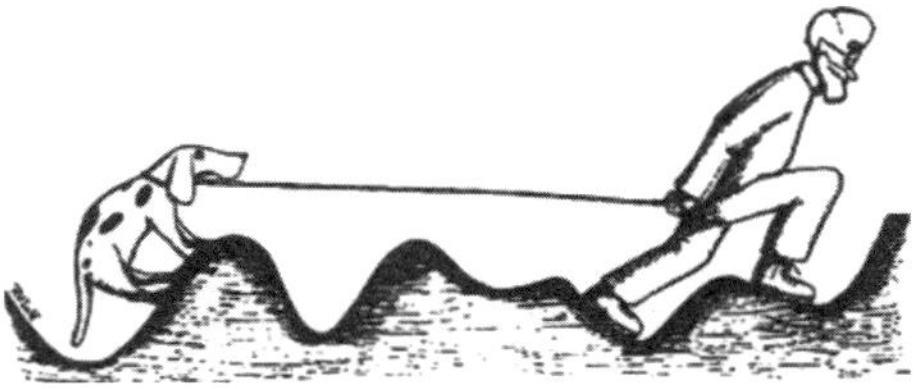

図8・16　多数の最小点があり、力の作用している景観における典型的な進展。犬は、坂をゆっくりと登って頂上に達すると、唐突に、次の坂道のある地点へと飛び移り、また坂道をゆっくりと登り始める(28)。

これら三つの真空の構造は、その存在の可能性が初めて認識されたとき以来、ずっと天文学者の心をとらえて放さないでいる。これらの構造が存在するとしたら、それぞれの宇宙に与える影響は大きく異なるということが、すぐに明らかになった。壁は、非常に高いエネルギーの物理理論を考える場合にのみ現れる構造だった。壁は宇宙に災厄をもたらすものであるため、これは都合がよかった。可視宇宙に一枚の真空の壁が広がったら、宇宙の膨張に破壊的な重力を加え、宇宙のなかのさまざまな方向からの放射の強度が大きく変わってくる。放射と膨張がなめらかであると観測されていることから、今の時点では明らかに、宇宙の壁は存在していないと結論づけることができる。この推論は、直接的な実験で到達できる範疇を超えた非常に高いエネルギー状態において、自然の力の統一理論がもちうる性質に、天文学的な観測からの制約がこのようにかかるという例である。

次に考察すべきはモノポールだ。こちらのほうが、はるかに大きな問題をはらんでいる。壁と違ってモノポールは、この宇宙が、ビッグバンの高温の環境から、私たちの住む現在の低温の世界に変化していったことを説明するいかなる妥当な理論にも、必然的に姿を現すものだからだ。電気と磁気の力が今日のこの世界に存在するのなら、モノポールは、初期宇宙に形成されたにちがいない。だが、その存在は、またもや惨事を引き起こしかねない。モノポールは、宇宙の膨張が始まったときから、モノポールが出現できるようになったときまでに、光の信号が横切る余裕のあったすべての領域内で形成されるはずだ。そのような領域はとても小さい。なぜなら、モノポールは、素粒子の基準からするととても大きく、宇宙にエネルギーがあふれていてその年齢がとても若いときに、ペアになって出現するからだ。ということは、今日、可視宇宙と呼ばれている一五〇億光年の広がりにまで膨張した宇宙の領域には、莫大な数のモノポールが含まれているということになる。見つかるはずのモノポールすべての質量を足せば、すべての星と銀河を足し合わせたものの数十倍にもなる。これは、私たちの住む宇宙ではない。いや、私たちが住めるような宇宙ではない。

一九七〇年代半ば、この「モノポール問題」は、自然のさまざまな力を統一する理論を打ち立てようとしていた物理学者にとって、重大なジレンマだった。候補となった理論には、宇宙の特定の性質、とりわけ、なぜ反物質よりも物質のほうが圧倒的に多いのかを説明づける魅力的な特徴がたくさんあった。だが、どの理論でも、モノポールによる大惨事が予言された。ところが、実験物理学者にはモノポールは見えなかった。いったいどうしてだったのか。

この問題がきっかけとなり、当時、スタンフォード大学にいたアラン・グースがインフレーション理論にたどりついた。加速的な膨張の期間を提起すれば、宇宙のなめらかさの問題を解決したのと同じように、モノポールの問題も解決されると考えた。宇宙が急激にインフレーション膨張することにより、可視宇宙全体が、かつては光の信号によって、わずかなゼロ点ゆらぎを除いて、なめらかで調和のとれた状態に保つことのできた小さな領域から、膨張に転ずることが可能になった。宇宙がモノポールのエネルギー水準にまで冷えると、真空のエネルギー場が向かう方向に食い違いが生じるたびに、モノポールが形成される。食い違いによって真空エネルギーに「結び目」ができ、それがモノポールとなって現れる。モノポールが出現する前に光の信号が横断できるくらいの小さな領域においてしか、結び目は平らにならされない。グースは、かつては、おそらくは真空エネルギーの結び目ひとつと、ひとつのモノポールだけを含むくらいに小さかった領域が、インフレーションの結果、今日ある可視宇宙全体を包含することが可能なまでになったのだろうと考えた。したがって、可視宇宙の膨張にたいする結び目やモノポールの影響は、ごくわずかにすぎないことになり、モノポールが宇宙にまれにしかない謎も当然、説明づけられる。
グースが言うのは、モノポールの形成が妨げられているわけでも（当時、これを証明する方法を探そうとする者が大勢いた）、形成後に何らかの方法で消滅させられたのでも（こちらも証明が試みられていた）ない、ということだ。モノポールは宇宙の膨張によって遠くまで移動させられ、今日では可視宇宙の地平の向こうにある。可視宇宙のなめらかさが、膨張が始まったときの小さな領域のなめらかさの表れであるように、モノポールを欠いていることも、その小さな領域にある真空エネルギーがなめらかで結び目がないことを反映しているのだ。

振り返ってみれば、インフレーション理論を構築した主な狙いは、モノポール問題の解決だった。それによって最初に得られた予期せぬ成果として、可視宇宙のなめらかさと平坦さが説明づけられた。しかし、時の経過とともに、興味の的は、ゼロ点のゆらぎが膨張してわずかな不規則性が生じ、そこから銀河が形成されるといった、インフレーションの予測へと移っていった。この理論の観測にもとづく重要な検証は、今後、ここに焦点を置いて行われることになる。

これで、検討すべき真空構造はあとひとつとなった。それがひもだ。宇宙ひもは、壁やモノポールよりもはるかに興味深いものであることがわかっている。壁とモノポールはどちらも、宇宙内で過剰に増えて、望ましくないほどの質量になる恐れがあり、早い段階で根絶されなければならないが、宇宙ひもはもっと微妙なものだ。最初は、まるでもつれ合った宇宙のスパゲッティのように、宇宙のなかに真空エネルギーの線を複雑な網の目状に張りめぐらす。宇宙の膨張が進むにつれ、網の目は複雑な方法でふるまうようになる。ひもは交差するたびに、**図8・17**のようにパートナーを交換して、自身を作り替えるのだ。

網の目は、宇宙に伸びる長い線状のひもを犠牲にして、小さな多数の輪を作っていく傾向にある。その小さな輪も、できたそばから解けていくさだめにある。輪は、振動して身をくねらせ、自身のエネルギーすべてを、重力波の形で徐々に放射していく。アインシュタインの曲がった空間の図を思い浮かべてみよう。ひもの輪が揺れ動くと、幾何学のなかにさざ波が起こり、それらが光の速さで広がり、池の面に広がる波のように、ひものエネルギーを運んでいく。**図8・18**に、宇宙ひもの入った箱が拡張していくコンピュータシミュレーションを示す。

図8・17　宇宙ひもは、交差すると輪の部分を交換する。

この宇宙の歴史におけるひもの網の目のふるまいには、興味をかき立てられる。どうやら、ひもエネルギーの輪や線の存在が源となって、その周囲に密度のゆらぎが生じて、そこからついに銀河が形成されるようなのだ。しかし、何が起こるかを詳細に計算することはとても難しい。多くの複雑なプロセスが作用し始めるため、世界最速のコンピュータでさえも、ひもから、現在、見えているようなパターンに集まった本物の銀河が作り出されうるかどうかを判断できるほど迅速かつ正確に、すべてのプロセスをたどることはできない。こうした理論を精査する方法は、またもや、ビッグバンによって残されたマイクロ波放射のなかのゆらぎのパターンのなかにある。進展していくひもの網の目から生じた重力場は、その特徴的な痕跡を放射のなかに残していく。対抗理論の根拠となるインフレーションのゼロ点ゆらぎが残した特徴とは、かなり異なるもののようだ。だが、誰もがそう合意しているわけではない。これまでのところのひもの予測が正確に計算されていたなら、地上の検出器から得られる証拠は、それに反するものになっていくだろうが、そこはまだわからない。もっと大規模なコンピュータシミュレーションをもちいて予測をさらにしっかり計算して練り上げる必要があるため、衛星を使った観測だけが十分に説得力のある証拠となるだろう。

銀河の起源を宇宙ひもで解き明かそうとするシナリオは、当然ながらインフレーション理論の対抗理論となる。ひも理論では、宇宙の密度がもともと場所によって不均一であるのは、特定のエネルギー場で明らかに連続している真空構造とは別のさまざまな場所に、ひもの輪が出現するためであるが、インフレーション理論では、ゼロ点のゆらぎが原因となる。この二つの理論は相容れない。インフレーションが、宇宙に形成された壁やモノポールを一掃するように、インフレーションが起こる前にあちこちに形成された宇宙ひもも一掃されるだろう。その場合、宇宙ひもは、銀河の形成にはそれ以上の役割を果たさない。したがって、最初期の宇宙で形成される宇宙ひもの集まりのおかげで銀河が存在するなら、インフレーションは起こらなかったし、今日の膨張が臨界速度に近いことや、究極の統一理論の真空構造には非常に独特な二重構造があるなどといった、この宇宙がもつ謎めいた性質を説明するためにインフレーション理論に頼ることもできない。そうした真空構造はゆっくりとした変化を遂げるはずであり、まずはそれによりインフレーションが発生し、その次は、壁やモノポールをともなわずに宇宙ひもが出現することが許されるような、いっそう特殊な種類の変化が起こるだろう。宇宙論者の大半は、それは無理難題であり、起こりそうもないと考えている。しかし、不可能だという証拠はない。

宇宙の真空のひもは、どれも奇妙な生き物だ。ひもの近くを通る光線を曲げることで、その存在を明

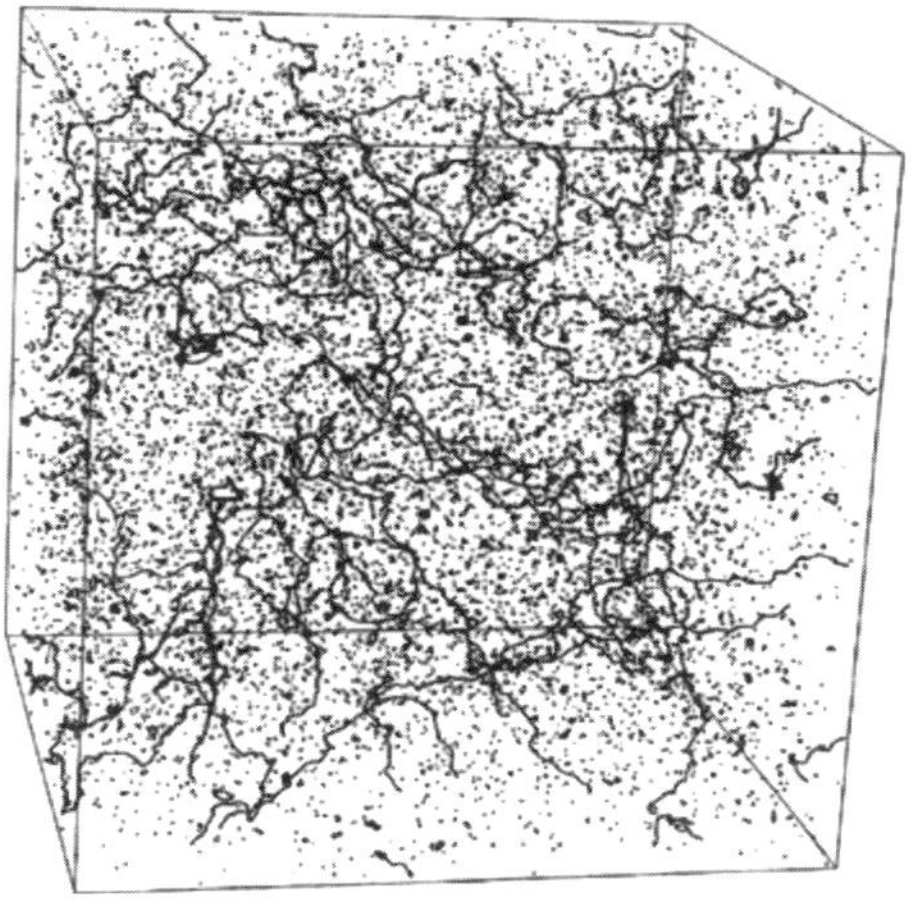

図8・18　膨張する宇宙における宇宙ひもの網の目のコンピュータシミュレーション。ポール・シェラード提供(28)。

らかにすることができる。ひもを決定づける特徴は、単位長さあたりの質量である。その値が大きいほど、質量と、ひもが他の質量に与える重力作用が大きくなる。直線の宇宙ひもがもしもこのページを通過したら、近隣の質量を一緒に移動させるような影響を与えるだろう。それはまるで、ひもの周りの空間が楔形に切り取られ、残った空間が引き寄せられて隙間を埋めるようなものだ（図8・19を参照）。

ひもは、これまでに遭遇したものとは、まったく違うものだろう。天文学者の観測している空間の区域に真空ひもが伸びてきて交差したら、その重力作用は、レンズのようなふるまいをすることになる。ひもの背後にある星は、二重になって見えるだろう(29)。ひもの曲がった部分によって、はっきりとした二重の輪郭が生まれるのだ。天文学者は、この作用を明示するものを探し続けているが、まだ見つかっていない。ハッブル宇宙望遠鏡が大量の二重の像をとらえているが、これらは明らかに、重力場のレンズ効

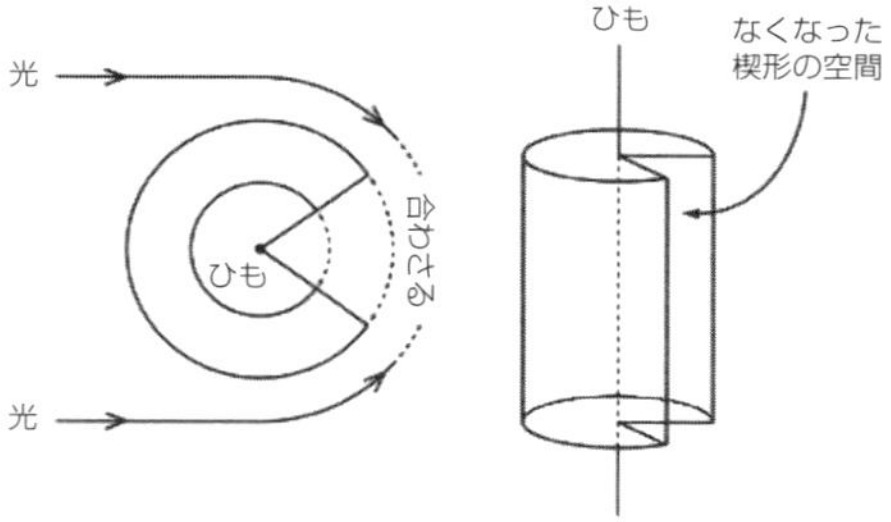

図8・19　長い宇宙ひもがページを通過すると、ひもの周囲の楔形の空間を取り除くことと同等の効果が生じる。このために、光線がひものそばを通ると、まるでレンズを通過したかのように光線が集束する。

果によるものだ。しかしそれらは、宇宙ひもではなく、銀河のような巨大な物体が介在して引き起こされているもようだ。

こうしていろいろな可能性が推定されるところに、真空について物理学者がもつ概念の終わりのない豊かさがかいま見える。真空は、宇宙についてのもっとも優れた理論と、宇宙が今あるような性質をもっている理由の根本にあるものだ。真空は変化する。真空はゆらぐ。真空には、奇妙な対称性や、奇妙な地理、奇妙な歴史がある。身の回りに観察される宇宙の特筆すべき特徴の数々は、どれも、真空のこうした性質を反映したものに思われる。真空についてなお問うことができるのは、真空には始まりがあるのか、真空はいつか終わるのか、しかない。

9 真空の始まりと終わり

まさしく、神への最高の称賛は、無神論者による神の否定であると言われている。彼らは、天地創造があまりに完璧であるため、創造主がいなくとも問題ないと考えるのだ。

マルセル・プルースト[1]

無から生じた存在

読者の方々の多くが属しておられる人類というものは、そもそも子どもっぽい遊びにふけってきているのだ。……この遊びのやり方はというと、まず次の世代に何が起こるのかという賢者の予言を熱心に拝聴する。それから、その賢者の方々がすべて逝去するのを待って、丁寧に埋葬する。そしておもむろに、予言とは違うことをする。ただ、これだけだ。しかし、つまらない趣味しかもっていない人類にとっては、これでもかなりおもしろい遊びなのだ。

G・K・チェスタトン(2)

なぜ、無ではなく何かがあるのか。そのような疑問に答えることは不可能だという意見もあれば、そんな疑問は無意味だとまで言う人や、答えはこうだと言い張る人もいる。科学は、世界についての真相を見抜くかなり効果的な方法であることがわかっている。なぜなら、科学は主に、「どのように」ものごとが起こるのかという疑問を専門的に扱うものだからだ。科学がもしも「なぜ」という疑問を発するとしたら、ある一連のできごとがどのように起こり、何が何を引き起こし、といったことを詳細にわかっている場合に答えられるようなことがらの側面についての疑問であることがほとんどだ。科学理論を根本まで深く掘り下げると、自然界のもっとも基本的な粒子のふるまいを支配する、自然法則と呼ばれるものの基盤が見えてくる。これらの粒子の正体や、それらにできること、結合される方法などは、その帰結を経験の事実に照らし合わせて検証できる公理のようなものだ。ある意味、ものごとがそのようになっていない状況を想像するのは、とても難しいくらいだろう。自然法則の性質が、法則に支配される同一の素粒子の集まりにある性質と密接な関連をもつようになっているからだ。法則のなかには、特定の属性をもつ粒子にしか作用しないものがある。しかし、他の点では、私たちの宇宙とわずかに異なる宇宙を思い描くことは可能だ。これまでのところ、可能な宇宙はひとつしかないと限定するような理論は見つかっていない。これはつまるところ、宇宙の究極理論における真空の景観の性質についての疑問である。景観に谷がひとつしかなければ、ありうる真空の状態はひとつだけになり、それを定義づける自然の定数のありうる組み合わせもひとつしかない。もしも谷がたくさんあるなら、真空も多数あり、自然の定数は、ひとつの可能性によってただひとつに定められることはない。自然の定数はさまざまな値をとることができ、しかも第八章でみたように、今、この宇宙のどこかで、そうなっているかもしれない。それだからこそ、「なぜ無ではなく何かがあるのか」という存在論的な大きな疑問を少し控えめにした疑問が出現した。物理学者は、意味ありげにこの疑問を発することができる。彼らの見解では、世界のある種の側面は、生きた観測者をもとうとしている宇宙にある、避けがたい、あるいは必要な特徴なのだ。

この大きな疑問に関連する科学の諸問題に、宇宙論者や物理学者が取り組んでいる。そうした研究から、宇宙が膨張していることが明らかになった。その歴史を数十億年遡ると、密度や温度が無限になるような時点に行き着き、さらに遡ることが不可能になる。このことから、宇宙には、過去の有限の時間において始まりがあったのではないかという重要な可能性が考察されるようになった。これは推定にすぎず、真剣に検討するつもりならいっそうくわしく調べる必要があるが、とりあえず、この点について少しだけここで考えてみよう。もしも膨張に実際に始まりがあったとしたら、さらなる疑問が突きつけられることになる。その「始まり」は、わたしたちが今日見ている宇宙の膨張の始まりだけを指すものなのか。それとも、あらゆる意味においての、物理的な宇宙全体の「始まり」なのか。もしも後者のほうであれば、始まりのときには、宇宙のなかに物質とエネルギーしかなかったのか。あるいは、時間と空間の織物全体もあったのか。さらに、もしも空間と時間が出現するのなら、自然法則や対称性や定数と呼ばれるものはどうなのか。これらも同じように出現するものなのか。最後に、これらのうちの一部もしくは全部が、歴史における特定できる瞬間に必ず出現するのなら、いったい何から、どのような理由で、どんなふうに発生するのか。

人間には、存在の性質と終わりについて、「なぜ」という重要な疑問を問いかける習慣が古くからある。本書の読者のかなりの人たちは、ユダヤ教やキリスト教の伝統や、その書物や教義を物理的な世界についての初期の知識と調和させるために構築された思想に大きな影響を受けてきた社会に暮らしているだろう。宇宙は無から創造されたとする教義（*creatio ex nihilo*）は、ほぼ、キリスト教の伝統にしか見られないものだ。世界中の神話思想を調べても、異国風の登場人物の演じるものとか、幻想的で印象に残るからくりなどはあっても、基本的な宇宙論を語ったものは、驚くほどわずかしか見あたらない(3)。

「創造された」宇宙という概念は、通常、混沌の状態や構造のない空虚から作り直されたものとか、再建されたものとして受け止められることが多い。あるいは、世界は他の状態から「出現」するのかもしれない。その状態には、いろいろな候補がある。原初の子宮から新たに生まれることも、英雄が混沌の暗い水のなかに飛び込んで、引き揚げてくることもある。以前から存在していた卵から孵化したり、世界と世界が合体してそこから出現することもある。他にも、超人的な英雄と暗闇と邪悪の力がぶつかり合い、そこから世界が生まれるという話もある。これらの描写はみな、赤ん坊の誕生や、敵との闘い、動物の生殖、魚を釣って食べるといった営みと密接につながっている。無から何かが出現することには、赤ん坊の誕生のように痛みと労力がともなう。ときおり抵抗に遭うこともあるが、最終的には成功する。これらの例がすべて、わかりやすいものであるとは限らない。時代が下るにつれて、神話はますます複雑になっていく。世界についてのさまざまな事実が次々と明るみに出て、新たな疑問が投げかけられる。神話をさらに潤色することでしか、答えを示せない。そのために、描写がいっそう手の込んだものになる。

宇宙はそもそも始まっておらず、つねにそこにあったのだ、とする伝統も見受けられる。そうした伝統では、時間と歴史が循環する構図が認められることが多い。それは、農耕社会で利用される季節の循環や、人間の生と死の循環に負うところが大きい(4)。したがって、究極的な現実は永遠の過去から永遠の未来まで連続する一方、地上の世界では死んでも必ず生まれ変わり、先祖の灰から不死鳥のように再生する。**図9・1**に、宇宙論的な筋書きのパターンをいくつか挙げた。

これらの記述において、創造という言葉は、芸術的な意味においても実際的な意味においても、観察されている世界の状態を生じさせることを描写するためによくもちいられている。たいていの場合、素材が与えられ、創造のプロセスによって、混沌から秩序が構築される。素材自体がどこからきたのかには、疑念は差し挟まれない。二人の神が合体して世界が始まったとする物語には、赤ん坊が、以前に存在した事物を並べ替えたものではないのと同じように、かつては何もなかったところから何かが出現するという思考の余地が認められる。しかし、無から何かを作るという概念は、神が以前から存在するとすることで折り合いがつけられた。生じたものは神に何かを負っていた。ちょうど、人間の結合から生じたものには、両親の特徴が表れているのと同じである。こうした物語では、つねに、絶対的な無から何かへの遷移がどのように起こりうるか、という疑問は覆い隠されていた。どの神話でも、この疑問に向かい合った例はない。どの話でも、たいていは超人的な媒介者の意志の働きに助けられて、何かが、他の何かから出現している。これらの物語からは、世界が始まったという概念は受け入れがたいものではないという印象を受けるが、何か他のものが今のような姿へと変化したというものとは違う意味で、世界が「始まった」のではないかという考え方は、理解不能なものらしい。無は、これまでにも見たように、非常にとらえがたい概念なのだ。そして、それを避けることは容易だった。

無からの創造

はじめに、アリストテレスがあった。
静止している物体は、静止し続ける傾向にあり
運動している物体は、静止に向かう傾向にあり
そのうち、すべてのものが静止し
神は、退屈をおぼえた。

ティム・ジョセフ(5)

キリスト教で言われる無からの宇宙の創造とは、有限の過去のある時点で、神が無から宇宙を出現さ

せたという単純なものであると一般的に認識されている。空間、時間、物質、自然の法則など、世界を構成するすべてのものが、まったくの無から一度に突然現れたというように。これらの事物は、それよりも単純で、秩序を欠くか混沌とした混乱から形づくられたのではない。何か他のものから作られたのではなく、創造されたのだ。

前節に記したことのほとんどすべては、いろいろに言い換えたり、解釈したりできる。それでも、無からの創造という古くからある教義は、それほど具体的でも宇宙論的でもない。二〇世紀の宇宙論の到

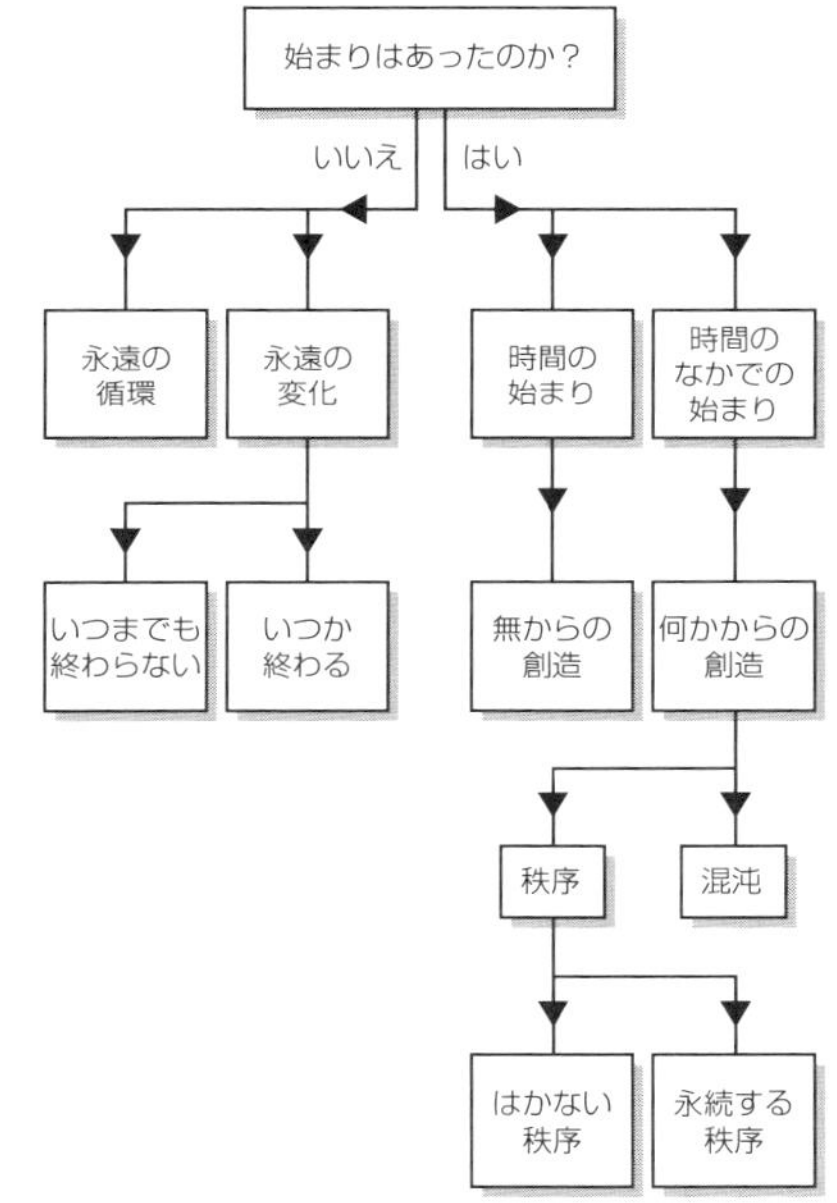

図９・１　宇宙論的な伝統によく見られるパターン

来と、膨張する宇宙とその始まりと思われるものについて宇宙論が見せてくれたかなり正確な像によって、宗教的な概念が少しずつかなり具体的になり、明確に定義されるようになってきたのではないかと見る向きもある。現代の神学者のなかには、無からの創造という古くからの考え方と、現代的な宇宙論的な概念との調和を図ろうと努力する人もいるが、無からの創造という教義は、天文学や宇宙論について今日理解されているようなことを主張するために、キリスト教において誕生したわけではないということを思い起こすとよいだろう。[6] いちばんの目的は、神と宇宙の関係について語ることであった。世界には意味と目的があり、世界は神に依拠していると主張することと、初期キリスト教がその体系を構築するなかで、当時流布していた他の信仰体系とキリスト教信仰との違いを明らかにすることが主な目的だったのだ。[7] とりわけ、自然は神とは同一ではないと明言された。これは、偶像や自然神の崇拝が無益であることを知らせるために役立つ重要な区別だった。また、神の力について神学的な論点を主張することも目指していた。以前から存在する物を使って形を作ることとは違い、創造には、他の源からの助けはまったく必要とされない。神は、物質の秩序あるパターンだけでなく、その存在をも制御していた。

これらの目的には、世界はある明確な瞬間に出現したとする考え方を立証したいと望むことよりも、はるかに大きな意味があった。[8] しかし、後者のほうが、科学とキリスト教の調和を図ろうとする現代の多くのキリスト教擁護者にとっては、大きな関心事であるようだ。[9] 無からの創造という教義を論争のためにもちいることは、もちろん新しいことではない。この教義はそもそも、ギリシア－ローマ世界で広まり継承された他の哲学や信仰とキリスト教とを区別するために構築されたものだからだ。そういうわけで、プラトン主義者は、デミウルゴス〔プラトン主義における世界の創造主〕の行為によって、以前から存在した素材から現在の世界が形づくられたという説を受け入れたが、キリスト教では、素材がまったく存在しないところから世界が創造されたと考えられた。アリストテレスはこれとは反対に、世界は突如出現したのではなく、永遠の世界が過去にも存在していたと主張した。

初期キリスト教は無からの創造の概念をユダヤ教から受け継いだのではないかと考える人もいるかもしれないが、ユダヤ教の文献にそのことが記されているかどうかは、まったく明らかではない。初期ユダヤ教の文献には、宇宙の創造についてのはっきりとした表現はない。この概念は、ユダヤ教の教義には含まれていなかったのだ。この問題についての関心が、ほとんどもたれていなかったようなのだ。ヤハウェの存在と全能について疑いをもつ人は誰もおらず、創造主の必要性を訴えて、神の存在の証拠を求める動機がなかったのだ。体系的な位置づけははっきりとは検討されていないが、この問題について強いて問われれば、無からの創造という概念は明らかに擁護されていた。一世紀の終わり、大きな影響力をもつラビのガマリエルが、世界は以前から存在する素材から作られたのかという問題をめぐって哲学者を相手に論争を戦わせた。[10] 哲学者は、神の業を、創世記の冒頭で手に入った素材（「色」）を使う偉大な芸術家の業になぞらえた。しかしガマリエルは、これらの「色」はすべて、神が創造したものとして聖書に明記されていると反論した。このようにガマリエルは、創世記の冒頭の二文は、もともと存在した素材から世界が作られたとする考え方を支持するものだとする解釈を否定した。そして、創造のための素材に挙げられるものはどれも、神が創造したものであると述べることで、無からの創造を暗に主張した。他の場面と同じくここでもまた、宇宙の他の性質を推論するために使える明確な宇宙論的な理論を構築するのではなく、たまたま宇宙論の姿を借りた神学的な主張がなされているのだろう。世界の終わりについての宗教的な見解もあったのだろうが、それは、いかなる意味においても、世界の始まりについての教義の帰結ではなかっただろう。

「知恵の書」には、全能者が「作った」形のない物質から世界が形づくられたと書かれている。[11] 無からの創造という概念を最初にはっきりと述べたものとしてもっとも頻繁に引用される文章が、マカバイ記Ⅱのなかにある。[12] そこには、「世界の創造主」が「すべてのものの始まり」をもたらした、と記されている。その大筋は、七人の息子が殉教した母親が、末の息子に、「天と地と、そのなかにあるすべてのものを見て、もともとはなかったそれらのものを神が作ったと考え」て、正義の人々を死から必ず目ざめさせるという意志をもち、信仰を捨てないようにと励ますものだ。ただしこの母親には、哲学的な意図などない。ただ、神の力を信じて、復活を望んでいるだけだ。他にも、「非存在から」子どもが世界に出現したことを表すために、同様の言い回しがもちいられる例がある。[13] ここでもまた、無からの創造の可能性が対処法や反例になりうるような、微妙な哲学的な問題の類との関連はない。

したがって、最初期のキリスト教には、無からの世界の創造に関わる、継承された既製の立場というものはない。一世紀から二世紀のあいだに、この概念を徐々に構築させる余地がかなりあった。新約聖書のどこにも、無からの創造という教義が明記されてはいないからだ。西暦一六〇年あたりに、グノーシス主義が挑発的な疑問を発したことがきっかけとなり、神学者がこの概念を真剣に論じるようになった。グノーシス主義では、「なぜ」「いかにして」世界が創造されたかという疑問は大きな意味のあるものである。グノーシス主義者が宇宙論にとくに興味があったからではなく、世界を否定的な見方でとらえていたからだ。彼らは、この欠陥があり不道徳な世界がなぜ出現したか、そうした世界がいかにして、唯一の完全な神の行為から生じることができたのか、という問いにたいする説明を求めていた。そこで彼らは、世界は、限られた力しかもたない下等な存在（「天使」）の集団による創造物であり、天使たちは真の神を知っていたわけでも、神に反抗していたわけでもないと考えた。物質と物理的な宇宙は部分的な現実しかもたないものであり、宇宙の真の計画を乱すようなものであるとみなしていた。そこからの救いを求める手順の第一の目的は、欠陥のある物質世界の破壊であった。初期のキリスト教会で、バシリデスやヴァレンティウス、エイレナイオスらの著作において、無からの宇宙の創造という教義が明確に表現されるようになったのは、グノーシス主義者とその反対派（およびさまざまな中間の立場）のあいだで、複雑な議論が展開されたからである。

バシリデスとグノーシス派のアンティオ教会は、他の派とは異なるグノーシス主義体系を発展させた。創造の性質そのものを定めることに集中したのだ。最初、言い表しようのない純粋な無があった、とバシリデスは考えた。[14] おそらくバシリデスは、無と神を同一視したようであり、あるときには、神を「非存在」と描写した。これはおそらく、神を、神ではないものの名前で定義するという否定神学の一形態を極端にもちいた例だろう。[15] 他のグノーシス主義者とは異なり、バシリデスは、世界の出現するもととなる、発芽する世界の種や、以前から存在する形のない物質があるとする思想を否定していた。このような仕掛けは、神の力や超人的な性質を制限するものであるとみなしたのだ。神が、職人や芸術家のように、手許にある材料を使って宇宙を形づくるとする思想をバシリデスは全面的に否定した。

これは、形のない素材から世界が形づくられたという一般的な概念をはっきりと否認した最初の例である。それ以降、神による創造は、芸術の創造よりも高い次元に置かれなければならないことが明確になった[16]。バシリデスの見解は広く受け入れられるようになり、世界の起源の形成モデルが否定されたことで、無からの創造という概念が二世紀の後半に確立されることになった。ほどなくして、世界の形成モデルは、聖書に記された創造の概念と調和することが不可能であるとみなされるようになった。それ以前の「無」の概念はたいてい、もとから存在した素材をもちいて世界を形づくることが、無からの創造という説の枠内に収まるように定義されていた。しかし、グノーシス主義者としては標準的ではなかったバシリデスは、キリスト教神学者として初めて、無からの創造について、あえて排他的であり、非常に柔軟性に欠けた方法ではっきりと語った[17]。

一世代も経たないうちに、驚くべき態度の変化が起こっていた。二世紀半ばの初期キリスト教会は、世界の創造についてのいかなる特定の教義にも関心を示さず、創世記の記述にあるような、もともと存在した素材をもちいて世界が形づくられたという概念を喜んで受け入れていた。ところがバシリデスの入念な議論によって、事態は反転した。無からの創造が教義として取り入れられ、無以外のものをもちいて世界が形づくられたとする理論は、神の全能性への異端行為であり、神を信じない哲学者の異端理論を信じることであるとして否定されたのだ。創造は「無から」生じる、神は究極の創造主である、神が人間の創造行為に似た行いをするという納得させられやすい従来的な概念を否定するという、三つの考え方を統合した教義が生まれた。

キリスト教の無からの創造という教義が、グノーシス主義者からもたらされたものであることは、奇妙に感じられる。この教義は、決してグノーシス主義的なものではないからだ。グノーシス主義のこの遺産は、グノーシス主義者が複雑な教義の問題に対処するために発展させた、いっそう高度な宇宙論的な思想が反映されたものである。彼らは、彼らが教えたキリスト教的な真実は、既存の哲学や科学から得られる洞察よりも明らかに優れていると考えていた。

世界が形づくられたとする宇宙論の否定は、タティアノスとアンティオキア（バシリデスの出身地でもある）のテオフィルスの著作のなかで初めて明確に記されたが、形をもたない物質が無から創造され、秩序ある宇宙が作られたとする見解が現れるのはその後のことだ。タティアノスは、物質は神の手によって無から作られると主張し、テオフィルスは、無からの創造という教義に、聖書に記述されたしっかりとした根拠を与えた。

現代的な視点からすると、なぜ初期の神学者が、このような苦労をあれこれしたのかと不思議に感じるのも無理はない。無からの創造以外の選択肢はほとんどないようなのに、選択肢を整理するために、これほどまでに複雑な一連の作業が必要とされたことが奇妙に思われるのだ。進展がこれほど遅かったことの理由のひとつが、そのような教義を探していたのではなかったからという単純なものであることを、認識しておいたほうがよいだろう。神学者は、天文学や自然哲学に特別な興味があって、それに突き動かされていたわけではなかった。教義というものはそれぞれ、特定の神学的な論点を擁護する必要が生じたときに応じて構築された。世界はもともと存在する物質を使って作られたとする、敵対するギリシア思想から導かれる神学的な帰結に対抗する必要が生じて初めて、この教義が統合され完成された。無からの創造は、初期キリスト教会の、ギリシア哲学思想との論争の副産物のひとつにすぎない。

当時なお強い影響力をもっていたプラトン哲学の複雑な背景を押さえておくことも必須だ。プラトン的な世界観では、私たちが物質的な世界で目にする事物の完璧な青写真である理想的な「形相」からなる、目に見えない永遠の領域が存在する。したがって、紙に描かれた三角形は、理想の三角形を不完全に表したものなのだ。こういう見方をすると、無の概念について考えることがとても難しくなる。物質的な世界が存在していなかったときの一歩手前を思い浮かべようとしても、そこには永遠の形相が存在する。完全な無は、とても考えられないものなのだ。したがって、混沌とした物質や形づくられていない素材に秩序をもたらして世界を形づくるとする宇宙論は、素材を、永遠の形相のもつパターンに合わせて形をなす《イン・フォーミング》ものとみなすことができる。今日風の表現なら、「情報《インフォメーション》」のコンテンツを流し込む、とも言えるだろう。こうした問題にたいする現代的な考え方にも、プラトン的な懸念がわずかに異なる形でまだ存在する。物質的な宇宙が一切存在しないとか、さらには自然法則が一切存在しないとかなら想像できるかもしれないが、まったくの無というものは思い浮かべることもできないものだ。なぜならそれは、一切の事実が存在できないということであり、ひいては、無は存在するという陳述のような事実でさえ、存在できないということになるからだ。

無についての哲学的な問題と、いかにしてそこから脱したか

慣習的ではない公共での行為は、それが間違っていようと正しかろうと、危険な先例となる。すなわち、最初から、何ごとも行われるべきではない

フランシス・コーンフォード(18)

そもそもなぜ世界があるのかという疑問が、一六九七年に発表された「事物の究極の起源について」

という哲学者のライプニッツの小論文において提起された。[19] 世界が永遠であると考えるか、あるいは、キリスト教正統派の教義で主張されるように世界は無から出現したと考えるかは重要ではない、というのがライプニッツの認識だ。あらゆる理論も信仰もいまだに、なぜ無ではなく何かがあるのか、という問題に直面していた。ライプニッツ以降の長くにわたり、哲学者はこの問題にあまり関心を示さなかった。この種の問題は、事物への理解を一歩一歩構築していく分析哲学の対象ではなかったのだ。ライプニッツの提起した問題は、すべてのことを一度に理解することを要求した。それはあまりに欲張りなことだった。実際のところこの問題は、本質的に解決不可能な問題に認定されたも同然だった。[20] ウィトゲンシュタイン（「世界がどのようにあるのかではなく、世界がこのようであることのほうが謎なのだ」[21]）やハイデガーなど、この問題について考察した哲学者は、その答えを口にすることはほとんどなく、なぜこの問題に人々はこれほど惹きつけられるのかのほうに関心を抱いているようだった。[22]

この問題をめぐる二〇世紀以前における新たな展開は、十分に定義された数学的存在の概念には、宇宙論的な意味合いがあるかどうかという考察がなされただけだった。自己矛盾のない規則（「公理」）の体系が構築され、そこから帰結が演繹されたり構築されたりする公理的な数学体系が発展し、かなり特殊な意味において「存在」する数学的な真実が「創造」されるにいたった。論理的に矛盾のない数学的陳述は、「存在」すると言われたのだ。数学者はその後、「存在証明」と呼ばれるようになるものを作り出すことになったが、これは明らかに、物理的な存在よりもはるかに広い概念だ。論理的にありうるもののすべてが物理的にありうるわけではないだろうし、それらのすべてが、現在、物理的に存在しているように見えるわけでもない。しかし、アンリ・ベルクソンのような哲学者は、この種の弱い数学的存在が、ライプニッツの問題にたいする満足のいく回答を探すためにもちいうる手段であると確信していた。[23]

> 私は、なぜ宇宙が存在するのかを知りたい。……宇宙がどこからきて、どのように理解できるのか。何かがそこに存在しているのか。……ここで、これらの疑問を横に置いて、その背後に隠れているものにまっすぐ目を向けると、次のようなものが見えてくる。存在が、無を征服するものであるように、私の目には映るのだ。……なぜ、無ではなく、身体や精神が存在するのかと自問しても、何の答えも見つからない。だが、A＝Aのような論理的な原理には自身を創造する力があるはずであり、永遠に無を克服するということは、当然のことに思える。……そこで、すべてのことがらがその上に成り立ち、すべてのことがらが明示している原理には、円の定義やA＝Aの公理と同じ性質をもつ存在を有すると仮定すると、存在にまつわる謎は消え去る……。

あいにく、なぜ、見えるものが見えるのか、という問いかけは、失敗に終わるさだめにある。公理系の性質がいっそうしっかりと理解されるにつれ、数学的な体系では、いかなる陳述も「真」になりうるということが明らかになるのだ。ただし、ある体系で真である陳述も、別の体系では偽となることもある。[24]

間接的な情報として、アンドリュー・ホッジの書いたアラン・チューリングの伝記に、おもしろい会話が再現されている。[25]チューリングは一九三九年に、ケンブリッジ大学で行われたウィトゲンシュタインの数学哲学の講義に出席し、数学体系のなかに矛盾が存在することを許容しようとしたウィトゲンシュタインの論法に強く反発した。これにたいしてウィトゲンシュタインは、数学の外で矛盾が嫌われるわけはわかるが、数学のなかで矛盾がどのような害を与えるのかはわからない、と述べた。これに苛立ったチューリングは、数学のなかでの矛盾は、数学の外での災難につながり、橋が落下すると指摘した。何にも応用しなければ、矛盾があっても無害に終わるだろうが。チューリングはついに講義に出なくなった。彼が失望したのも理解できる。公理系にたったひとつでも矛盾（0＝1など）が含まれていたら、その系のなかの対象についてのいかなる陳述も、真であると証明されてしまうのだ（しかも、偽とも証明される）。バートランド・ラッセルがこの点を講義で指摘したとき、聴衆からやじを飛ばされ、2＋2＝5であれば自分がローマ教皇であることがどうやって証明できるかを教えろと迫られた[26]。ラッセルはただちに返答した。「2の2倍が5であれば、4は5になり、これから3を引くと1＝2になる。しかし、君と教皇を足すと2であることから、君と教皇を足すと1になる」。矛盾した陳述は、究極のトロイの木馬なのだ。

　物理的存在を数学的存在で置き換える誘惑は、行き過ぎる恐れがある。すべてのありうる数学的な形式主義が、目の前に並べられていると仮定してみよう。それらはどれも、公理から得られうるすべての演繹からなる大きな網の目に見える。数学的な体系がとても単純であれば、演繹もさほど複雑でないものになるだろう。しかし、公理が豊富にあれば、演繹の海には極度に複雑な構造が含まれ、そこには自己認識の能力が備わるだろう。まるで、惑星の系がいかにして恒星の周囲に作られるかを示す、コンピュータのシミュレーションを構築しているかのようだ。コンピュータに、運動と重力のすべての法則を教え、筋書きに含めておきたいあらゆる物理学と化学を詰め込む。するとコンピュータは、シミュレーション、すなわち人工的な一連のできごとを作り出し、ついには、たとえば地球のような惑星が形成される。コンピュータの計算能力が非常に高くなり、きわめて詳細なシミュレーションが継続されるような未来を想像することもできるだろう。それに続いて生化学的な複製が起こり、初期の生命の形態がシミュレートされるだろう。ついには、コンピュータでモデル化される自己複製子の複雑さの程度が、自己認識をもち、シミュレーションにおける他の自己認識をするサブプロセッサと通信可能な能力をもつレベルにまで到達するだろう。それらは、シミュレーションが自分たちのために設計されたのか、舞台裏には偉大なるプログラマーが存在するのかといった、シミュレーションの性質についての哲学的な議論にも参加するかもしれない。基本的には、こうした「意識をもつ」サブプログラムは、コンピュータの論理的構造のなかにしか存在しない。それらは、機械によって探査され作り上げられる数学的形式主義の一部なのだ。

自己認識のできる構造を含む可能性が、数学的形式主義の一般的な性質なのか、それともかなり特殊な性質なのかという疑問もあるだろう。いつか、これに答えることが可能になるかもしれないが、現在のところ、あまりはっきりとしたことは言えない。人間の意識のような意識が作動するには、ゲーデルの言う算術の不完全性(27)の性質が必要であるかもしれないという物議をかもす提起がなされたことがある(28)。これがもしも正しいなら、数学的体系は、人間の意識ほど複雑な構造をもつには、算術を包含できるほど豊かである必要がある、と言うのと同等である。そうであれば、ユークリッド幾何学は、算術よりも小さく、不完全性をもたないものであるため、論理体系としては単純すぎて、自己認識をもつにはいたらないだろう。この方向をさらに突き詰めれば、意識をもつサブプログラムをコード化する可能性をもつ数学体系の集まりだけを取り出すことができるようになるかもしれない。このような数学的形式主義においてのみ、意識をもつ生命が、数学的な意味合いで「存在」することになるのだろう。

大半の哲学者は、こうした手法を嫌悪する。彼らは、現実の物理的存在と数学的存在は別物とみなしているのだ。ニコラス・レッシャーは、次のように語っている。[29]

……純粋な論理から現実の存在を取り出すことは、手品のトリックみたいなものだ。手品師の帽子には、ウサギは入らない。

数学的な存在は、何であっても「存在」することを可能にする。いかなる陳述も真であるように構成することがつねに可能な公理系もある（陳述が偽になるような公理系もある）。したがって、この種の存在は、実際には何も説明していない。そこで知りたいのは、周囲に見えることのうちこれほど多くのものが、なぜ、一揃いの公理をもつ論理的な規則からなる特定の体系の真理として説明することが可能なのかということだ。これらの公理がさほど風変わりではないという事実から、世界は、驚くほどの程度まで、かなり単純な概念（すなわち、人間に理解できる概念）で描写できることがうかがわれる。

現代宇宙論における無からの創造

そこで神はボーアをお造りになった
するとそこには原理があった
その原理は量子だった
すべてのものが量子化されたが
いくつかのものはいまだに相対的であり
神はそこに混乱を認めた

ティム・ジョセフ(30)

アインシュタインが一般相対性理論を発見したことで、あらゆる宇宙を数学的に記述することが初めて可能になった。直接的に計算によって完全に導かれたのは、アインシュタインの方程式のごく単純な解だけだが、幸いなことに、それらの解は、宇宙の目に見える部分を、過去の相当の時間にわたってきわめてうまく描写している。そこでは、遠くの銀河団が、ますます速度を増しながら互いに遠ざかっている膨張する宇宙が記述されている。特殊な解による正確な対称性からの逸脱も、小さいものであるかぎり、容易に取り入れることができ、その結果、この宇宙の現実にある不均一性をうまく記述できるようになっている。

いろいろな宇宙論における過去の歴史を再構築しようとすると、驚くべき特徴に出会う。物質と放射が今日のようなふるまいを続け、なおかつアインシュタインの理論がこれからも適切であるなら、宇宙の膨張が、無限の密度と温度をもつ状態になった過去の時点があることになる。この性質が初めて認識されると、さまざまな大きく異なる反応が引き起こされた。アインシュタインは、有意な圧力をもたない物質をもつ宇宙が膨張する場合を想定した帰結にすぎないとみなした。(31) 圧力を考慮に入れれば、宇宙が無限の密度に収縮することに圧力が抵抗するだろうとアインシュタインは考えた。ふくらんだ風船をごく小さく圧縮しようとしても、空気圧が抵抗して「跳ね返る」からだ。しかし、この直観はまったくの間違いだった。宇宙のモデルに通常の圧力を含めると、この特異性は悪化した、アインシュタインの理論では、圧力に関連するものも含め、あらゆる形態のエネルギーには質量があり、空間を曲げることで重力に引かれるからだ。よって、無限の密度という特異な状態はなくならない。球形の宇宙が、すべての方向にまったく同一の速度で膨張するという記述を対象としているために、特異な「始まり」が出現しただけだ、と反論する者もいた。膨張速度が、方向によってわずかに異なっていれば、時間を遡って膨張を調べたら、物質は、同じときに同じ場所にすべて収まっているわけではなく、特異性が避けられるだろうというのだ。残念ながら、これもまた、特異な始まりを論破するものにはならなかった。回転する宇宙、非対称的な宇宙、不均一な宇宙には、同じ共通した特徴があった。それは、見かけ上の始まりだ。宇宙のなかに物質が存在すれば、始まりの時点での密度は無限だった。

この結論を避けるために、次は、さらに微妙な可能性に目が向けられた。特異な点へと落ち込んだのは、おそらく、モデルとする宇宙の時間計測や空間のマッピングの手法のせいだろう。地球儀の表面に座標を記すとき、両極で経線が交差して座標上の特異点ができるが、地表では奇妙なことは何も起こらない。同様に、宇宙の見かけ上の始まりには、劇的なことは何も起こらないだろう。時間と空間の計測方法を新しいものに変えるだけで、この過程を必要に応じて、過去に向かって無期限に繰り返すことができる。

こうした可能性があるために、一九六〇年代半ばまでの宇宙論者は、多大な不確定性に悩まされた。だがこれらは、ロジャー・ペンローズの新たな取り組みによって排除された[32]。ペンローズは新しいやり方でこの問題をとらえ、すべての物質の粒子や光線にとって起こりうるすべての歴史の集まりについて考察した。宇宙の形や均一性、時間の計測方法にまつわるあらゆる問題を回避したうえで、アインシュタインの理論が正しくて、時間旅行が不可能であり、重力がつねに引く力をもっているのなら、この宇宙に十分な重力物質と放射があるかぎり、少なくとも歴史の集まりのうちのひとつには始まりがあったはずであり、過去に向かって無限に継続していることはありえない、とペンローズは証明した。観測の結果、最後の条件を容易に満たすだけの十分な量の物質があり、当時知られていた、もしくは仮定されていたあらゆる形の物質には、重力の引く力のあることが明らかになった[33]。

この推論は、多くの点で特筆すべきものだった。宇宙の始まりを特徴づけるものが無限の密度――「ビッグバン」そのもの――であるとする考え方を捨てることで、これほど強力で一般的な結論にたどりつけたのだ。その代わりに、歴史には始まりがあるという単純で適切な概念を取り入れた。それはすなわち、時間と空間の宇宙には端があるというものだ。始まりのある歴史に無限の密度がともなうこともあるかもしれないが、これは、今日いまだに十分な答えの出ていない、まったく別の、はるかに難しい問題だ[34]。しかも、求められるのは、すべての歴史ではなく、ひとつの過去の歴史が始まりをもつことだけだ。今日、この宇宙をとてもうまく記述している単純な膨張する宇宙には、密度が無限になる過去のある有限な時点で、すべての歴史が同時に終わりに到達するという性質がある。ペンローズの考察では、歴史の始まりのもつ性質については何も語られないが、彼の立てた仮説が有効であるときに、その

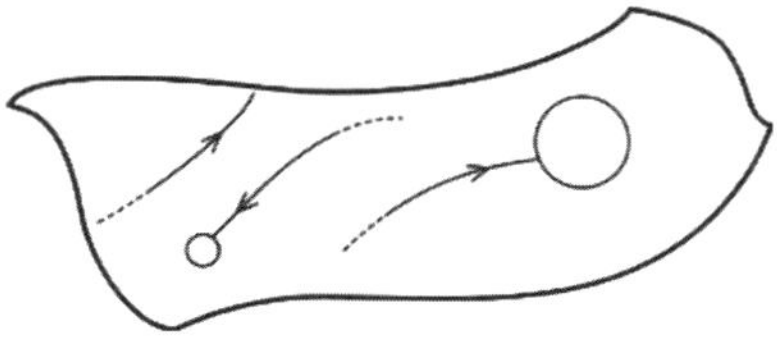

図9・2　特異点は、空間と時間の端の一部である。時空を一枚のシートで表せば、その端は、物質の密度が無限になる場所か、シートに「穴」が開いているために物質密度が有限のままである場所に存在しうる。

始まりが起こったにちがいない、ということはわかる。

これらの定理から予測される特異点には、それがなぜ起こるかについての説明がまったくないという興味深い特徴がある。特異点は、宇宙の時間の端についた印である（図9・2参照）。そこには、以前というものはなく、歴史が始まった理由もなく、宇宙の原因もない。これは、本物の無からの創造を記述したものである。

こうした展開に、神学者や科学哲学者は相当な関心を抱いた。彼らはこれを、この宇宙に実際、時間の始まりがあった証拠であるとみなしたのだ[35]。一九六〇年代半ばから一九七八年あたりまで、これらの数学定理は、この宇宙に始まりがあったことを示す証拠として、広く引き合いに出された。しかし、それらは数学の定理であって、宇宙論的な理論ではないことを承知しておくべきだ。結論は、仮定から論理的推論を経て導かれる。その仮定はどういうもので、それを信じるべきなのか。残念ながら、中心となる二つの仮定は、現在では、有効ではなさそうだと考えられている。そこで、アインシュタインの一般相対性理論の方程式が、重力の量子効果をうまく包含する改良された理論に取って代わられることが期待される。その新しい理論には、この宇宙がそうであるように、密度が低いときにはアインシュタインの理論にそっくりになるという性質がある。実際、自然界のすべての力の究極理論の候補と目されている、素粒子と重力を対象とする超ひも理論には、低エネルギー環境においてはアインシュタインの方程式に等しくなるという好ましい性質がある。改良された新理論には、アインシュタインの理論の特徴である単一の歴史は含まれないだろうという予測が一般的だが、新たな理論が手に入るまでは確信はもてない。

ペンローズとホーキングの理論をもちいて宇宙の始まりを推論することにたいして、もっと率直な反論もある。これらの理論における主な仮定は、重力はつねに引く力をもつというものだ。定理が最初に証明されたとき、この仮定はきわめて健全なものとみなされ、これを疑う特別な理由などひとつもなかった。しかし、状況はすでに変化した。素粒子物理学と、自然の力の結びつきへの理解が急速に進展した結果、自然には、重力場に反発する物質の形態があると予測すべきであることが明らかになったのだ。さらに、そうした場はとても魅力的だ。それらのなかには、インフレーションを促進するスカラー場が含まれる。実際、宇宙の膨張を加速化させるインフレーションのプロセス全体は、これらの場の反重力の作用から生じるものなのだ。その結果、考え方が一八〇度転換した。一九七〇年代の終わりまでは、この宇宙にあるすべての物質には重力の引く力が働き、特異点定理の仮定が有効であると広く受け止められていたが、一九八一年以降は、その正反対のことが信じられるようになった。すなわち、すべての物質に重力の引く力が働くことは、ありそうになく、好ましくないというのだ。確かに、今日の宇宙の膨張の加速化についての最近の観測データによると、それが正しければの話だが、反重力を示す物質が存在することがわかっている。ニュートンの重力に反発する宇宙定数を与えているのは、宇宙の真空エネルギーである[36]。

特異点定理の論理では、定理の仮定が成り立つなら、過去に特異点があったはずだとされている。仮定が成り立たなければ――今のところその可能性が高いと思われている――始まりはないと言い切ることはできないが、定理は成立しないとは言える。反重力物質のある宇宙では、密度が無限となる始まりがまだなおあるが、そうでなくてはならないわけではない。始まりの必要性を回避するような、ひとつの驚くべき事例を以前に挙げた。自己増殖する永遠インフレーションの宇宙には、ほぼまちがいなく始まりがない。そうした宇宙は、過去へと無期限に継続することができるのだ。

したがって、特異点定理についての過去の結論は、もはや、この宇宙に適したものであるとは見込めないと宇宙論者は考える。これらの定理における重要な仮定――重力は引く力であることと、エネルギーが非常に高く、量子重力効果が介在するはずの最初期まで遡っても、アインシュタインの一般相対性理論が正しいこと――はもはや、正しいものである見込みがないのだ。では、その代わりに何があるのか。

何物からも創造はない？

わたしたちは音楽を作る者
わたしたちは夢を見る者
誰もいない白波のそばをさすらいながら
わびしい川辺に座りながら
世の中で負け、世を捨てた人のうえに
青白い月がかすかに光る
それでもわたしたちはこの世のなかで
永遠に動き、震えるようだ

アーサー・オショーネシー「頌詩」

星や銀河を含む膨張するこの宇宙全体が、まったくの無から自発的に出現したのでないなら、いったい何から生じたのだろうか。古代からあるひとつの説に、宇宙にはもともと始まりなどないというものがある。宇宙はつねに存在していた。この類の説のうち、かなり強烈で印象的なものとして、宇宙は循環する歴史をたどり、周期的に、大火にのまれて消滅しては、灰のなかから不死鳥のように蘇るというものがある。(37) このシナリオに相当するものが、膨張する宇宙という現代の宇宙論のモデルである。**図9・3**のような、最大まで膨張した後、収縮してゼロに戻るという歴史をもつ、閉じた宇宙について考えてみよう。すると、興味をかき立てられる可能性が見えてくる。

これは、特異点で始まり1で終わる、一サイクルの宇宙だ。(38) だがここで、この宇宙はふたたび膨張し、このふるまいを何度も繰り返すと想定してみよう。もしもこれが起こりうるなら、私たちが、最初のサイクルのなかにいるはずだとする理由はない。過去に無限の数の振動があり、未来にも同じような回数の振動が訪れることが想像できる。特異点が、各サイクルの最初と終わりに出現するという事実に気づいていないだけだ。反重力によって、無限の密度の少し手前で止まることがあるかもしれないし、もっとめずらしい経緯が特異点を「通り抜ける」こともあるかもしれないが、これは単なる想像にすぎない。

ただし、こうした想像はまったく制限なく自由にできるわけではない。自然を支配する中心的な原理のひとつである、閉鎖系のエントロピー（混乱）の合計は決して減少しないという熱力学の第二法則が、サイクルからサイクルへの進展を制御していると仮定しよう。[39] 秩序ある形態の物質が徐々に、混乱した放射へと変形し、放射のエントロピーが着実に増加する。その結果、**図9・4**のように、宇宙内の物質と放射による総圧力が増加し、宇宙の大きさが、膨張のそれぞれの最大値において増大する。[40] サイクルが進むにつれ、宇宙はなんと、どんどん大きくなる。興味深いことに、宇宙は、インフレーションの帰結とみなされる平坦な臨界状態へとますます近づいていく。小さいほうのサイクルに向かって時間を遡っていけば、どこか有限の過去に始まりがなくてはならない、という必要はまったくない。ただし、サイクルが十分に大きく、年齢も高くなり、原子や生物元素が形成されるようになってからしか、生命は存在することはできない。

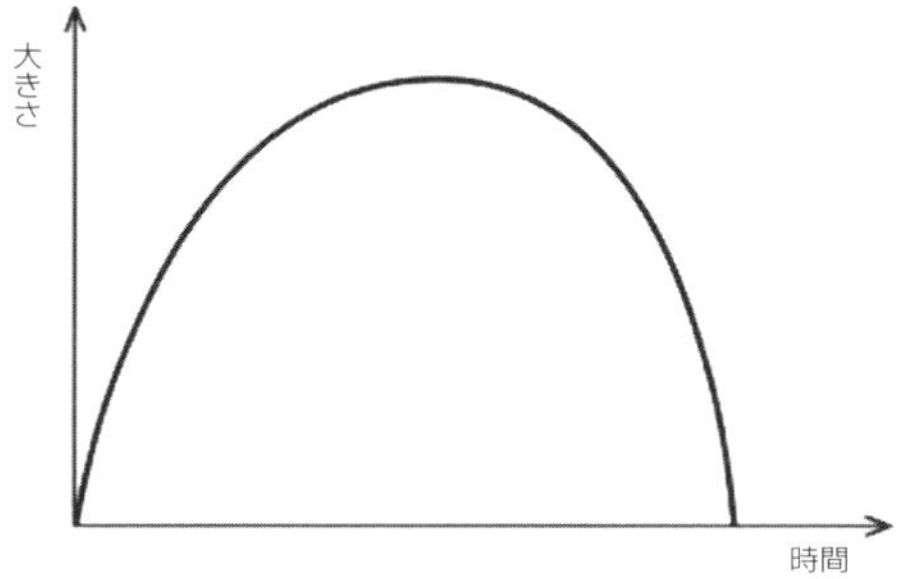

図9・3　1サイクルの閉じた宇宙

長いあいだ、この一連のできごとは、この宇宙が過去の無限に連続する振動を経験してこなかったことの証拠であると解釈されていた。エントロピーの増大により最終的には星と生命の存在が不可能になるだろうし、宇宙のなかで陽子一個あたりに平均して計測される光子の数（約一〇億個）から、どれだけの量のエントロピーが作られたであろうかが計算できるからだ。[41] しかし、この値が、サイクルが進むにつれて増加し続ける必要はないことが今ではわかっている。それは、エントロピー増大を測るものではないからだ。宇宙が跳ね返ると、あらゆるものが混ぜ合わされ、陽子と光子の相対的な数が初期に起こったプロセスによって定められる。この種の問題のひとつに、ブラックホールがあるだろう。私たちの天の川銀河を初め、多くの銀河の中心に観測されるような巨大なブラックホールがいったん形成されると、サイクルが進むにつれて宇宙のなかでどんどん大きくなり続け、宇宙が跳ね返るたびに壊れてしまったり、私たちには見ることもその重力を感じることもできないような別の「宇宙」になったりしなければ、莫大な大きさになり、ついには宇宙を飲み込むことになるだろう。

サイクリック宇宙を補足する奇妙なものを、最近、マリウシュ・ダブロウスキーと筆者の二人が発見した。アインシュタインの宇宙定数が実際に存在するなら、その値がいかに小さい正の値であっても、反重力効果によって、サイクリック宇宙の振動が最後には止まることを証明したのだ。振動がどんどん大きくなると、ついには宇宙があまりに大きく膨れあがり、宇宙定数が物質の重力よりも優勢になる。実際にそうなると、宇宙は加速化する膨張の段階へと乗り出し、宇宙定数を生み出している真空エネルギーが遠い未来に謎の衰退をすることがないかぎり、宇宙はその状況から決して脱出することはできない。これについては**図9・5**を参照してほしい。このように、跳ね返る宇宙は、無限に振動する未来から、いつかは脱出することができる。それまでに永遠の振動を繰り返していたとしたら、膨張を続ける最後のサイクルのなかに自分たちがいると考えられるかもしれない。ただしそのサイクルが、生命が進化して持続できるようなものであればだが。

宇宙が始まりをもつことを避けられるようにするもうひとつの手段は、第八章で述べたような、永遠のインフレーションの歴史によって作られる風変わりな一連の進化の段階を経ることだ。すでにインフレーションを経験している領域内で生じる一連のインフレーションに、全体としての始まりがあったは

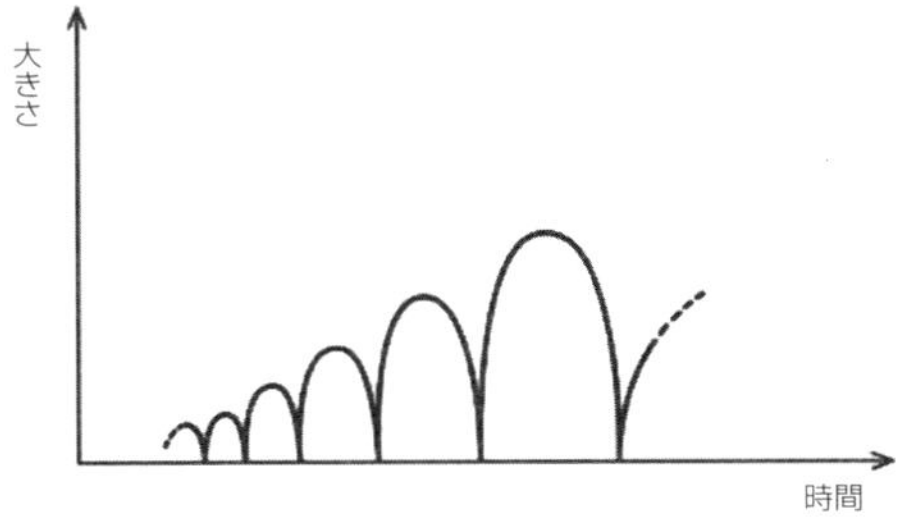

図9・4　多くのサイクルをもつ閉じた宇宙。サイクルの大きさが徐々に増していく。

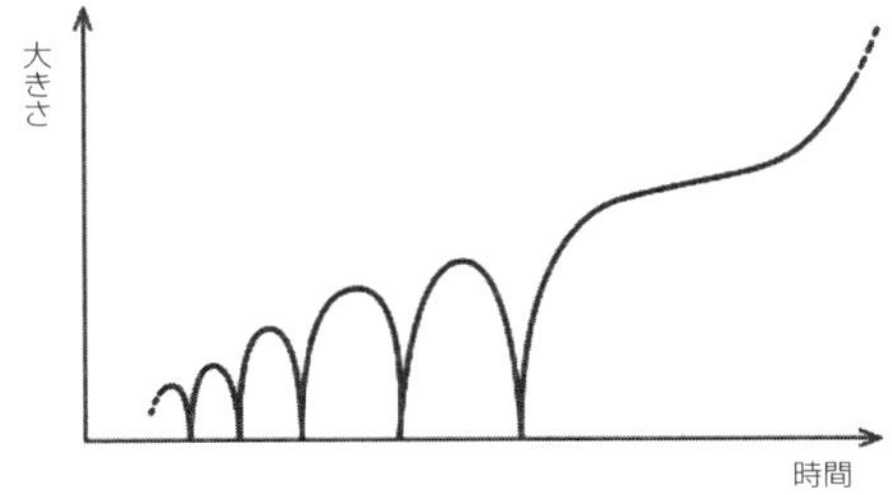

図9・5　多数のサイクルをもつ宇宙は、最後には、宇宙定数の存在によって、膨張を続ける宇宙へと変容する。

ずだとする理由はないようなのだ。どのような特定の領域の歴史においても、インフレーションの量子的事象のなかに明確な始まりをもつことは可能だが、全体としてのプロセスは、永遠にも、過去にも、そして現在にも、ずっと進み続けることができるだろう。

現代宇宙論の研究のなかでもっとも興味深い特徴は、無からの創造という伝統的な概念が、宇宙論者による初期宇宙の数学的なモデルの検討傾向に影響を与えていることである。一九七〇年代にホーキングとペンローズの定理によって予測された特異点は、多くの宇宙論者によって、アインシュタインの重力理論を実際に予測するものとして喜んで迎えられた。ただし、実際に予測されていたのは、密度が非常に高くなり、重力の量子効果がもはや無視できなくなる過去の有限の時点に、その理論では宇宙をうまく記述できなくなるということだったのだが。物理学の他の分野では、物理的に計測可能な量が無限になるという予測が現れることは、適用しようとしている状況には、その理論が適用可能でなくなってしまったという合図であると決まっている。その場合、改善を施して、より広い範囲の物理現象に方程式を適用できるようにする必要がある。それでも、物質密度の無限と、空間と時間の始まりが見えてきたことを、多くの科学者は許容した。予測の崩壊は、理論が不完全であるからではなく、宇宙に始まりがあるからだと解釈される場合が多かった。おそらく、この宇宙に「始まり」があることから形づくられる全体像が、西洋人の大半にとって、幼いころからなじみのある宗教的伝統の影響から心地よく感じるものであるからだろう。

これと同じような理由から、宇宙はつねに存在していたという概念には、いっそう多くの反論が寄せられるようだ。ヘルマン・ボンディ、フレッド・ホイル、トーマス・ゴールドの提唱する定常宇宙には、科学者と科学者でない人の双方から、反論がおおいに寄せられた。反対の声は、宗教的な立場の両極端からあがってきた。キリスト教徒は、無からの急激な創造が現実にあったことを否定するとしてこれに反対し、旧ソ連のスターリン体制は、よりよい世界に向かう進歩と進化の可能性を否定しているとしてこれに反論した。

一見すると、始まりのないことは、科学的なアプローチにとって有利に思われる。推論や説明をすべき、やっかいな出発時点の条件がないからだ。だが、これは幻想だ。それでもなお、なぜこの宇宙には、過去の無限の時点において、特定の性質——膨張速度や密度など——があるのかを説明することは必要だ。

宇宙の現在の膨張がどこから生じたものと考えられるかについては、具体的な候補がいくつかある。**図9・6**に、いくつかの選択肢を示す。概念的にも形而上学的な影響にも大きな違いがあるが、どれも、観測された宇宙の現在と過去のふるまいとまったく矛盾はない。

真空の未来

するど星も太陽も目をさまさず
光には何の変化もなく
水の音もゆるがず
どのような音も目に映るものも
冬の葉も春の葉も
一日一日も昼のできごともなく
永遠の眠りが
永遠の夜にあるだけ

アルジャーノン・スウィンバーン(42)

宇宙の真空エネルギーがいかにして、宇宙に始まりをもたせないようにしているか、初期のインフレーション宇宙に影響するか、今日の膨張を促進しているかについてこれまで学んできたが、真空エネルギーのもつもっとも劇的な効果、すなわち宇宙の未来を支配する力については、これから考察する。アインシュタインの宇宙定数として現れる真空エネルギーは一定のままだが、この宇宙の物質密度に寄与する他のすべてのもの——恒星、惑星、放射、ブラックホール——は膨張によって希薄になる。観測から示唆されるように、真空の宇宙定数が最近になって宇宙の膨張を加速化させ始めたのなら、真空エネルギーは将来に向かっていっそう力をもつようになるだろう。この宇宙は、膨張と加速を永遠に続けるだろう。温度は急速に低下し、恒星は核燃料の備蓄を使い果たして崩壊し、ぎっしりと詰まった冷たい原子や凝縮された中性子、あるいは巨大なブラックホールなどの、密度の高い生命を失った遺物となるだろう。巨大な銀河や銀河団でさえ、外に向かって流れ出る重力波や重力放射によって自身を構成する恒星の動きが徐々にゆるやかになり、内側に向かってらせんを描き、やがて同じ道をたどるだろう。すべての恒星は中心にある巨大なブラックホールに飲み込まれ、そのブラックホールは成長を続けて、ついには手の届く範囲にあるすべての物質を消費してしまう。最終的に、すべてのブラックホールは、ホーキングの蒸発プロセスによって蒸発して姿を消し、相互作用せず、ほとんど構造をもたない安定した素粒子と放射の大量の集まりからなる宇宙が作られる。あるいは、もしかするとブラックホールは完全には蒸発せず、安定した物質の小さな残骸や、別の宇宙（または、この宇宙のなかの別の部分）へのワームホールの連絡通路、さらには本物の特異点などといった、もっと風変わりなものを残すかもしれない。それは誰にもわからずにいる。

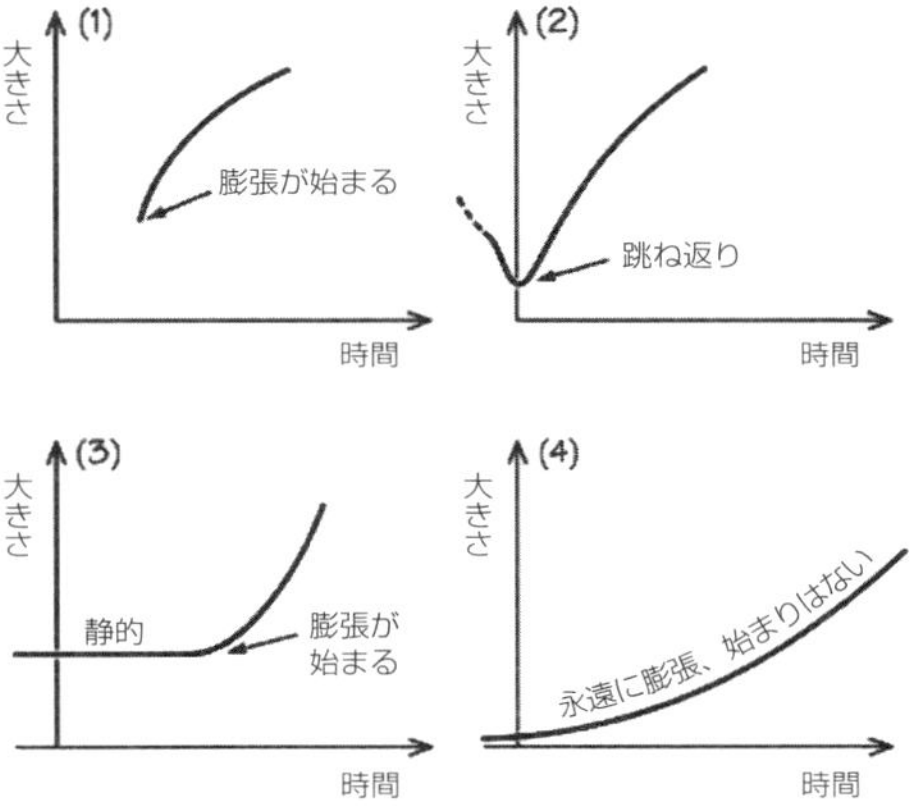

図9・6　現在の状況の観測による、わたしたちの宇宙の「始まり」のいろいろな例

宇宙の真空エネルギーについてもっとも魅力的なことは、空間の形と宇宙の膨張速度を決定しようとする最終段階において、他のすべての形態の物質とエネルギーに勝るということだ。真空エネルギーが支配するようになる前のもっと初期の時代に宇宙の構造がどんなものであろうとも、すべての古代の道はローマに通じていたように、膨張を続ける宇宙は、

ド・ジッター宇宙と呼ばれる非常に特殊な加速する宇宙に近づいていく。この名称は、有名なオランダ人天文学者のヴィレム・ド・ジッターにちなんだものであり、彼は一九一七年にこれが、アインシュタインの一般相対性理論のひとつの解であることを発見した。ド・ジッター宇宙は、ありうる宇宙のなかでもっとも対称的であることで知られている。

加速化する宇宙が、始まりのときの記憶をすべてなくしているという性質は、ときに「宇宙無毛特性」と呼ばれる。この奇妙な名称は、すべての加速化する宇宙は同一になっていく、つまり、個々を区別できる特徴（比喩で言えば、髪型）が一切なくなる、という点に着目したものだ。このように、同一の未来の状態へと容赦なく移行していくことは、宇宙が加速化を始めたときに、情報の喪失が起こっていることを示している。膨張速度が速すぎるため、宇宙のあちこちに飛ばされる信号の中身の情報がすぐさま劣化する。すべてのものがいっそうなめらかに見えるようになっていき、方向による膨張速度の違いは急速に消し去られる。宇宙の物質の分布から、新たな凝縮が出現することはない。局所的な重力の引く力は、宇宙定数の圧倒的な反発との闘いに敗れたのだ。

このことは、遠い未来における「生命」についての考察において重要な意義をもつ。生命が、情報の貯蔵と処理が何らかの方法で行われることを求めるなら、この宇宙がつねに、こうしたことが起こることを許すかどうかを問うことになる。真空エネルギーが存在せず、膨張は結局のところ加速しないことになれば、このかなり基本的な形態の「生命」が持続するさまざまな可能性が開かれることをフリーマン・ダイソン(43)とフランク・ティプラー(44)と筆者が証明した。この生命は、素粒子状態のなかに情報を保存することができる。そこは、現在のコンピュータにあるデータの保存場所よりも、はるかに優れた情報の保管場所なのだ。情報を無限に処理し続けるためには、生物系が、この宇宙の完璧に均一な温度やエネルギーからのずれを生じさせ、それを維持する必要がある。[45] これは、加速化する真空エネルギーが存在しなければ、つねに可能だろう。いろいろな方向に宇宙が膨張する際のわずかなずれを利用して、方向によってわずかに異なる速度で放射を冷やすことができる。そうして生じた温度の勾配を、今度は、仕事や情報処理に利用できる。もちろんだからといって、どのような形状の生命も、永遠に生き延びるだろうとも、ましてや永遠に生き延びるはずだとも言っているわけではない。[46] ただ、この宇宙に真空エネルギーが充満していないなら、知られている物理法則のもとでは、論理的、物理学的に可能であるというだけだ。

しかし、真空エネルギーが存在するなら、すべては悪い方向に変わるということもフランク・ティプラーと筆者が証明した。[47] あらゆる進化は必然的に、ド・ジッターの加速化する宇宙によって特徴づけられる均一の状態に向かって進む。情報処理は、永遠には続かず、途絶えるときが必ずくる。物質的な宇宙が均一の状態にますます近づくにつれ、利用できるエネルギーはますます少量しか手に入らなくなる。真空エネルギーが存在していても、真空エネルギーが膨張を掌握して加速化させ始める前に、膨張を収縮に転じるだけの十分な物質が宇宙になければ、はるか彼方の未来に、この宇宙から生命が消えてなくなる運命にある。[48] 最後は、加速化によって、コミュニケーションの障壁が出現することになる。宇宙の十分に遠い領域から、信号を受け取ることができなくなるのだ。それはまるで、ブラックホールのなかに住んでいるような状況になる。宇宙において、私たち（あるいはその子孫）に影響を及ぼすことができて、連絡を取り合うことのできる領域は、有限になるだろう。この閉所恐怖症的な未来から逃れるためには、遍在する真空エネルギーが衰退していく必要がある。真空エネルギーは一定のままのはずだと考えられているが、もしかすると、ゆっくりと、気づかれないうちに失われていっているのかもしれない。おそらく、いつの日か、真空エネルギーが突然、放射と通常の形態の物質に崩壊し、宇宙がそのかけらを自由に拾い上げ、重力を使ってゆっくりと物質を集めて情報を処理するようになるかもしれない。だが、真空エネルギーの崩壊は、そんなやさしいものではないかもしれない。この宇宙のエネルギー状態をいっそう急激に落ち込ませる前触れであり、それにともない、物理学の性質が突如として変化することもありうると、これまでに学んだ。さらには、真空が、宇宙定数よりもさらに重力に強く反発するような新しい種類の物質へと崩壊することもありうる。その圧力が負であれば、激動の未来が待っているだろう。膨張が、未来の有限の時点で、無限の密度をもつ特異点へと突入することがありうるのだ(49)。

最後に、忘れてはならない考察がひとつある。科学では、たとえ原理的には可能であっても、起こる確率が非常に低いものごとは無視するのがふつうだ。たとえば、物理学の法則では、わたしの机がすっと持ちあがって空中に浮かぶことは許される。すべての分子が、ランダムな動きの流れのなかで、「たまたま」同じ瞬間に上に向かって動くだけでよい。これは、宇宙一五〇億年の歴史のなかでさえ、あまりにも起こりそうにないことであるため、実用的な目的においては、そのことを忘れていられるのだ。しかし、このことについてあれこれ思い悩む余地のある無限の未来がある場合、非常に起こりそうにない物理学的なできごとが、いつかは起こる確率が高くなる。真空の景観の底にあるエネルギー場が、いつか跳び上がって山の頂上に戻ってくるという、まったく起こりそうにないふるまいをすることもあるだろう。すると、この宇宙がもう一度、インフレーションを経験し始めるかもしれない。さらにいっそうありえそうにないことだが、この宇宙全体が、量子遷移を経て、別の種類の宇宙へと移り変わるという確率も、ごくわずかながらあるだろう。このような急激な革新を経験したら、宇宙の住人は誰も生き延びることはないだろう。ただし、ある系にたいして、量子的変換の性質をもつ劇的なできごとが起こる確率は、系が大きくなるにつれ、小さくなる。宇宙全体が作り替えられる前に、岩やブラックホールや人間など、この宇宙のなかにある物体がそうした改変を経験することのほうが、はるかに可能性が高い。その可能性は重要だ。それが起こりうる時間が無限にある場合にどういうことが起こるかを予測できるからではなく、予測できないからである。待つ時間が無限にある場合、起こりうるどのようなことも、最後にはきっと起こる。いっそう悪い（あるいは良い）ことに、それは、無限に頻繁に起こるのだ。

全体的には、この宇宙は自己増殖しているかもしれないが、それは単に、新しい始まりをもつ、膨張する他の領域を供給しているだけなのかもしれない。もしかすると、そのなかの居住者の一部は、みずからの行く先を、生命を強化させる方向へと誘導するために、そうした局所的なインフレーションを起動させるために必要な技術を修得するかもしれない。私たちから見た存在には、奇妙な対称性がある。この宇宙はかつて量子的真空から出現して、エネルギーの記憶をわずかに留めているかもしれない。そしてはるか遠くの未来に、その真空エネルギーが存在をふたたび主張し、そのときはおそらく永遠に、膨張をふたたび加速させることだろう。全体的には、自己増殖によって新たな始まりや新たな物理学、新たな次元が触発されるかもしれないが、結局のところ、この世界線、すなわちこの宇宙において私たちがいる領域では、永遠に一様であり、星も生命も存在しないように見える。おそらくは結局、私たちはそこにいなくて正解なのだろう。

原註

テレビはとても教育に良い、と言うべきだろう。誰かがテレビをつけるといつも、私は書斎に行って本を読む。

グルーチョ・マルクス

一ページに六個など、むやみやたらに脚注をつけて、一度に二冊分の文章を書くような学者がいる。本文が冷淡で、註にとっておいた温かみや楽しさをいくらかわけたほうがいいような学者もいる。食後のスピーチをする人の頭に自動的に浮かんでくる話のような、おもしろみのない退屈な註を書く学者もいる。本文の主張を変えてしまうような、曖昧な註を書く学者もいる。読者が混乱として唖然としてしまうような、何の関連性もない役に立たない註を書く学者もいる。

M・-Cファン・ルーネン『学者のための手引』

0 無の学問――どこにもないところへの飛翔

1. *The Jazz Singer*, 1927、「talking film」の冒頭で語られた言葉。
2. *The Encyclopedia of Philosophy*, vols 5 & 6, Macmillan, NY (1967), ed. P. Edwards, p. 524 の *Nothing* の項目の記述。執筆は P.L. Heath。
3. 他にわかる人がいるのか?
4. 無を意味するこの単語は、イングランド北部で今でも使われる方言であり、語源はスカンジナビアで使われていた古ノルド語。この単語には他にも、去勢牛もしくは牛(nowt-geld とは、イングランド北部で課されていた、牛で支払える小作料または税金)、愚かな人、間抜けな人などのたくさんの意味がある。
5. 適切な形がない、という意味。
6. 統一のパターンや計画や目的の欠いた世界、という意味。宇宙の構造に対比させた用例が、ウィリアム・ジェイムズ

の *Mind*, p.192 に次のように書かれている。「世界は……まったくの矛盾、混沌、ゼロ宇宙であり、その無計画な支配に……私は屈しない」。

7. あらゆる宗教的な信条や道徳的な教訓を受け入れない人。すべての存在を否定する懐疑論の極端な形式を表す場合もある。

8. キリストの性質には人間の要素は一切なく、神的な要素しかないという異端の教義を主張する人。

9. 重要ではないことがらを扱う人。

10. 何も行わない人。

11. 宗教的、政治的信条をもたない人。

12. いかなる宗教的信条も信じない人。

13. 霊的存在が一切存在しないと信じる人。

14. 「ゼロ」とは、ゼロ配当の優先株のこと。分割資本金投資信託の発行する比較的低リスクの株。信託会社が破産したとき、通常は最初に払い戻しされる見込みがあるためにリスクが低い。配当は払われない（だから「ゼロ」）が、利益をさらにゼロに再投資することで、異なる期間で満期になる。

15. たとえば『オックスフォード英語大辞典』を参照。

16. Pogo, 20 March 1965, Robert M. Adams, *Nil: Episodes in the literary conquest of void during the nineteenth century*, Oxford University Press, NY (1966) に引用。

17. J.K. Galbraith, *Money: Whence it Came, Where it Went*, A. Deutsch, London (1975), p. 157.〔都留重人監訳『ガルブレイス著作集5』ＴＢＳブリタニカ所収、「マネー、その歴史と展開」〕

18. *prope nihil.* 無はとても小さな正《ポジティブ》の量である——予想よりももっと小さいが、最小のもの——とする概念が根強く残っている。フランス語の *rien*（＝nothing）は、「thing」を意味する単語の対格単数形であるラテン語の *rem* に由来すると言われており、実際に古フランス語では、*rien* がしばしば肯定的《ポジティブ》な意味で使われる。'*Justice amez so tôte rien*'、すなわち「他の何物よりも正義を愛せよ」。

19. R.M. Adams, *Nil: Episodes in the literary conquest of void during the nineteenth century*, Oxford University Press, NY (1966), p. 3 and p. 34.

20. R.F. Colin, 'Fakes and Frauds in the Art World', *Art in America* (April 1963).

21. H. Kramer, *The Nation* (22 June 1963).

22. B. Rose (ed.), *Art as Art: The Selected Writings of Ad Reinhardt*, Viking, NY (1975).

23. J. Johns, *The Number Zero* (1959), 個人の蔵書。

24. 摂氏マイナス二七三・一五度。

25. M. Gardner, *Mathematical Magic Show*, Penguin, London (1985), p. 24.〔一松信訳『数学魔法館』東京図書〕

26. N. Annan, *The Dons*, HarperCollins, London (1999), p. 264に引用されたもの〔中野康司訳『大学のドンたち』みすず書房〕。

27. E. Maor, *To Infinity and Beyond: a cultural history of the infinite*, Princeton University Press (1987).〔三村護ほか訳『無限の彼方へ』現代数学社〕

1 ゼロ――すべての物語

1. A. Renyi, *Dialogues in Mathematics*, Holden Day, San Francisco (1976). この引用は、想像上のソクラテスの対話の部分から。

2. J. Boswell, *The Life of Johnson*, vol. III.〔中野好之訳『サミュエル・ジョンソン伝』みすず書房〕

3. R.K. Logan, *The Alphabet Effect*, St Martin's Press, NY (1986), p. 152, コンスタンス・リードの表現を部分的に言い換えたもの。

4. 便利な経験則に、ムーアの法則がある。インテル創業者のゴードン・ムーアにちなんだ名称。ムーアは一九六五年に、前機種の約二倍の容量をもつチップが一八〜二四か月ごとに発売されると述べた。

5. みなさんが今この本を読んでいるという事実が、私のコンピュータが無事に生き延びたことの証拠だ。しかし、すべてはコンピュータ科学者の先見の明のおかげであるとは納得できていない。なぜなら、調整が必要だと言われたコンピュータが何も調整する必要なく、大丈夫と言われたコンピュータが調整を必要として戸惑ったからだ。

6. J.D. Barrow, *Pi in the Sky*, Oxford University Press (1992).〔林大訳『天空のパイ』みすず書房〕

7. 「score」という単語には、興味深い多数の意味がある。スコアをつけるというように計算を表すこともあれば、印をつけるという意味も、二〇という意味もある。もともとは、役人の使っていた割符に記された二〇の量を表すための印だった。

8. 古代エジプト人が使っていた言葉と数の記号を指すヒエログリフという言葉は、ギリシア人が使い始めたものだった。彼らは、エジプトの墓や記念碑に刻まれた記号が読めず、きっと神聖な記号なのだろうと考えて、*grammata hieroglyphika*、すなわち「彫られた神聖なしるし」と呼び、後に「ヒエログリフ」となった。

9. G. Ifrah, *The Universal History of Numbers*, Harvill Press, London (1998).〔弥永みちよほか訳『数字の歴史』平凡社〕それ以前に出版された著者の本、*From One to Infinity: a universal history of numbers*, Penguin, NY (1987) の原語のフランス語版を拡充し、翻訳しなおしたものだ。

10. ダニエル書、第五章二五―二八節。ベルシャザル王の宮殿の壁に書かれたものをダニエルが解釈。

11. なぜ六〇進法が存在するのかという説明が何度も試みられた。60は、多数の因数をもつため、重さや計測、分数の関わる商売の計算にとても役立つことも明らかだ。おそらく、こうした理由のために採用されて使われていた重さや量の測定方法に、この底は由来するのだろう。もうひとつ興味深い可能性として、古い二つの文明でもちいられていた二種類の方式を統合してできたものだということも考えられる。自然な10を底とする方式との組み合わせはありそうにない。それには、6を底とする方式がないといけないからだ。これまでにそうしたものが存在したとは知られておらず、存在したはずとする妥当な理由もない。もっと可能性の高そうなものとして、12の底と5の底の方式を融合させたものが考えられる。5の底は、指で数えることから自然に生まれるものであるし、12の底は、2、3、4、6が12の約数であることから、商売でもちいるのに魅力的だ。英本国法定単位（1フットは12インチ、1シリングは以前の12ペンス、ダース単位で卵を買うなど）に、この魅力の名残をいまだに見てとれる。シュメール人は、この方式を、時間、長さ、面積、体積の測定に広くもちいていた。「一」「二」「三」という言葉は、一、一と一を足したもの、たくさん、という概念に対応する。これは、昔からよくある形式だ。しかし、「六」「七」「九」などの言葉は、「五足す一」「五足す二」「五足す四」の形をしている。これは、過去に5を底とする方式があったことの証拠である。もちろん、こうした魅力的なシナリオは、後からのこじつけにすぎないかもしれない。60を底に選んだのは、専制君主が、天文学的な符合を夢みたり、数そのものに神聖性があるとする今では失われた神秘的な信念をもっていたからかもしれない。たとえば、バビロニアの神々のなかには、数字で表わされる神もいる。天空の神アーヌーには、もっとも重要な数、60が与えられている。この数は、完璧の数とみなされていたからだ。これより低い地位にある神々には、もっと小さな数が与えられていた。それぞれの数には、それぞれの意味があった。ただし、神学的な意味が数としての意味よりも優先するかどうかは、よくわからない。

12. 紀元前二七〇〇年には、記号が九〇度回転させられていた。これは、書記の使う道具が、手で持てる小さな板から、片手では簡単に向きを変えることのできない、大きく重い石板へと変化したからではないだろうか。C. Higounet, *L'Ecriture*, Presses Universitaires de France, Paris (1969) を参照。

13. さらなる簡略化の方法が、紀元前二五〇〇年頃に現れた。非常に大きな数が、省略の掛け算の原理をもちいて書かれたのだ。たとえば、4×3600のような数は、羽の記号のなかに「十」の符号を四個置き、それを3600の右側に置いた。

14. 「くさび」という意味のラテン語 *cuneus* からきている。

15. R.K. Guy, 'The Strong Law of Small Numbers', *American Mathematical Monthly* 95, pp. 687-712 (1988).

16. 実際、くさび形の記号は、バビロニアの方式を、大きな数の鏡像のような分数にまで延長するためにももちいられた。よって縦のくさび形は1、60、3600などだけを表すのではなく、1/60や1/3600なども表した。実際の現場では、整数は、右から左へと昇順に書き、分数は左から右へと降順に書くことで区別した。

17. 天文学者以外はこうしなかったらしく、そのために、一部の歴史家は誤解をして、バビロニアのゼロは、記号の列の最後には決して使われなかったと結論づけた（今のゼロの使い方とは異なる）。ゼロはまた、角度の測定の際、最初の位置に置かれることもあった。したがって[0: 1]は、ゼロ度に一度の1/60を足したもの、すなわち、角度の一分を表した。バビロニアのさまざまな生活圏内において使われていた、数を数えるさまざまな方法をもっとも詳細に解説したものとして、H.J. Nissen, P. Damerow, and R. Englund, *Archaic Bookkeeping: writing and techniques of economic administration in the ancient near east*, University of Chicago Press, (1993) のくわしい研究を参考にするとよい。

18. 一部のバビロニアの文献に、数を使ったちょっとした駄洒落や、暗号文、数秘術の記述がある。

19. John Cage, 'Lecture on Nothing', *Silence* (1961).

20. 時間を数える方法は、これと少し違っていた。

21. 「日《ディ》」を意味するマヤ族の言葉は *kin* である。

22. F. Peterson, *Ancient Mexico*, Capricorn, NY (1962).

23. G. Ifrah, *From One to Zero*, Viking, NY (1985).〔『数字の歴史』〕

24. B. Datta and A.N. Singh, *History of Hindu Mathematics*, Asia Publishing, Bombay (1983).

25. Datta and Singh の前掲書を参照。

26. Subandhu, G. Flegg, *Numbers Through the Ages*, Macmillan, London (1989), p. III. に引用されたもの。

27. The *Satsai* collection; Datta and Singh の前掲書 p. 220 を参照。

28. 未婚の女性には黒、既婚女性には消えない赤。この印は、シヴァの三つめの目、すなわち知識の目を象徴する。

29. S.C. Kak, 'The Sign for Zero', *Mankind Quarterly*, 30, pp. 199-204 (1990).

30. Ifrah の前掲書 p. 438. これらの同義語は、数のゼロに限定されていない。サンスクリット語は同義語を豊富にもち、インド数字はどれも、さまざまなイメージをもった数の言葉の集まりをもっている。たとえば、数の2は、双子、夫婦、目、腕、かかと、翼などといった意味をもつ言葉で記述される。

31. インドでゼロは、数の言葉としても記号としてももちいられる。数の言葉は一〇進法にもとづいており、121を「いち、に、いち」と読むような読み方をする。ゼロをこの方式でもちいる場合、*sunya*、*kha*、*akâsha* や、他の同義語のどれかが使われる。A.K. Bag, *Mathematics in Ancient and Medieval India*, Chaukhambha Orientalia, Delhi (1979) and 'Symbol for Zero in Mathematical Notation in India', *Boletin de la Academia Nacional de Ciencias*, 48, pp. 254-74 (1970) を参照。

32. J.D. Barrow, *Pi in the Sky*, Oxford University Press (1992), pp. 73-78〔『天空のパイ』〕; N.J. Bolton and D.N. Macleod, 'The Geometry of Sriyantra', *Religion* 7, pp. 66 (1977); A.P. Kulaicher, 'Sriyantra and its Mathematical Properties', *Indian Journal of History of Science*, 19, p. 279 (1984).

33. G. Leibniz, D. Guedj, *Numbers: The Universal Language, Thames and Hudson*, London (1998), p. 59 に引用されたもの。0と1をもちいて二進法で数を表す方法を発明したのは、ライプニッツとされている。一七世紀の終わりに書いた手紙のなかで、ライプニッツはこの発見について説明し、2の累乗を2から2^{14}まで示す表を描いている。L. Couturat, ed., *Opuscules et fragments inédits de Leibniz*, extraits des manuscripts de la Bibliothèque Royale de Hanovre par Louis Couturat, Alcan, Paris (1903), p. 284 を参照。それ以前、おそらくは二世紀から三世紀あたりに、インドで二進法が発見されていたようだ。ピンガーラのベーダの韻律詩を分類するために、これがもちいられた。B. van Nooten, 'Binary Numbers in Indian Antiquity', *J. Indian Studies*, 21, pp. 31-50 (1993) を参照。

34. G. Ifrah 前掲書 pp. 508-9.

35. Plato, *The Sophist*, Loeb Classical Library, ed. H. North Fowler, pp. 336-9.〔藤沢令夫訳『プロタゴラス』岩波文庫〕

36. T. Dantzig, *Number: The Language of Science*, Macmillan, NY (1930), p. 26.〔水谷淳訳『数は科学の言葉』日経ＢＰ社〕

37. 筆者は千年期の発明を選ぶインターネット投票でインド式数え方に投票した。また、最高の発明を選ぶ『ラ・レプッブリカ』紙の紙上投票でもこれに入れた。

38. ヘブライ語の題名は *Sefer ha Mispar*。M. Steinschneider, *Die Mathematik bei den Juden*, p. 68, Biblioteca Mathematika (1893); M. Silberberg, *Das Buch der Zahl, ein hebräisch-arithmetisches Werk des Rabbi Abraham Ibn Ezra*, Frankfurt am Main (1895), D.E. Smith and J. Ginsburg, 'Rabbi Ben Ezra and the Hindu-Arabic Problem', *American Mathematical Monthly* 25, pp. 99-108 (1918) を参照。

39. エズラは、「空っぽ」を意味するアラブ語 *sifra* も使った。

40. アラビア数字の記されている、ヨーロッパで知られているなかで最古の文献、*Codex Vigilanus* は、スペイン北部のログローニョにて九七六年に書かれたものだ。これには1から9までの数字が記されているが、ゼロはない。現在はエスコリアル宮にある。

41. B.L. van der Waerden, *Science Awakening*, Oxford University Press (1961), p. 58.〔村田全ほか訳『数学の黎明』みすず書房〕

42. ギリシア語の使用が禁止されていた八世紀に、ギリシア数字の使用が許されていたのは興味深い。

43. インドのゼロは、西だけでなく東にも伝わった。八世紀の中国では、バビロニアと同じように、数の表記に隙間をあけていた。したがって303という数は、言葉の形でも書かれていたが、単純な「棒」の数字では||| |||のように記された。ゼロの丸い記号は一二四七年になって出現し、147,000は、|≡╥〇〇〇のように記された。D. Smith, *History of Mathematics*, Dover, New York (1958), vol. 2, p. 42を参照。

44. 『オックスフォード英語大辞典』。

45. 『リア王』第一幕第四場。

46. 数学者には、フィボナッチの名前のほうが知られている。

47. John of Hollywood (1256), *Algorismus*, *Numbers Through the Ages*, ed. G. Flegg, Macmillan, London (1989), p. 127に引用されたもの。

48. *Numbers Through the Ages* 前掲書 p. 127に引用されたもの。

49. 数えずに数えることのおもしろい例に、羊が全頭そろっていることを確認するために農場主がもちいる手段がある。朝に羊が一頭ずつ牧草地に入るたびに石を一個ずつ積み上げていき、夕方に羊が牧草地を出るときに一個ずつ取り除いていく。そうすれば、最後の羊が出た後に、石がひとつも残っていないことを確認するだけでよい。ある意味では数学を理解せずとも数学を利用できるというこの例は、人工知能が意味論的な能力をもつ可能性に反論した、ジョン・サールの「中国語の部屋」という議論を彷彿させる。J.R. Searle, *The Mystery of Consciousness*, Granta, London (1997)を参照。

50. K. Menninger, *Number Words and Number Symbols*, MIT Press, MA (1969).〔内林政夫訳『図説　数の文化史』八坂書房〕

51. イギリスで一九四〇年代に計算機が初めて開発されるまで、「コンピュータ」という単語は、計算を行う人を指すだけのものだった。その後、計算のできる機械を指して使われるようになった。皮肉なことに今日では、人間以外の計算を指すためだけにもちいられている。一時、コンピュータではない機械式の「加算器」や、「計算機」と呼ばれるようになった非プログラム式の装置が多数あった。計算する人を指すコンピュータという単語は、中世ラテン語で「切る（cut）」を意味する*computare*からきている。英語の「score」が勘定をして印をつけることを意味する（二〇という量も意味する）のと同じように、割符を削って刻み目をつけていたことの名残だ。「calculate」に相当する中世ラテン語は*calcure*であり、ラテン語の*calculus ponere*は、小石を移動させたり置いたりすることを意味し、計数板の上で石を動かして計算していたことの名残である。これが、ニュートンとライプニッツの発明した、微分積分の名称の起源である（さらに、エルジェの漫画の登場人物「Professor Calculus」の起源もこれ）。〔「Professor Calculus」は日本では「ビーカー教授」と呼ばれている〕。

52. P.A.M. Dirac, *The Principles of Quantum Mechanics*, Oxford University Press (1958).〔朝永振一郎ほか訳『量子力学』岩波書店〕

2 から騒ぎ

1. Leonardo da Vinci, *The Notebook*, translated and edited by E. Macurdy, London (1954), p. 61.
2. J. L. Borges, *The Library of Babel, in Labyrinths*, Penguin, London (2000)〔鼓直訳『伝奇集』「バベルの図書館」岩波文庫〕
3. 'Me and Bobby McGee' (1969) の歌詞。
4. この言い回しは、近年、現代物理学の一般向けの説明に何度かもちいられている（たとえばポール・デイヴィスやジェームズ・トレフィルの著書の題名に使われている）。これは、自然の法則や、宇宙を支える構造的な特徴の同義語として使われる。時空の存在と次元性などのように、部分的に（あるいは全体が）法則から独立したものかもしれない。
5. わずかに直観に反する唯一の特性が、ゼロの階乗を$0! = 1 = 1!$と定義するように求められることだ。これは、階乗の演算が、帰納的に、$(n+1)! = (n+1) \times n!$で定義されるからである。
6. こうした操作をさらにくわしく説明したものに、J.D. Barrow, *Pi in the Sky*, Oxford University Press (1992), pp. 205-216がある〔『天空のパイ』〕。

7. ダーフィト・ヒルベルトは、二〇世紀初頭のもっとも優れた数学者のひとり。
8. M. Friedman, ed., *Martin Buber's Life and Work: The Early Years 1878-1923*, E.P. Dutton, NY (1981).
9. J.-P. Sartre, *Being and Nothingness* (transl. H. Barnes), Routledge, London (1998), p. 16.〔松浪信三郎訳『存在と無』ちくま学芸文庫〕
10. Sartre 前掲書 p. 15.
11. B. Rotman, *Signifying Nothing: The Semiotics of Zero*, Stanford University Press (1993), p. 63.〔西野嘉章訳『ゼロの記号論』岩波書店〕
12. *The Odyssey*, Book IX, lines 360-413, *Great Books of the Western World*, vol. 4, Encyclopaedia Britannica Inc., University of Chicago (1980).〔松平千秋訳『オデュッセイア』岩波文庫〕
13. ギリシア語では οὐτις。Nobody の意味。
14. G.S. Kirk and J.E. Raven, *The Presocratic Philosophers: a critical history with a selection of texts*, Cambridge University Press (1957).〔内山勝利ほか訳『ソクラテス以前の哲学者たち』京都大学学術出版会〕
15. S. Sambursky, *The Physical World of the Greeks*, Routledge, London (1987), pp. 19-20 に引用された断章。
16. Sambursky 前掲書 p. 22.
17. Sambursky 前掲書 p. 108.
18. B. Inwood, 'The origin of Epicurus' concept of void', *Classical Philology* 76, pp. 273-85 (1981); D. Sedley, 'Two conceptions of vacuum', *Phronesis*, 27, pp. 175-93 (1982).
19. わずかな断片を除いて、レウキッポスとデモクリトスの書いた物は現存しておらず、デモクリトスの思想は、他の者たちの注釈をもとに部分的に再構築されてきた。なかでも、ルクレティウスとアリストテレス、さらにはアリストテレスの後継者としてアカデメイアの学長となったテオフラトスが有名だ。原子は観察できるか否かについてのデモクリトスの見解を考察するにあたり、現存するデモクリトスの書物の断片を参照すると興味深い。彼は、事物について知ることのできるものと、それらの真の性質とのあいだには区別があるという、かなり「現代的」（少なくとも一九世紀的）なカント派的な見解をもっているようだ。「それぞれの事物が現実にはどのようなものであるかを理解することが不可能であるのは明らかであろう」なぜなら「現実については何も正確にはわかっていない」からである。「しかし、事物は物体の条件に応じて変化するように、物体の上を流れ、影響を及ぼす事物の構成も変化する。……真実は深遠のなかにある」。S. Sambursky 前掲書 p. 131.

20. 重力下における原子の運動の側面を決定するために、重さをもつことを許した。

21. Lucretius II, 308-322.

22. アリストテレス、J. Robinson, *An Introduction to Greek Philosophy* (1968), Boston, p. 75 に引用されたもの。

23. S. Sambursky, *Physics of the Stoics*, Routledge, London (1987); R.B. Todd, 'Cleomedes and the Stoic conception of the void', *Apeiron*, 16, pp. 129-36 (1982).

24. F. Solmsen, *Aristotle's System of the Physical World*, Cornell University Press, Ithaca (I960); R. Sorabji, *Matter, Space & Motion*, Duckworth, London (1988); E. Grant, *Much Ado About Nothing: Theories of Space and Vacuum from the Middle Ages to the Scientific Revolution*, Cambridge University Press (1981).

25. C. Pickover, *The Loom of God*, Plenum, NY (1997), p. 122 による引用。

26. 一九世紀から二〇世紀にかけて、数学者は、特定の領域内のすべての地点を最終的には通過するような、いわゆる「空間充填」曲線を構築する体系的な方法を理解するにいたった。

27. たとえば、*The Complete Works of John Davies of Hereford*, Edinburgh (1878) を参照。また、復習には V. Harris, *All Coherence Gone*, University of Chicago Press (1949) がよい。

28. アリストテレスの言う動力因。

29. こうした議論の詳細については、W.L. Craig, *The Cosmological Argument From Plato to Leibniz*, Macmillan, London (1980) を参照。

30. R. Adams, *Nil: Episodes in the literary conquest of void during the nineteenth century*, Oxford University Press, NY (1966), p. 33.

31. たとえば、空っぽの空間にひとつの物体がある場合に、その空っぽの空間にもうひとつの物体が置かれたら、同じ場所、同じ時間に、二つの物体があることになり、二つの物体がこのように同じ空間を占めることが可能なら、あらゆる物体がそうできてもよいのではないかとなるが、これは不条理であるとアリストテレスは考えた。

32. アリストテレスは、力が作用していない物体は一定の速度で動くという、今ではニュートンの運動の第一法則と呼ばれているものを明確にしたが、これは帰謬法であるとして却下したということを述べておくとおもしろいだろう。

33. この問題はこの当時に再発見された。ルクレティウスの *De Rerum Natura*、Bk I, p. 385 は、ヨーロッパでは一五世紀まで知られていなかった。

34. *De Rerum Natura*, Bk I, pp. 385-97

35. これらの代表的な研究や、中世における空間の性質や無限、空虚についての多数の研究については、Edward Grant の優れた著書、*Much Ado About Nothing: theories of Space and Vacuum from the Middle Ages to the Scientific Revolution*, Cambridge University Press (1981), p. 83 を参照。

36. Grant 前掲書 p. 89.

37. この問題は、ガリレオの『新科学対話』の第一日目で論じられている〔今野武雄ほか訳『新科学対話（上・下）』岩波文庫〕。

38. ここで、ロジャー・ペンローズが提唱した宇宙検閲官仮説という現代的な概念が思い起こされる。遠くからでも目に見えて、宇宙の事象に因果的な影響を及ぼすことのできるような特異点が時空に生成されるのを自然は嫌う、という概念だ。「宇宙検閲官」（人間ではなく、アインシュタインの方程式に内在する性質であり、アインシュタインの一般相対性理論において物理的な自己矛盾がないために必要であると推測されているもの）は、事象の地平内に形成されうるすべての特異点を覆い隠すと仮定されている。この地平は、物理学の法則が崩壊している特異点から情報が出てきて、特異点から遠く離れた事象に影響を及ぼすのを阻止する。この仕組みのもっとも単純な例がブラックホールである。ブラックホールの中心で無限の密度をもつ実際の物理学的特異点が形成されるのを防ぐために量子的重力がつねに介入しないかぎり、事象の地平はつねに、観測者が見えないところで、あるいは観測者に因果的な影響を及ぼす手前で停止する。

39. もちろんアリストテレスは、この想像上の宇宙外の空虚の存在を信じず、事物の終わりを想像できないためにそうした空虚の存在を間違って推測してしまった人がいただけだと述べた。

40. この引用は通例、クーザのニコラスによるものとされているが、一二世紀にはすでに広く引用されていた。グラントの前掲書 pp. 346-7 には、リールのアランが知られているなかでもっとも古い出典とされている。この疑問についての詳細な研究は、D. Mahnker, *Unendliche Sphäre und Allmittelpunkt*, Hale/Salle: M. Niemeyer Verlag, 1037 (1937), pp 171-6 を参照。

41. これらの設計論についての詳細な説明は、J.D. Barrow & F.J. Tipler, *The Anthropic Cosmological Principle*, Oxford University Press (1986) を参照。

42. I. Newton, *Opticks*, Book III Pt. I, *Great Books of the Western World*, vol. 34, W. Benton, Chicago (1980), pp. 542-3. 〔島尾永康訳『光学』岩波文庫〕

43. E. Grant 前掲書 p. 245 を参照。A. Koyré, *From the Closed World to the Infinite Universe*, p. 297 note 2, Johns Hopkins Press, Baltimore (1957)〔野沢協訳『コスモスの崩壊』白水社〕; and W.G. Hiscock, ed., *David Gregory, Isaac Newton and their Circle: Extracts from David Gregory's Memoranda, 1667-1708*, Oxford (1937), 編集者用の印刷。

44. 一九九九年一月一五日放送のＢＢＣのテレビ番組 *Parkinson* にて、ロバート・リンゼイが引用した。

45. R.L. Colie, *Paradoxia Epidemica: the Renaissance tradition of paradox*, Princeton University Press, NJ (1966), pp. 223-4. 〔高山宏訳『パラドクシア・エピデミカ』白水社〕A.E. Malloch, 'The Techniques and Function of the Renaissance Paradox', *SP*, 53, pp. 191-203 (1956) も参照。

46. 注釈者の大半はこれをエドワード・ダイアーの作品であるとし、R.B. Sargent は *The Authorship of The Prayse of Nothing*, *The Library*, 4th series, 12, pp. 322-31 (1932) において、エドワード・ダウンスの作品としている。ここに引用したのは第二連。H.K. Miller, 'The Paradoxical Encomium with Special Reference to its Vogue in England, 1660-1800', *MP*, 53, p. 145 (1956) も参照。

47. *Facetiae*, chap. 2, pp. 389-92, London (1817), コリーの前掲書 p. 226 に引用あり。

48. J. Passerat, *Nihil*, コリーの前掲書 p. 224 に引用あり。

49. 第一幕第二場二九二行。

50. この作品の主な題材となったのは、イタリアの短編作家マテオ・バンデロ（1485-1561）の小品の翻訳と、イタリアの叙事詩、ルドヴィコ・アリオストの *Orlando Furioso* (1532)〔脇功訳『狂えるオルランド』名古屋大学出版会〕である。

51. P.A. Jorgenson, 'Much Ado about Nothing', *Shakespeare Quarterly*, 5, pp. 287-95 (1954).

52. 『から騒ぎ』第四幕第一場二六九行。

53. 『マクベス』第一幕第三場一四一—二行。

54. 『マクベス』第五幕第五場一六行。

55. コリー前掲書 p. 240.

56. 『ハムレット』第三幕第二場一一九—二八行。

57. 第一幕第一場九〇行。

58. R.F. Fleissner, 'The "Nothing" Element in *King Lear*', *Shakespeare Quarterly*, 13, pp. 62-71 (1962); H.S. Babb, '*King Lear*: the quality of nothing', in *Essays in Stylistic Analysis*, Harcourt, Brace, Jovanovich, NY (1972).

59. また、デイヴィッド・ウィルバーンは、シェイクスピアの時代の劇場では、Nothing は「noting」のように発音されていただろうと指摘している（よって「Much Ado about Noting」となる）。このため、対照的な意味が加えられていたと思われる。「noting」〔注目する、気に留める〕には普通の意味の他に、観察や、盗み聞き、立ち聞きをするという意味があるからだ。R.G. White, *The Works of William Shakespeare*, Boston (1857), III, p. 226 を参照。しかし、こうすると、シェイクスピアの多重の意味を操る才能を過小評価しているようにも思われ、題名もあまり魅力的でなくなる。このアイデアは、他の評論家には支持されなかったもようだ。D. Willbern, 'Shakespeare's Nothing', in *Representing Shakespeare*, eds M.M. Schwarz & C. Kahn, Johns Hopkins University Press, Baltimore (1980), pp. 244-63, and B. Munari, *The Discovery of the Circle*, transl. M. & E. Maestro, G. Witterborn, NY (1966) and H. Kökeritz, *Shakespeare's Pronunciation*, Yale University Press, New Haven (1953) を参照。ウィルバーンは、多くの人に、説得力に欠けると思われるような、精神分析的なシェイクスピアの研究を試みてもいる。シェイクスピアの無についての感覚という面に注目したこの種の研究は、他にもいくつか行われている。D. Fraser, 'Cordelia's Nothing', *Cambridge Quarterly*, 9, pp. 1-10 (1978), L. Shengold, 'The Meaning of Nothing', *Psychoanalytic Quarterly*, 43, pp. 115-19 (1974) を参照。

60. サルトル前掲書 p. 23. サルトルは「nihilate」（*néantir*）を定義して、「nilitation とは、それにより意識が存在することであり、nihilate とは、非存在の殻で包むことである」としていることに注目。

61. ジョン・ダントンの大著の解説によって幕が閉じられた。*Athenian Sport: or, Two Thousand Paradoxes merrily argued to Amuse and Divert the Ape* (1701).

62. G. Galileo, *Dialogue Concerning Two World Systems*, transl. S. Drake, California University Press, Berkeley (1953).〔『天文対話（上・下）』〕

63. ガリレオ前掲書 pp. 103-4.

64. 中世史家のエドワード・グラントは次のように述べている。「……アリストテレスのラテン語の著作およそ二千点が見つかっている。この数の著作が苛酷な数世紀を生き延びたのなら、これらの他に数千点が消失したと想定するのが理にかなっている。現存している原稿は、アリストテレスの著作が中世とルネサンスの知識人たちのあいだに広まっていたことを測る尺度となる。おそらくはガレノスを除いて……、ギリシアやイスラム文化圏の科学者で、これに匹敵する作品を残した者はいない」E. Grant, *The Foundations of Modern Science in the Middle Ages*, Cambridge University Press, NY (1996), pp. 26-7.〔小林剛訳『中世における科学の基礎づけ』知泉書館〕。

3　無を構築する

1. ラジオ３の放送 *Close Encounters with Kurt Gödel* の B. Martin による論評 *The Mathematical Gazette* (1986), p. 53.

2. 世界の物理的な構造についてのこうした見方にある奇妙な点のひとつが、その特色に実験的な証拠がなかった、ありえなかったような時代に、純粋に宗教的な信条として、ストア派のなかから生じたものであることだ。しかしこれは、物質の階層的な構造という一般的な概念においては正しいことが判明した。

3. G. Galileo, *Dialogues Concerning Two New Sciences* (1638), Britannica Great Books, University of Chicago (1980), p. 137.〔『新科学対話（上・下）』〕C. Webster, *Arch. Hist. Exact. Sci.*, 2, p. 441 (1965) も参照。.

4. これは、アリストテレスなら「動力因」と呼んだであろうもの。

5. 英国の額面一ポンドの金貨は、一六六三年にアフリカとの交易のために初めて鋳造された。一七一七年以降、価値を二一シリングに固定し（現在の英国の通貨では一・〇五ポンドに相当）、英国内での法定金貨となった。この金貨は今でも競売と、競馬の一部で賞金を固定するために使われている。

6. E・トリチェリの発見を発表した書簡が V. Cioffair, *The Physical Treatises of Pascal etc.*, Columbia University Press, NY (1937), p. 163 で翻訳されている。もとの書簡は、E. Torricelli, *Opera*, Faenza, Montanari (1919), vol. 3, pp. 186-201 にある。

7. W.E.K. Middleton, *The History of the Barometer*, Johns Hopkins Press, Baltimore (1964).

8. 水銀柱の高さが h、密度が d なら、重力による加速度は g、管の断面積は A となり、水銀柱のなかの水銀の重さの下向きの力は $hAdg$ によって求められる。水銀柱が平衡に達するとき、この下向きの力は、水銀柱によって加えられる圧力 P による上向きの力との均衡がとれており、それは PA に相当する。双方の力が A に比例することから、平衡状態にある水銀の高さは、面積 A の値にかかわらず同一であることに注目すること。

9. S. Sambursky, *Physical Thought from the Presocractics to Quantum Physics*, Hutchinson, London (1974), p. 337.

10. S.G. Brush, ed., *Kinetic Theory*, vol. I, Pergamon, Oxford (1965) に、ボイルのもとの論文からの抜粋がある。とりわけ、ボイルの著書 *New Experiments Physico-Mechanical, touching the spring of the air, and its effects* 所収の 'The Spring of the Air' を参照のこと。ボイルの空気圧に関する研究は、以下の文献において論じられている。M. Boas Hall, *Robert Boyle on Natural Philosophy*, Indiana University Press, Bloomington (1965); R.E.W. Maddison, *The Life of the Honourable Robert Boyle, F.R.S.*, Taylor & Francis, London (1969); J.B. Conant, ed., *Harvard Case Histories in Experimental Science*, Harvard University Press, Cambridge Mass. (1950). 優れた歴史的概観としては、S.G. Brush, *The Kind of Motion We Call Heat: a history of the kinetic theory of gases in the 19th century*, vol. I, New Holland, Amsterdam (1976) を参照。

11. M. Boas Hall, *Robert Boyle on Natural Philosophy*, Indiana University Press, Bloomington (1965).

12. これは、温度はそのままで圧力と気体が変化すると、圧力と気体の体積の積は一定のままだろうという推論のうえに成り立っている。これは、ボイルの法則と呼ばれるようになった。ただし、ボイル自身が発見したわけではない（発見したと主張したわけでもない）。単に、リチャード・タウンリーが以前に行った実験を確認しただけだ。具体的なあらましについては、C. Webster, *Nature*, 197, p. 226 (1963), および *Arch. Hist. Exact. Sci.*, 2, p. 441 (1965) を参照。

13. O. von Guericke, *Experimenta nova (ut vocantur) Magdeburgica de vacuo spatio primum a R.P. Gaspare Schotto*, Amsterdam (1672) のドイツ語への翻訳は F. Danneman, *Otto von Guericke's neue 'Magdeburgische' Versuche über den leeren Raum*, Leipzig (1894).

14. O. von Guericke, *The New (so-called) Magdeburg Experiments of Otto von Guericke*, 翻訳は M.G.F. Adams, Kluwer, Dordrecht (1994)、一六七二年のオリジナル版 K. Schott, Würzburg の表紙。

15. O. von Guericke 前掲書 p. 162.

16. ゲーリケの著作の第二巻では、空虚な空間の性質と広がりについての自説が述べられている。彼は、恒星が無限の空虚で取り巻かれている宇宙を信じていた。

17. O. von Guericke, *Experimenta nova*, p. 63. 翻訳は E. Grant, *Much Ado About Nothing*, p. 216。

18. A. Krailsheimer, *Pascal*, Oxford University Press (1980), p. 18.

19. B. Pascal, *Pensées*, 翻訳は A. Krailsheimer, Penguin, London (1966).

20. ブレーズ・パスカル。フィリップ・ド・シャンパーニュ作。彫版はH・マイヤー。複写にはメリー・エヴァンズ・ピクチャー・ライブラリーの許可を得た。

21. パスカルは *Traité du vide* という題名の真空についての本を書くつもりだったが、これは未完に終わった。序文は現存しているが、残りの部分は失われている。二つの遺稿が一六六三年に見つかった。ひとつは大気圧について書かれた *L'Équilibre des liqueurs* で、もうひとつは水圧プレスについて書かれた *La Pesanteur de la masse d'air* である。

22. Spiers, I.H.B. & A.G.H. (transl.), *The Physical Treatise of Pascal*, Columbia University Press, NY (1937), p. 101.

23. H. Genz, *Nothingness*, Perseus Books, Reading, MA (1999), p. 113 より。

24. 二〇〇〇年四月一五日付『インディペンデント』紙。

25. B. Pascal, *Oeurres*, eds L. Brunschvicq and P. Boutroux, Paris (1908), 2, pp. 108-9, transl. R. Colie, *Paradoxia Epidemica*, Princeton University Press (1966), p. 256 に紹介されたパスカルからノエルに宛てた二通目の手紙〔『パラドクシア・エピデミカ』〕。
26. *Oeuvres*, 2, pp. 110-11.
27. 理由は、この宇宙が膨張しているからである。したがって宇宙の大きさはその年齢と関連する。水素とヘリウムよりも重い元素の原子核が、星のなかに形成されるだけの十分な時間をもつには、数十億年は必要であり、したがってこの宇宙の大きさは数十億光年はあるはずだ。J.D. Barrow & F.J. Tipler, *The Anthropic Cosmological Principle*, Oxford University Press (1986) を参照。
28. G. Stein, *The Geographical History of America* (1936).
29. F. Hoyle, 一九七九年九月九日付『オブザーバー』紙。
30. 約一三〇億年前に宇宙の膨張が始まった以降の宇宙年齢のあいだに、光が移動することのできた距離によって定義される。
31. 存在することがすでに知られている、もっと軽いニュートリノによって暗黒物質が供給されることは可能だ。ありうる質量の範囲には上限しかない。こうした実験的な制限は非常に弱い。ただし、自然に要求される分量の暗黒物質は軽いニュートリノによって供給できるが、それによって発光物質が集まってできるパターンは、実際の銀河の集まりが形づくるパターンとはちがう。大規模なコンピュータシミュレーションでは、これとは対照的に、はるかに重いニュートリノに似た粒子（WIMPS：弱く相互作用する有質量粒子）が、観測されている発光する銀河の集まりに近いパターンを作っているようだ。

4 エーテルに向かう流れ

1. D. Gjertsen, *The Newton Handbook*, Routledge & Kegan Paul, London (1986), p. 160.
2. 「絶対空間」にたいして加速運動の状態にある観測者には、ニュートンの第一法則は当てはまらない。たとえば、回転するロケットの窓から外を見ると、物体が自分の周りを回転しているのが見える。しかも、物体には何も力が作用していないのに、加速して見える。したがってニュートンの法則は、特殊な種類の宇宙の観測者にとってのみ正しく見えることになる。こうした、自身が動いているために、「絶対空間」にたいして加速していない観測者は、「慣性系」観測者と呼ばれる。アインシュタインの一般相対性理論がニュートンの法則に取って代わるひとつの方法が、自身の運動に関係なく、すべての観測者にたいして真となるような重力と運動の法則を提示することだ。他の観測者と比べて、自然法則がより簡単に見えるような観測者は存在しない。この論の詳細については、J.D. Barrow, *The Universe that Discovered Itself*, Oxford University Press (2000), pp. 108-24 を参照〔松浦俊輔訳『宇宙に法則はあるのか』青土社〕。

3. 実験精度の関係で、真空中と空気中での物体の落下にあるごくわずかな違いを検出することはできなかった。

4. *Opticks*（一九七九年版）, p. 349.〔『光学』〕

5. 著名な古典学者のベントリーは、自然神学についてのボイル講演の準備にあたり、ニュートンの助言を求めた。ベントリーは、設計論の新たな形式の議論を提唱しようとしており、それが、知的な設計者の存在の証拠となる運動と重力の法則の特殊な数学的な形態であると主張するつもりだった。ニュートンはこの考えを否定しなかった。この議論と、この種のその他の議論の詳細については、J.D. Barrow & F.J. Tipler, *The Anthropic Cosmological Principle*, Oxford University Press (1986) を参照。

6. I.B. Cohen, Isaac *Newton's Papers and Letters on Natural Philosophy*, Harvard University Press (1958), p. 279, 一六九三年二月二五日付の手紙。

7. R. Descartes, *The World, or a Treatise on Light* (1636).

8. 「美しさ」や、その他の、「エレガンス」や「節約」といったものが物理学者による自然の概念において重要な役割を果たしていると盛んに言われてきた（たとえば、S. Chandrasekhar, 'Beauty and the Quest for Beauty in Science', *Physics Today*, July 1979, pp. 25-30 を参照）。しかし、創造のプロセスが発生してからずいぶん経っても、物理学者はしばしばこれを過度に美化する。フリーマン・ダイソンは、この点に関して、ディラックとアインシュタインの業績にたいして興味深い意見を示している。彼らのもっとも重要な研究は、美的な観点ではなく実験から導かれていると言うのだ。

しかも、二人が方程式のなかでの美の探求に夢中になると、有用で科学的な寄与が得られなくなるという。アインシュタインの理論にある美的な魅力について、もうひとつ興味深い意見がある。実験物理学者で操作主義者でもあるパーシー・ブリッジマンが、自著の *Reflections of a Physicist*, Philosophical Library Inc., New York (1950) において述べたものだ。ブリッジマンは、「美しい」方程式を探し求めることを、危険で形而上学的な気晴らしとみなした。「多数の宇宙論者や数学者の態度のなかに、形而上学的な要素が働いていると感じられる。形而上学的と言う意味は、操作による制御が不可能な価値が『存在』すると仮定していることを指す。……ともかく、宇宙が正確な数学原理にのっとって動かされているという信念や、そこから推論される、人間が幸運な業績を達成することで、これらの原理を定めることが可能であるとする意見は、形而上学的と呼ばねばならない。私は、こうした態度が、多数の宇宙論者の、アインシュタインの一般相対性理論の微分方程式にたいする意見の裏にあると考える。たとえば、著名な宇宙論者との会話中に、アインシュタインの方程式がそれほど面倒なことを引き起こすのなら、どうしてそれを捨て去らないのかと尋ねると、そんなことは考えられない、私たちが本当に確信をもてるのはこれだけなのだ、という答えが返ってくる」。

9. *Opticks*, Query 18.〔『光学』疑問18〕
10. 前掲書 Query 21.〔『光学』疑問21〕
11. ニュートンが何年も前にボイルに初めて提唱したことと同じ。
12. 前掲書 Query 21.〔『光学』疑問21〕
13. 一八九六年、ダブリン大学トリニティカレッジのジョージ・フィッツジェラルドへの発言。
14. E.R. Harrison, *Darkness at Night*, Harvard University Press (1987), p. 69.
15. これは、天文学者のエドモンド・ハレー（今では彼の名前がつけられている彗星の周期性を発見したことで有名）が、一七一四年にこの問題を「形而上学的パラドックス」と初めて名づけ、重要性を知らしめたように思われるが、今ではオルバースのパラドックスと呼ばれている。暗い空のパラドックスを解明する議論については、E.R. Harrison, *Darkness at Night*, Harvard University Press (1987) を参照。S. Jaki, *The Paradox of Olbers' Paradox*, Herder and Herder, NY (1969)

でなされている説明は推奨できないうえに、ここで示されるパラドックスの解決策は正しくない。Harrison の前掲書 p. 173 を参照。

16. J.E. Gore, *Planetary and Stellar Studies*, Roper and Drowley, London (1888).

17. J.E. Gore 前掲書 p. 233, E.R. Harrison, *Darkness at Night*, pp. 167-8 に引用されたもの。

18. S. Newcomb, *Popular Astronomy*, Harper, NY (1878).

19. 図の出典は E.R. Harrison, *Darkness at Night*, p. 169.

20. 一九八八年一月一七日付『インディペンデント』紙の土曜日付録、p. 10

21. 設計論のこの形態は、ベントリーのボイル講演で初めて披露されたと思われる。この講演の内容は、ニュートンからベントリーに宛てた手紙のなかでかなり語られていたことだった。ニュートンは、自身の研究がこのような宗教上の弁明に利用されることに非常に好意的だった。ただし、この問題について自身で意見を表明することはなかった。詳細な議論については、J.D. Barrow & F.J. Tipler, *The Anthropic Cosmological Principle*, Oxford University Press (1986) を参照。

22. J. Cook, *Clavis naturae; or, the mystery of philosophy unvail'd*, London (1733), pp. 284-6.

23. W. Whewell, *Astronomy and General Physics considered with reference to natural theology*, London (1833). 第3ブリッジウォーター論集。

24. ヒューエルは、エーテルによって説明づけられる複雑な光学現象と比べると、力学的法則に支配されるエーテルという仮説が簡潔であると指摘して、エーテル仮説の魅力についてかなりくわしく論じた。他に、ヒューエルは、音や電気、磁気、化学的現象の作用が、質的に大きく異なることから、伝播の性質がそれぞれに異なることを説明しようとして、複数の異なる希薄な流体があるはずだと考えた。

25. B. Stewart and P.G. Tait, *The Unseen universe; or, physical speculations on a future state*, London (1875).

26. F. Kafka, *Parables*.〔池内紀訳『寓話集』岩波文庫〕

27. フレネルのエーテルは静止していた。ストークスは、地球が毎日自転をし、一年かけて太陽の周りを公転しながら、エーテルをひきずっていると考えた。マクスウェルは、電磁場のモデルである回転する渦の管で満たされた流体からなる電磁媒体のエーテルを提唱した。

28. B. Jaffe, *Michelson and the Speed of Light*, Doubleday, NY (1960)〔藤岡由夫訳『マイケルソンと光の速度』河出書房新社〕; H.B. Lemon and A.A. Michelson, *The American Physics Teacher*, 4, pp. I-II, Feb. (1936); R.A. Millikan and A.A. Michelson, *The Scientific Monthly*, 48, pp. 16-27, Jan. (1939).

29. J.R. Smithson, 'Michelson at Annapolis', *American Journal of Physics* 18, 425-8 (1950).

30. 『ブリタニカ大百科事典』（第九版）、「エーテル」の項目のJ・C・マクスウェル執筆の記事。

31. 光の干渉は、一八〇三年にトーマス・ヤングが初めて実証した。

32. ここでは、光の経路の一方がエーテルの運動方向と一致していると仮定している。一般的にはそうではないが、これは容易に計算に組み込めて、否定的な結果の重要性を変えてしまうことはない。

33. A. Michelson, 'The Relative Motion of the Earth and the Luminiferous Ether', *American Journal of Science*, series 3, 22, pp. 120-9 (1881).

34. R.S. Shankland, 'Michelson at Case', *American Journal of Physics* 17, pp. 487-90 (1950).

35. A. Michelson and E. Morley, *American Journal of Science*, series 3, 34, pp. 333-45 (1887).

36. ローレンツは、質量と時間の値も変化すると述べた。質量、長さ、時間の変換は、今では一般的にローレンツ変換として知られており、アインシュタインの特殊相対性理論の一部となっている。

37. ローレンツは、エーテルは、真空の表れとしては不適切だとみなしていたようだ。エーテルには多くの属性がありすぎた。A.J. Knox, 'Hendrik Antoon Lorentz, the Ether, and the General Theory of Relativity', *Archive for History of Exact Sciences*, 38, pp. 67-78 (1988) を参照。

38. 英国海軍作戦部長が発表した無線会話。一九九四年一〇月のブリティッシュコロンビア州サンシャインコースト小艦隊の回報 *The Bilge Pump* に引用されたもの。

39. A. Einstein, 'Zur Elektrodynamick bewegter Körper', *Annalen der Physik*, 17, pp. 891-921. 図書館員は、盗難を恐れて、この巻を開架に置かないことが多い。

40. Mは、マトリックスもしくはミステリー。

41. この議論は、故トーマス・クーンが導入した、一部では人気の高い「パラダイム」の議論と比較すべきだ。クーンは、新しいパラダイムが周期的に古いパラダイムを一掃するという科学的「革命」という概念を広めた。クーンの思想は、以前あったプトレマイオスの天動説を一蹴したコペルニクスの「革命」の歴史の研究からおおいに影響を受けていた。しかし、この例は特殊であり、ニュートン以降に見てきた物理学の理論の発展における典型的な例ではない。これらの理論の発展においては、古い理論やパラダイムが覆されることはなかった。むしろ、古い理論が、いっそう一般的で、広く適用可能な新しい理論の限定的なケースであることが明らかになった。

42. Jaffe 前掲書 p. 168 に引用されたもの。

43. A. Einstein, 'Über die Untersuchung des Ätherzustandes im magnetischen Felde', *Physikalische Blätter*, 27, pp. 390-1 (1971).

44. Einstein Archive FK 53, 一八九九年七月、M・マリッチへの手紙。

45. アインシュタインは、一九〇五年から一九一六年のあいだ、科学論文や大衆紙において、物理的なエーテルの存在を一貫して否定していた。

5 いったい何がゼロに起こったのか?

1. A. Marvell, *The Poetical Works of Andrew Marvell*, Alexander Murray, London (1870), 'Definition of Love', stanza VII.

2. 哲学者のイマニュエル・カントは、ユークリッド幾何学は、人間が考えうる唯一の幾何学だと述べた。心の仕組みによって、拘束服のように課せられているというのだ。これは、新たな幾何学が生まれたことによって、まったくの間違いだったことがすぐに証明された。実際、カントは、これを知るために、新しい数学の発展を待たずともよかった。曲がった鏡に映るユークリッド幾何学の例を見るだけで(たとえば、平面上の三角形)、反射の法則によって、平面に存在する法則を反射したものである曲面上の幾何学「法則」が間違いなく存在するはずであることは、明らかなはずだったからだ。

3. Euclid, *Elements*, *Great Books of the Western World*, Encyclopaedia Britannica Inc., Chicago (1980), vol. II.〔中村幸四郎ほか訳

4. 『ユークリッド原論』共立出版〕
ユークリッドのもとの文章は、「線Aが二本の線BおよびCと交わり、線Aのほうの内角の和が二直角より小さいなら、線Bと線Cはその角のある側で交わる」である。幾何学の教科書にあるもっと簡単な文章では「与えられた線L上にない、いかなる点を通る点も、Lに平行なひとつの線を通る」となる。ユークリッドのその他の四つの公準は以下の通り。1. ひとつの任意の点から直線を引くことができる。2. ひとつの直線から、有限の直線を連続して引くことができる。3. 任意の中心と半径をもつ円を描くことができる。4. すべての直角は互いに等しい。

5. B. de Spinoza, *Ethics* (1670), in *Great Books of the Western World*, vol. 31, Encyclopaedia Britannica Inc, Chicago (1980). 〔畠中尚志訳『エチカ——倫理学（上・下）』岩波書店〕

6. 与えられた線L上にない任意の点を通って、Lに平行な線が二本以上引けるはずである、もしくは、Lに平行な線がひとつもない、と言う方法でもよい。

7. 0＝1と演繹することが可能なら、その系は矛盾する。この種の偽の陳述が導き出せるなら、それをもちいて、いかなる陳述もその系の言語のなかで有効であると演繹できる。

8. J. Richards, 'The reception of a mathematical theory: Euclidean geometry in England 1868-1883', in *Natural Order: Historical Studies of Scientific Culture*, eds B. Barnes and S. Shapin, Sage Publications, Beverly Hills (1979); E.A. Purcell, *The Crisis of Democratic Theory*, University of Kentucky Press, Lexington (1973); J.D. Barrow, *Pi in the Sky*, Oxford University Press (1992). 〔『天空のパイ』〕

9. R.L. Graham, D.E. Knuth & O. Patashnik, *Concrete Mathematics*, Addison Wesley, Reading (1989), p. 56. 〔有沢誠ほか訳『コンピュータの数学』共立出版〕

10. 実際、ユークリッドが直観的に選んだ公理には、奇妙な抜け漏れがいくつかあることがわかった。たとえば、一八八二年になってようやくモーリッツ・パッシュが、「明らかに」真であるようないくつかのことがらが、ユークリッドの古典的な公理で証明できないことに気づいた。ひとつ例を挙げる。点A、B、C、Dが、BがAとCのあいだにあり、CがBとDのあいだにあるように一本の線上に配置されているなら、BがAとDのあいだになければならないことを証明せよ。これは、必要であれば、追加の公理としてユークリッド幾何学に加えるべきものである。他にも、ユークリッドが公理として述べていないが、ユークリッドの選んだ公理からは証明できないとわかったものに、円の中心を通る終わりのない直線は円周と交わるはずであるというものと、三角形の一辺と交わるが、三角形の頂点とは交わらない直線は、他の辺のいずれかひとつと交わるはずである、というものがある。

11. 数学者による非ユークリッド幾何学の発見に関する奇妙な点に、発見までに長い時間がかかったことと、大きな議論を呼んだことがある。画家や彫刻家は、数世紀も前に、曲面上の線や角を支配する規則を発見していた。筆者の著書『天空のパイ』に、初期のインドの瞑想のシンボル、スリヤントラの絵を載せているが、そこでは、三角形のパターンが入れ子状になり、多数の線が一点で交わるようになっている。このような物体はふつう、平面上に描かれていたが、岩塩に描かれたこの図は、曲がった球面上に描かれているところがふつうではなく、これを作成するには、非ユークリッド幾何学を相当に理解していることが必要であったはずだ。数学者が非ユークリッド幾何学を理解するのに時間がかかったことが受け入れがたく思われるもうひとつの興味深い要因に、ガラス製や磨いた金属製の湾曲した鏡が存在していたことがある。平面に描かれた直角のユークリッド三角形を湾曲した鏡のなかに見るなら、その三角形と、その属性を支配する規則（ピュタゴラスの定理など）が、曲面に直接的に写像されているものを見ることになる。規則には、鏡のなかに見える歪んだ三角形のなかに、直接的に映し出された対応する規則がある。このことから、鏡のなかの三角形の属性を支配する一組の規則があるはずだということがわかる。この相互関係は、ようやく、ベルトラミ、ポアンカレ、クラインによって、正式に把握された。彼らは、ユークリッド幾何学と非ユークリッド幾何学は無矛盾等価である、すなわち、一方の論理的な自己矛盾のないことが、もう一方の自己矛盾のないことを要請する、と証明した。

12. この元が独特のものであるはずだということは容易にわかる。もしも二つの元、ＩとＪがあり、属性が同一なら、Ｉは、ＪとＩを結合したものと等しくなるはずであり、ＩとＪの結合もＪに等しくなるはずであり、したがってＩはＪと同じである。

13. もしもゼロを含めれば、2/0のような分数を作ることができ、これは有限の分数ではないために、閉包が侵される。

14. 実際、ドイツ人数学者のフェリックス・クラインが、一八七二年にある計画に着手した〔いわゆる「エルランゲン・プログラム」〕。これは、すべての幾何学を、一定の変換の性質をもつ数学的構造と定義することによって、統合しようとしたものだ。たとえば、ユークリッド幾何学を、回転、鏡映、相似、空間内の平行移動を行っても性質が同一のままであるものと定義することができるだろう。

15. 予想外のことに、オーストリア人数学者のクルト・ゲーデルが、もしも数学的構造が算術を含むほど豊かであれば、それを定義する公理が矛盾しうることを証明した。もしも公理が矛盾しないと仮定すると、数学的構造が、その系の推論の規則をもちいて、真であるとも偽であるとも証明できないような構造の言語において組立てられる陳述が存在するはずであるという意味で、必然的に不完全になる。ユークリッド幾何学と非ユークリッド幾何学は、いずれも、算術の構造を含むほどには豊かではないため、これらには、この不完全性定理は当てはまらない。詳細は、J.D. Barrow, *Impossibility: the limits of science and the science of limits*, Oxford University Press (1998) の第八章を参照。〔松浦俊輔訳『科学にわからないことがある理由』青土社〕

16. 公理を規定するこの自由によって、ある陳述がある公理系では「真」となるが、他の公理系では「偽」となることが許される。

17. これまでに導入された集まりの単純な数学的構造が、ゼロのように見える、あるいは場合によっては算術のように見える単位元を要請するが、すべての数学的構造がゼロの要素をもつとは限らないことは、認識しておくべきだ。

18. F. Harary & R. Read, *Proc. Graphs and Combinatorics Conference*, George Washington University, Springer, NY (1973).

19. M. Gardner, *Mathematical Magic Show*, Penguin, London (1977).〔一松信訳『数学魔法館』東京図書〕

20. B. Reznick, 'A Set is a Set', *Mathematics Magazine*, 66, p. 95 (April issue 1993).

21. 正式な題名は、*An Investigation of the Laws of Thought on Which are Founded the Mathematical Theories of Logic and Probabilities*。ブールは、以前の著書 *The Mathematical Analysis of Logic* において、これらの概念の一部を発展させている。

22. これは、ゲオルグ・カントールが証明したように、有限の集合については明らかに正しく、さらには無限の集合についても（それほど明らかではないが）正しい。すなわち、各々の無限が、それ以前の無限よりも大きくなるような

（構成要素のあいだに一対一の対応がないという明確に定義された意味において）、永遠に終わりのない上昇する無限の階段があるということだ。与えられた集合のすべての部分集合からなる集合は、べき集合と呼ばれる。

23. これらの図は、これを発明したジョン・ベン（一八三四―一八三）にちなんで名づけられた。

24. この構成の基本的な概念は、ドイツ人論理学者のゴットロープ・フレーゲが発見し、その後、バートランド・ラッセルが再発見した。ここに示した形式は、処理が比較的単純なほうであり、ジョン・フォン・ノイマンがフレーゲの形式を改良して発表した。

25. R. Cleveland, "The Axioms of Set Theory", *Mathematics Magazine*, 52, 4, pp. 256-7 (1979).

26. R. Rucker, *Infinity and the Mind*, Paladin, London (1982), p. 40.〔好田順治訳『無限の心』青土社〕

27. D.E. Knuth, *Surreal Numbers: How Two Ex-Students Turned On to Pure Mathematics and Found Total Happiness*, Addison Wesley, NY (1974).〔松浦俊輔訳『至福の超現実数』柏書房。訳はこちらの邦訳書のものを引用した〕この引用を読むと、コンウェイのイニシャルがちょうど、エホバのヘブライ語、ヤハウェ（Yahweh）の子音になっていることに気づくだろう。

28. J.H. Conway, *On Numbers and Games*, Academic, NY (1976).

29. D.E. Knuth 前掲書

30. クヌースはこの本のあとがきで次のように書いている。「創造力は教科書では教えられないが、この小説のような『反教科書』なら使えるかもしれないと思った。そこでランダウの『解析学の基礎』の正反対のものを描こうとしてみた。何とかして数学を『教室から連れ出して生活に入れ』、読者に自分の手で抽象的な数学の概念を調べてみたいと思わせようというのがねらいだった」。クヌースは会話のなかにランダウの名を入れているが、もっとも大きな狙いは、ブルバキ流のアプローチで数学を提示することなのだろう。

31. 負の数もこれと似たように、$-x=\{-R|-L\}$と定義される。

32. xとyが$x=\{x^L|x^R\}$および$y=\{y^L|y^R\}$のように与えられるなら、和が$x+y=\{x^L+y, x+y^L|x^R+y, x+y^R\}$、積が$xy=\{x^Ly+xy^L-x^Ly^L, x^Ry+xy^R-x^Ry^R|x^Ly+xy^R-x^Ly^R, x^Ry+xy^L-x^Ry^L\}$となる。

33. J.H. Conway, 'All Games Bright and Beautiful', *American Mathematics Montly* 84, pp. 417-34 (1977).
34. A. Huxley, *Point Counter Point*, Grafton, London (1928), p. 135.〔永松定訳『恋愛双曲線』ゆまに書房〕
35. J. Hick, *Arguments for the Existence of God*, Macmillan, London (1970).
36. Anselm, Proslogion 2.
37. C. Hartshorne, *A Natural Theology for our Time*, Open Court, La Salle (1967).〔大塚稔訳『自然神学の可能性』行路社〕全般的な議論と文献は、J.D. Barrow & F.J. Tipler, *The Anthropic Cosmological Principle*, Oxford University Press (1986), pp. 105-9 にある。
38. B. Russell, 'Recent work on the principles of mathematics' *International Monthly*, 4 (1901).
39. G. Cantor, *Grundlagen einer allegemeinen Mannigfaltigkeitslehre*, B.G. Treubner, Leipzig (1883), p. 182; 英語の翻訳は、*Foundations of the Theory of Manifolds*, transl. U. Parpart, the *Campaigner* (The Theoretical Journal of the National Caucus of Labor Committees), 9, pp. 69-96 (1976). ここでもちいた翻訳は、J. Dauben, *Georg Cantor*, Harvard University Press, Mass. (1979), p. 132 より。

6 空《から》っぽの宇宙

1. P. Kerr, *The Second Angel*, Orion, London (1998), p. 201.〔東江一紀訳『セカンド・エンジェル』徳間書店〕
2. 「強い」というのは、重力の勾配によって、光速度に近い速さで粒子が運動するように誘発される、という意味。
3. 光の運動速度は、真空よりも、媒質のなかを通るときのほうが遅い。媒質のなかを、その媒質のなかで光が進む速度を超える速さで物体が移動することは可能だ。これが起こると、チェレンコフ放射と呼ばれるものが生じ、定期的に観測される。宇宙からやってくる高速の粒子を検出するための実験で利用される。
4. 質量とエネルギーを一緒にしているのは、アインシュタインの有名な公式 $E = mc^2$ で関連づけられ、同等であるからだ。Eはエネルギー、mは質量であり、cは真空中の光速度。
5. この波は、重力波と呼ばれる。これは光速度で移動し、重力場の電場の影響としてとらえられる。慣性系の引きずりと呼ばれる、長距離に渡る回転の影響は、近くの重力波源のもつ回転の影響と同じような意味で、物体を引きずり回す。これらの現象のいずれも、ニュートンの重力理論にはない。

6. 曲がった空間は容易に視覚化できるが、曲がった時間というのは奇妙に聞こえる。実際のところ、理想では、空間が平坦であるような、あらゆる質量から無限に遠く離れたところで、場所における速度と比べた、時間の流れの速度の差に相当する。一般的に、時計で時間を計測すると、弱い重力場を通過するときよりも、強い重力場を通過するときのほうが、時間はゆっくりと経過する。これも観測されている。

7. この図の興味深いが論争を呼ぶような帰結が、空間と時間を別々にとらえたり、ひとつに組み合わせたりではなく、時空という概念のほうが主要だとするものである。時空の塊は、薄く切られ、さまざまな形をした無限の数だけある曲がった断片になって積み上げられる。どの断片も、他と比べて劣っていないように見える。これは、時間の選択に対応する。各々のシートにある事象は、同時に起こったものだが、異なる動きをしている観測者は、異なるシートを切り分け、時間の基準も異なり、異なる観測を行い、それが同時に起こったものと判断される。この時空の塊の図から、未来はすでに「そこにある」ことがうかがわれる。これとは対照的に、他の科学分野では、時間の流れは、事象の展開や、情報やエントロピー、複雑性の増加と関連があり、未来があちらで待っていると思われるようなものは何もない。時空の塊の図についての神学的、哲学的な意味についての興味深い議論は、C.J. Isham and J.C. Polkinghorne, 'The Debate over the Block Universe', in *Quantum Cosmology and the Laws of Nature* (2nd edn), eds R.J. Russell, N. Murphy and C.J. Isham, University of Notre Dame Press (1996), pp. 139-47 を参照。

8. すべての基本的な力は、相互作用を伝える「担体」(あるいは「交換」) 粒子をもっているようである。電荷粒子間の電磁相互作用の担体は、電荷をもたない光子であり、したがって自己相互作用しない。重力は、質量とエネルギーをもつグラビトン (上記の重力波と同じ) によって運ばれるため、グラビトンは重力を感じ、自己相互作用する。グラビトンだけを含む重力の世界をもつことはできるが、光子だけを含む電磁の世界をもつことはできない。

9. イザヤ書第三四章第五節一一—一二〔訳は新共同訳による〕

10. J.D. Barrow, *The Origin of the Universe*, Orion, London (1994).〔松田卓也訳『宇宙が始まるとき』草思社〕

11. そして、質量とエネルギーの分布が断片によって異なることから、エネルギーと電荷、角運動量が保存されることになる。

12. MJ. Rees and M. Begelman, *Gravity's Fatal Attraction*, Scientific American Library, New York (1996), p. 200.

13. C.S. Peirce, *The Collected Papers of Charles Sanders Peirce* (8 vols), ed. C. Hartshorne et al, Harvard University Press, Cambridge, Mass. (1931-50), vol. 4, section 237.

14. E. Mach, *The Science of Mechanics*, first published in 1883, reprinted by Open Court, La Salle (1911).〔岩野秀明訳『マッハ力学史（上・下）』ちくま学芸文庫〕

15. J.D. Barrow, R. Juszkiewicz and D. Sonoda, 'Universal Rotation: How Large Can It Be?', *Mon. Not. Roy. Astr.* Soc, 213, pp. 917-43 (1985).

16. 次章で説明するインフレーション宇宙理論では、この宇宙の回転は非常に遅いと予測される。インフレーションが起こる前（宇宙の膨張が加速化していた時期）にあった回転は、インフレーションの期間内で劇的に速度が落ちる。さらに、インフレーションを生じさせると予測される物質場は、回転できないため、インフレーションは、密度や重力波に変化を生み出せるような形では、回転を生み出せない。実際、この宇宙において大規模な回転が観測されるなら、それは、インフレーション理論にとって致命的なことになるだろう。J.D. Barrow & A. Liddle, 'Is inflation falsifiable?' *General Relativity & Gravitational Journal*, 29, pp. 1501-8 (1997).

17. もちろん、均質性や等方性からの小さなずれがどのようにして生じるか、なぜそれらには観測されるようなパターンがあるのかというような特定の疑問に興味があるなら、このような仮説から始めたりはしない。その代わりに、不規則性が小さく（しかしゼロではない）、この宇宙は平均して均質であり等方性があると仮定するだろう。

18. A. Friedmann, *Zeitschrift für Physik*, 10, p. 377 (1922) and 21, p. 326 (1924). 翻訳は、*Cosmological Constants*, eds J. Bernstein and G. Feinberg, Columbia University Press (1986)、R.C. Tolman, *Relativity, Thermodynamics and Cosmology*, Oxford University Press (1934) にある。

19. もうひとつのシナリオである収縮は、その結果、すでに高密度になって「つぶれ《クランチ》」ていただろうという理由から、除外される。

20. フリードマンは、科学という大義をもった勇敢な気球乗りであり、当時の高度記録をもっていた。当時の飛行は現在の基準からすると無謀に見える。気球乗りはしばしば、極端な気候条件下で、前もって予測された時間、気絶する。こうした冒険の詳細を伝える伝記に、E.A. Tropp, V.Ya. Frenkel and A.D. Chernin, *Alexander A. Friedmann: The Man Who Made the Universe Expand*, transl. A. Dron and M. Burov, Cambridge University Press (1993) がある。

21. R. Rucker, *The Fourth Dimension*, Houghton Mifflin, Boston (1984), p. 91.〔金子務監訳『四次元の冒険』工作舎〕

22. G. Lemaître, 'Evolution of the expanding universe', *Proceedings of the National Academy of Sciences*, Washington, 20, p. 12 (1934).

23. 流体の圧力がp、cを高速度としてエネルギー密度がρc^2であるなら、その重力の作用が引く力（反発する力）であるための条件は、ρc^2+3pが正になる（負になる）ことである。均質で等方性のある宇宙では、宇宙定数は、$p=-\rho c^2$である「流体」に同等となり、したがって、重力に反発する。

24. 高（無限？）密度の過去の時点で宇宙の膨張が始まったとする表現は、一九五〇年のラジオ番組においてフレッド・ホイルが、定常理論と比較して侮蔑の意味でしたものだ。

25. W.H. McCrea, *Proc. Roy. Soc. A* 206, p. 562 (1951). 宇宙項を、一般相対性理論における圧力と密度をもつ流体と解釈したルメートルの既存の論文（註22を参照）のことを、マクリーは知らなかった。

26. A Sandage, *Astrophysical Journal Letters* 152, L 149-154 (1968).

27. D. Sobel, *Longitude*, Fourth Estate, London (1995).〔藤井留美訳『経度への挑戦』角川書店〕

28. 九五パーセントの統計的信頼度。

29. S. Perlmutter et al, 'Measurements of Ω and Λ from 42 high-redshift supernovae', *Astrophysical Journal*, 517, pp. 565-58 (1999). B.P. Schmidt et al, 'The high-Z supernova search: measuring cosmic deceleration and global curvature of the Universe using type Ia supernovae', *Astrophysical Journal*, 507, pp. 46-63 (1998). 超新星コスモロジープロジェクトの最新情報は、プロジェクトのホームページから入手できる。http://panisse.lbl.gov/public/papers.

7 決して空《から》にならない箱

1. B. Hoffman, *The Strange Story of the Quantum*, Penguin, London (1963), p. 37.
2. アインシュタインからD・リプキンに宛てた手紙、一九五二年七月五日付。A. Fine, *The Shaky Game*, University of Chicago Press (1986), p. I に引用されたもの〔町田茂訳『シェイキーゲーム』丸善〕。
3. 筆者のものとしては、J.D. Barrow, *The Universe that Discovered Itself*, Oxford University Press (2000) がある。他の本にも多数言及している〔松浦俊輔訳『宇宙に法則はあるのか』青土社〕。
4. N.C. Panda *Maya in Physics*, Motilal Bonarsidass Publishers, Delhi (1991), p. 73 に引用されたもの。
5. アインシュタインからマックス・ボルンに宛てた手紙、一九一九年六月四日付。Max Born *The Born-Einstein Letters*, Walker & Co., New York (1971), p. II に引用。
6. R. Feynman, *The Character of Physical Law*, MIT Press, Cambridge, Mass. (1967), p. 129.〔江沢洋訳『物理法則はいかにして発見されたか』岩波書店〕
7. W. Heisenberg, *Physics and Beyond: Encounters and Conversations*, Harper and Row, New York (1971), p. 210.〔山崎和夫訳『部分と全体』みすず書房〕
8. H.A. Kramers, L. Ponomarev, *The Quantum Dice*, IOP, Bristol (1993), p. 80 に引用されたもの〔沢見英男訳『量子のさいころ』シュプリンガー・フェアラーク東京〕。
9. 黒体は、完璧な光の吸収体であり発光体である。
10. 摂氏ゼロ度は、二三七・一五ケルヴィン度に等しい。
11. この数値は、$h = 6.626 \times 10^{-34}$ジュール秒と測定されている。
12. スペクトルでは波長帯のほぼ全域にわたり黒体放射が認められると予測されたが、特定の波長帯においていかに正確にプランク曲線に従うのかに、大きな関心がもたれていた。なぜかというと、この宇宙の歴史が、銀河の形成に関わる激しいできごとを経験していたなら、ビッグバンが残していった原始の放射の他にもいっそう温度の高い別の放射源があっただろうからだ。これにより、スペクトルがわずかに黒体放射の形からずれる。観測の結果、非常に高い精度で、このような純粋な黒体放射スペクトルからのずれはなかった。ここから、宇宙の歴史について重要なことがわかる。

13. J.C. Maxwell, *Treatise on Electricity and Magnetism*, Dover, NY (1965).

14. ゼロ点エネルギーのアイデアは、物質と放射がいかに相互作用して黒体放射スペクトルを作り出すかを理解する目的で、一九一一年にプランクが初めて導入した。プランクは最初、放射の放出が離散した量子の束で起こる一方で、放射の吸収はすべての値において連続して可能であると述べた。この仮説（三年後にプランクは放棄）から、たとえ温度が絶対ゼロ度でも、系には hf/2 のエネルギーがあるという結論に達した。一九一三年、アインシュタインとオットー・シュテルンが、ゼロ点エネルギーが含まれるなら、正確で古典的（非量子的）なエネルギーの限界は、プランクの黒体分布からのみ得られることを証明した（*Annalen der Physik*, 40, pp. 551-60 [1913]）。さらなる議論については、*The Philosophy of Vacuum*, Oxford University Press (1991) の D.W Sciama, pp. 137-58 を参照。

15. Casimir, H.B.G., 'On the attraction between two perfectly conducting plates', *Koninkl. Ned. Akad. Wetenschap. Proc*, 51, pp. 793-5 (1948); 分極化可能な二個の原子のあいだに働く引力の、より特殊な状況における効果についてのカシミールの最初の研究。引力が生じたことから、カシミールは、原子を、平行な板という単純なものに置き換えた。H.B.G. Casimir and D. Polder, 'The Influence of Retardation on the London-van der Waals Forces', *Phys. Rev.* 73, pp. 360-72 (1948); G. Plumien, B. Muller and W. Greiner, 'The Casimir Effect', *Phys Rep.*, 134, pp. 87-193 (1986). 効果を完全に計算するには、いくつかの重要な詳細を考慮に入れる必要がある。たとえば、板は、単体の原子やそれ以下のスケールでは、完璧な導体とはみなされないという事実がある。この問題についてもっとも徹底して追究したものは、P.W. Milonni, *The Quantum Vacuum: an introduction to quantum electrodynamics*, Academic, San Diego (1994). 簡単な説明なら、T. Boyer, 'The classical vacuum', *Scientific American* (Aug. 1985) がある。

16. 公式から、〇・〇一一 N/m^2 となる。これらの値は、スパルネイの行った実験からとった。

17. J. Ambjorn and S. Wolfram, *Ann. Phys.*, 147, p. 1 (1983); G. Barton, 'Quantum electrodynamics of spinless particles between conducting plates', *Proc. Roy. Soc.* A, 320, pp. 251-75 (1970).

18. M.J. Sparnaay, 'Measurement of the attractive forces between flat plates', *Physica*, 24, p. 751 (1958).

19. S.K. Lamoreaux, 'Demonstration of the Casimir force in the 0.6 to 6 μM range', *Phys. Rev. Lett.* 78, pp. 5-8 (1997) and 81, pp. 5475-6 (1998).

20. 実験が絶対ゼロ度で行われておらず、板（被覆石英）は、先に記述した簡単な計算で仮定したような完璧な導体ではないという事実に留意しなければならない。

21. C.I. Sukenik, M.G. Boshier, D. Cho, V. Sandoghdar and E. Hinds, 'Measurement of the Casimir—Polder force', *Phys. Rev. Lett.*, 70, pp. 560-3 (1993).

22. H.E. Puthoff, 'Gravity as a zero-point fluctuation force', *Phys. Rev. A*, 39, pp. 2333-42 (1989); R.L. 'Forward, Extracting electrical energy from the vacuum by cohesion of charged foliated conductors', *Phys. Rev. B*, 30, pp. 1700-2 (1984); D.C. Cole & H.E. Puthoff, 'Extracting energy and heat from the vacuum', *Phys. Rev. E*, 48, pp. 1562-5 (1993); I.Y. Sokolov, 'The Casimir Effect as a possible source of cosmic energy', *Phys. Let. A*, 223, pp. 163-6 (1996); P. Yam, 'Exploiting zero-point energy', *Scientific American*, 277, pp. 82-5 (Dec. 1997).

23. J. Schwinger, 'Casimir light: field pressure', *Proc. Nat. Acad, Sri. USA*, 91, pp. 6473-5 (1994); C. Eberlein, 'Sonolumincscence as quantum vacuum radiation', *Phys. Rev. Lett.*, 76, pp. 3842-5 (1996).

24. K.A. Milton and Y.J. Ng, 'Observability of the bulk Casimir effect: can the dynamical Casimir effect be relevant to sonoluminescence?', *Phys. Rev. E*, 57, pp. 5504-10 (1998); V.V Nesterenko and I.G. Pirozhenko, 'Is the Casimir effect relevant in sonoluminescence?', *Sov. Physics JETP Lett.*, 67, pp. 420-4 (1998).

25. J. Masefield, *Salt-water Ballads*, 'Sea Fever' (1902).

26. P.C. Causeé, *L'Album du Marin*, Charpentier, Nantes (1836).

27. S.L. Boersma, 'A maritime analogy of the Casimir effect', *American J. Physics*, 64, p. 539 (1996). 著者は、アムステルダム海洋博物館のハーゼルホフ・ルールズマの影響で、Causeé の著作に書かれたこの問題に興味がひかれたと述べている。

28. ボースマが計算した引力は、$F = 2\pi^2 m\eta hA^2/(QT^2)$ に等しい。ここで m は船一艘の質量（二艘の船の質量は等しいと仮定）であり、Aはうねりのなかで船が揺れるラジアン角、Qは振動の線質係数、ηは摩擦によるエネルギー損失効率。m＝七〇〇トン、h＝一・五メートル、A＝八度（＝〇・一四ラジアン）、T＝八秒、Q＝二・五、η＝〇・八を代入すると、F＝二〇〇〇ニュートンとなる。

29. J. Weintraub, *Peel Me a Grape* (1975), p. 47.

30. W. Lamb and R.C. Retherford, *Phys. Rev.*, 72, p. 241 (1947). 理論的解釈は、T.A. Welton, *Phys. Rev.*, 74, p. 1157 (1948) によって行われた。

31. P. Kerr, *The Second Angel*, Orion, London (1998), p. 316.〔『セカンド・エンジェル』〕

32. 世界を理解するために他に何が必要かを知るには、J.D. Barrow, *Theories of Everything*, Vintage, London (1988) を参照〔林一訳『万物理論』みすず書房〕。

33. 粒子の量子波が、その質量に反比例するため。

34. F. Close and C. Sutton, *The Particle Connection*, Oxford University Press (1987).

35. 重力は、本質的に弱くても、大量に集まっている物質のふるまいを制御することにおいては、電磁力に勝る。なぜなら電荷には、正と負の二種類があり、ゼロではない電荷をもつ物質を大量に集めることが困難だからだ。重力は質量に作用し、質量は、電荷とは対照的に、正のものしかなく、したがって大量の物質が集まると、重力の作用は累積していく。

36. 老子『道徳経』第二章。

37. 一九一一年にアーノルド・ゾマーフェルトによって初めて定義されたこの数は、微細構造定数と呼ばれており、$2\pi e^2/hc$ によって求められる。詳細については、J.D. Barrow and F.J. Tipler, *The Anthropic Cosmological Principle*, Oxford University Press (1986) の第四章を参照。

38. C. Pickover, *Computers and the Imagination*, St Martin's Press, NY (1991), p. 270.

39. 陽電子は電子の反粒子である。質量は同じだが、電荷の記号が反対だ。電子が陽電子に出会うと、対消滅して二つの光子を生成する。電荷は相殺してゼロになる。

40. 「ブラックホール」という用語は、一九六八年にアメリカ人物理学者のジョン・A・ホイーラーが、'Our Universe: the known and the unknown', *American Scholar*, 37, p. 248 (1968) という論文において考案したもの。*American Scientist*, 56 p. I (1968) に転載。それより一一年前にホイーラーは「ワームホール」という用語を作っていた。

41. ブラックホールの半径Rは質量Mに比例するため、M/R^3 に比例する密度は、$1/M^2$ に比例して変化する。したがって、ブラックホールの質量が大きいほど、密度は低くなる。

42. ブラックホールの決定的な特徴は、有限の物体に強烈に変動する引力を与えることである（「潮汐力」）。大きさがゼロの点粒子にとっては、そのような変動は存在せず、大きなものであれ小さなものであれブラックホールの引力のなかを自由落下しても、何も感じないだろう。有限の大きさをもつ物体なら、ブラックホールにもっとも近い部分が、もっとも遠い部分よりもいっそう強く引かれるために、長く引き伸ばされる。ブラックホールの密度（ひとつ前の注釈を参照）で、潮汐力の強さを測定できる。小さなブラックホールでは、密度がいっそう重要になる。太陽の大きさの一億分の一ほどの大きさのブラックホールの地平に恒星が落ち込んだら、星はずたずたに切り裂かれる。ブラックホールが大きいほど、恒星は、ちぎれることなく地平のなかへと落ちていく。

43. J.P. Luminet, *Black Holes*, Cambridge University Press (1992).

44. M. Begelman and M.J. Rees, *Gravity's Fatal Attraction*, W.H. Freeman, San Francisco (1996).

45. S.W. Hawking, 'The Quantum Mechanics of Black Holes', *Scientific American*, January (1977).

46. ブラックホールは、粒子対の一方を捕獲しても質量は増えない。粒子–反粒子対の位置エネルギーの変化を考慮に入れると、このプロセスの結果、ブラックホールは質量を失う。粒子対は、ゼロの総エネルギーを与えられるような分離のときに、優先的に出現する。

47. ブラックホールの温度は、質量に反比例する。質量をすべて放射するのに必要とされる時間は、質量の三乗に比例する。

48. アインシュタインの重力理論では、重力の局所的な作用は、適切な速度での加速運動を体験するなかで感じる作用と区別がつかないはずである。そのため、非常に短い時間であれば、重力下で自由落下している小さなエレベーターに乗っていることと、下向きに加速しているエレベーターに乗っていることを、決して区別できないのだ。これを真空内のブラックホールの状況に当てはめれば、事象の地平に非常に近い重力場に存在している状況と、地平のそばで重力のために加速する場合と同じ加速度で運動している観測者が体験する状況とを、私たちは決して区別することができない。実際、ウィリアム・ウンルーとポール・デイヴィスが最初に示したように、これはまさしく予測されていることなのだ。観測者が量子的真空のなかを等速度Aで加速すると、観測者は、温度が $T = hA/4\pi ck$ の熱放射を感知することになる。ここで c は光速度、k はボルツマン定数、h はプランク定数である。

8 真空は何個あるのか?

1. 一九九九年七月四日付『オブザーバー』紙に引用されたもの。
2. 他の多くの学問にある状況とは違って、物理学や天文学では、学術誌は今ではおおむね不要なものとなっている。すべての研究論文は電子上で「出版」され、著者のもとに電子メールで送られてくる批評や出典表記の要請、修正などに照らし合わせて訂正される。
3. ニュートンの有名な運動法則が、このアインシュタインの主張を満足していなかったことに留意すること。第一法則、すなわち「何の力も働かないすべての物体は、静止したままでいるか、一定の速さで運動する」は、すべての観測者が真であるとみなすものではない。ニュートンは、絶対空間にたいして加速あるいは回転していない観測者によってのみ、そのように見えるだろうと明記していた。そうした者は、「慣性系観測者」と呼ばれる。たとえば回転する宇宙船にいる宇宙飛行士が窓の外を見ると、近くの衛星が、何の力も働いていなくても、加速しながら窓のそばを通り過ぎるように見えるだろう。回転する宇宙船のなかにいる宇宙飛行士は、慣性系観測者ではないのだ。
4. 一九九九年一二月一二日付『オブザーバー』紙、p. 30に引用。
5. J.D. Barrow, *Theories of Everything*, Vintage, London (1991)〔『万物理論』〕; B. Greene, *The Elegant Universe*, Vintage, London (2000)〔林一ほか訳『エレガントな宇宙』草思社〕
6. A. Linde, 'The Self-Reproducing Inflationary Universe', *Scientific American*, no. 5, vol. 32 (1994).

7. A. Guth, *The Inflationary Universe*, Vintage, London (1998).〔はやしはじめほか訳『なぜビッグバンは起こったか』早川書房〕

8. フラクタル面はそうではなく、どのようなスケールの倍率でも、構造をもつことができる。

9. W. Allen, *Getting Even*, Random House, NY (1971), p. 33.〔伊藤典夫ほか訳『これでおあいこ』河出書房新社〕

10. このように銀河の集まりを集めてさらに大きなものにするということは、無限に続くわけではない。銀河団を集めたいわゆる「超銀河団」くらいが限界のようだ。

11. 社会学者のロバート・マートンが、名誉や賞を与えられた人が、さらに名誉や賞を授かるようであることを指して作った言葉。マタイによる福音書の第一三章第一二節にあるキリストの言葉から取られた。「持っている人は更に与えられて豊かになるが、持っていない人は持っているものまでも取り上げられる」。

12. およそ一〇〇〇万年前。

13. P. de Bernadis et al, 'A flat universe from high-resolution maps of the cosmic microwave background radiation', *Nature*, 404, pp. 955-9 (2000). 実験の写真や情報、およびその結果の重要性については、こちらも参照。http://www.physics.ucsb.edu/~boomerang/〔二〇一三年九月現在、このウェブページは存在しない〕

14. ブーメランコラボレーションが以下のウェブサイトに掲示したデータにもとづく。http://www.physics.ucsb.edu/~boomerang/〔二〇一三年九月現在、このウェブページは存在しない〕

15. 一九九九年一一月一三日付『インディペンデント』紙、p. 3 の論評欄の三番めの論説に引用されている。

16. J.D. Barrow, 'Dimensionality', *Proc. Roy. Soc. A.*, 310, p. 337 (1983); J.D. Barrow & F.J. Tipler, *The Anthropic Cosmological Principle*, Oxford University Press (1986), chap. 6; M. Tegmark, 'Is "the theory of everything" merely the ultimate ensemble theory?', *Annals of Physics* (NY), 270, pp. 1-51 (1998).

17. かつて、シリコン化学を題材として生化学者を登場させるＳＦ小説のジャンルが注目されたことがあった。この分野は見込みがなさそう（Barrow と Tipler の前掲書に説明）だが、皮肉なことに、炭素系の生命（人間）の触媒作用によって人工生命を生み出すもっともありそうな手段が、シリコン物理学である。

18. インフレーションのあいだ、スカラー場から与えられる圧力は負であるため、実際には膨張する物質のエネルギーの変化が、仕事のエネルギーを供給する。

19. 数年前、シドニー・コールマンが、この種の部分的な解決策を提示した。もしもこの宇宙の位相が十分に複雑なもので、多数の穴やハンドルや管を持つのであれば、何らかの宇宙項が存在すれば、対立する圧力が生じ、非常に高い精度で宇宙項を相殺するだろうと述べた。宇宙が膨張して非常に大きくなったときの、宇宙定数のもっとも観測されうる値は、きわめて高い精度でゼロになるだろうというのだ。残念ながら、この魅力的な考え方は精査に耐えられず、これまでのところ、宇宙定数のごく小さな値を明らかにするような、これに似た一般的な議論はない。

20. コリント人への第一の手紙、第一五章第五一―二節。

21. 新しい種類のインフレーション理論、たとえばカオス的インフレーションでは、単独の真空で間に合わせられる。

22. P. Hut and M.J. Rees, 'How stable is our vacuum?', *Nature*, 302 (1983), pp. 508-9; M.S. Turner and F. Wilczek, 'Is our vacuum metastable?', *Nature* 298 (1982), pp. 633-4. 世界の起こりうる「突然」の終わりについての幅広い考察については、J. Leslie, *The End of the World* を参照〔松浦俊輔訳『世界の終焉』青土社〕。

23. 最近、アメリカ国内では、国の実験機関で高エネルギーの粒子を衝突させることが、このような惨事を引き起こすのではないかという懸念が広まっているらしい。

24. N. Eldridge and S.J. Gould, 'Punctuated equilibria: an alternative to phyletic gradualism', in T.J.M. Schoof (ed.), *Models in Paleobiolofy*, W.H. Freeman, San Francisco (1972), pp. 82-115.

25. A.S.J. Tessimond, *Cats*, p. 20 (1934).

26. T. Kibble, 'Topology of Cosmic Domains and Strings', *Journal of Physics A*, 9, pp. 1387-97 (1972).

27. これらは、超ひもや超ひも理論と混同してはならない。超ひも理論では宇宙ひもの存在が許される場合もあるが、必ずしもそうではない。

28. P. Bak, *How Nature Works*, Oxford University Press (1997), p. 39.

29. この重力レンズ現象は、アインシュタインが予測したものであり、現在では一般的に観測されている。ただし、観測されたものについては、宇宙ひもではなく、物体によって生じると考えられている。私たちの銀河や、その近くの大マゼラン雲〔近所にあるごく小さな銀河〕では、この現象は、恒星の質量に似た質量をもつ発光しない天体によって引き起こされる。

9　真空の始まりと終わり

1. M. Proust, *Le Côté de Guermantes* (1921), transl. as *Guermantes' Way*, by C.K. Scott-Moncrieff (1925), vol. 2, p. 147. 〔鈴木道彦訳『失われた時を求めて5　第3篇ゲルマントの方1』『失われた時を求めて6　第3篇ゲルマントの方2』集英社文庫、他〕
2. G.K. Chesterton, *The Napoleon of Notting Hill*, first published in 1902, Penguin, London (1946), p. 9. 〔高橋康也訳『新ナポレオン奇譚』ちくま文庫〕
3. E.O. James, *Creation and Cosmology*, E.J. Brill, Leiden (1969); C. Long, *Alpha: the Myths of Creation*, G. Braziller, New York (1963); C. Blacker and M. Loewe (eds), *Ancient Cosmologies*, Allen & Unwin, London (1975); M. Leach, *The Beginning: Creation Myths around the World*, Funk and Wagnalls, New York (1956).
4. M. Eliade, *The Myth of the Eternal Return*, Pantheon, New York (1954); J.D. Barrow & F.J. Tipler, *The Anthropic Cosmological Principle*, Oxford University Press (1986) も参照。
5. T. Joseph, 'Unified Field Theory', 一九七八年四月六日付『ニューヨークタイムズ』紙。
6. 興味深い論文集がある。R. Russell, N. Murphy & C. Isham, *Quantum Cosmology and the Laws of Nature*, 2nd edn, University of Notre Dame Press, Notre Dame (1996).
7. A. Ehrhardt, 'Creatio ex Nihilo', *Studia Theologica* (Lund), 4, p. 24 (1951), and *The Beginning: A Study in the Greek Philosophical Approach to the Concept of Creation from Anaximander to St. John*, J. Heywood Thomas の回想録も所収、Manchester University Press (1968); D. O'Connor and F. Oakley (eds), *Creation: the impact of an idea*, Scribners, New York (1969).
8. 聖アウグスティヌスによってこの考え方がより洗練された。時間は世界とともに生じたという概念を導入したため、世界が存在する「以前」に何が存在していたか、という疑問を回避できるようになったのだ。

9. S. Jaki, *Science and Creation*, Scottish Academic Press, Edinburgh (1974), and *The Road of Science and the Ways to God*, University of Chicago Press (1978).

10. G.F. Moore, *Judaism in the First Centuries of the Christian Era I*, Cambridge, Mass. (1966), p. 381.

11. 知恵の書、第一一章第一七節。

12. 第七章第二八節。

13. G. May, *Creatio ex Nihilo*, transl. A.S. Worrall, T & T Clark, Edinburgh (1994), p. 8.

14. H.A. Wolfson, 'Negative Attributes in the Church fathers and the Gnostic Basilides', *Harvard Theol. Review*, 50, pp. 145-56 (1957), J. Whitaker, 'Basilides and the Ineffability of God', *Harvard Theol. Review*, 62, pp. 367-71 (1969).

15. このことを美しく表現したものが、ユングコデックス第五巻「三部の教え」に記されている。これはMayの前掲書p. 75（H.W. Attridge および E. Pagels の翻訳）において以下のように引用されている。〔荒井献ほか訳『ナグ・ハマディ文書（全四巻）』岩波書店〕「誰ひとりとして最初から彼とともにいなかった。彼がいる場所もなかった。彼がそこからやってくる場所もなかった。彼が行く場所もなかった。作る際に型としてもちいるべき原初の形もなかった。ものごとをなすときに伴われる困難もなかった。自由に使え、それをもとにものを生み出す素材もなかった。生み出すものを生み出す物質をみずからのなかにもっていなかった。働く対象に向かってともに働く者もいなかった。このようなことを口にするのは、無知なことである」。

16. 四世紀後にもヨハネス・ピロポノスによって、この論理が、同じ反論をするためにもちいられることになる。彼は、芸術家の創造とは、もとから存在する要素を新たな形で配置する活動であり、自然世界の創造とは、生命のない物質から生命を生み出すことであると定義した。神の創造は、無から素材を生み出すことができるため、このどちらよりも優れている。

17. それにもかかわらず、バシリデスの世界についての他の面での見解は、主要なキリスト教の伝統において取り入れられたものとは違っていた。神は、最初の条件を定めた以降は、宇宙を展開させるにあたりそれ以上の役割は果たさなかったと考える点で、バシリデスは理神論者であったようだ。神の創造的な活動は、ただひとつの行いに制限されていた。

18. F.M. Cornford, *Microcosmographia Academica*, Cambridge University Press (1908), p. 28.

19. N. Rescher, *The Riddle of Existence*, University Press of America, Lanham (1984), p. 2 を参照。

20. J.D. Barrow, *Impossibility*, Oxford University Press (1998).〔松浦俊輔訳『科学にわからないことがある理由』青土社〕

21. N. Malcolm, *Ludwig Wittgenstein: A Memoir*, Oxford University Press (1958), p. 20.〔板坂元訳『ウィトゲンシュタイン』平凡社〕

22. M. Heidegger, *Introduction to Metaphysics*, Yale University Press, New Haven (1959)〔川原栄峰訳『形而上学入門』平凡社ライブラリー〕; L. Wittgenstein, *Tractatus Logico-Philosophicus*, London (1922), section 6.44.〔野矢茂樹訳『論理哲学論考』岩波文庫〕

23. H. Bergson, *Creative Evolution*, trans. A. Mitchell, Modern Library, NY (1941), p. 299.〔合田正人ほか訳『創造的進化』ちくま学芸文庫〕この種の、集合論的な基盤にもとづき無から何かを呼び出すことは、*Gravitation* by C. Misner, K. Thorne & J.A. Wheeler, W.H. Freeman, San Francisco (1972)〔若野省己訳『重力理論』丸善出版〕の最終章と、P. Atkins, *The Creation*, W.H. Freeman, San Francisco (1981) の議論においても言及されている。

24. たとえば、三角形の三つの内角の和は、ユークリッド幾何学では一八〇度であるが、非ユークリッド幾何学ではそうではない。

25. A. Hodges, *The Enigma of Intelligence*, Unwin, London (1985), p. 154.

26. J.D. Barrow, *Impossibility*, Oxford University Press (1998).〔松浦俊輔訳『科学にわからないことがある理由』青土社〕

27. 算術の陳述には、それが真であることや偽であることが、算術の規則や公理をもちいて証明できないようなものがあるという性質。さらなる議論については、J.D. Barrow, *Impossibility*, Oxford University Press (1998) を参照。〔『科学にわからないことがある理由』〕

28. R. Penrose, *The Emperor's New Mind*, Oxford University Press (1989).〔林一訳『皇帝の新しい心』みすず書房〕

29. N. Rescher, *The Riddle of Existence*, University Press of America, Lanham (1984), p. 3.

30. T. Joseph, 'Unified Field Theory', 一九七八年四月六日付『ニューヨークタイムズ』紙。

31. アインシュタインは、物理学の理論において、無限と特異点は受け入れられないと考えていた。プリンストン高等研究所で助手を務めていたピーター・バーグマンは、次のように書いている。「アインシュタインはいつも、古典的な場の理論における特異点には我慢がならないと言っていた。古典的な場の理論から見てどこが我慢がならないかというと、特異な領域は、自然の前提となる法則の破れを表すからだ。これを別の方向からとらえると、特異点を含む、しかも避けがたく含む理論は、それ自身の崩壊の種を内部に抱えていると私は思う」。H. Woolf, *Some Strangeness in the Proportion*, Addison Wesley, MA (1980), p. 156 に寄稿。

32. 数学的な概念の最近の概要については、S.W. Hawking & R. Penrose, *The Nature of Space and Time*, Princeton University Press (1996) 第一章を参照〔林一訳『ホーキングとペンローズが語る時空の本質』早川書房〕。具体的な解説については、J.D. Barrow & J. Silk, *The Left Hand of Creation* (2nd edn.), Penguin, London and Oxford University Press, New York (1993) を参照〔林一訳『宇宙はいかに創られたか』岩波書店〕。

33. 最近発見されたマイクロ波背景放射は、この要件を十分に満たしていた。

34. 密度や温度などの物理的な無限な量をともなわない、不完全な歴史が起こることが知られている。しかし、これらの例が、ある意味ではアインシュタインの方程式の典型的ではない解ではないかと推測されていながら、一般的には証明されていない。ペンローズのもとの定理は、物質の崩壊する雲（逆向きに膨張する宇宙のようなもの）の状況については証明された。続いて、ホーキングとペンローズは、とくに宇宙論に適用される類の定理を証明した。研究の詳細については、S.W. Hawking & G.F.R. Ellis, *The Large Scale Structure of Space-time*, Cambridge University Press (1973) を参照。

35. J. Earman, *Bangs, Crunches, Whimpers, and Shrieks: singularities and acausalities in relativistic spacetimes*, Oxford University Press (1995).

36. アインシュタインの方程式において、宇宙定数を真空エネルギーと解釈すると、その圧力 p と密度 ρ は $p = -\rho c^2$ という関係を満たすため、重力に反発する一種の物質のようにふるまう。物質が、もう少し弱い条件である $3p < -\rho c^2$

を満たすときにはいつでも、重力への反発が生じる。特異点定理では、$3p > -\rho c^2$ と仮定されている。

37. M. Eliade, *The Myth of the Eternal Return*; J.D. Barrow & F.J. Tipler, *The Anthropic Cosmological Principle*, Oxford University Press (1986) も参照。

38. これら二つの特異点の構造が大きく違うこともおおいにありうる。宇宙が膨張の段階にあるときに、不規則性が発展する傾向にある。収縮の段階においても、不規則性がさらに増幅され、最終的な特異点においては、極端に不規則になる。

39. ここでは、宇宙が跳ね返った瞬間、熱力学の第二法則に反することは何も起こらないという大きな仮定が立ててある（あるいは、そのような「法則」が当てはまるという仮定）。

40. これは R.C. Tolman の二篇の論文によって初めて指摘された。'On the problem of the entropy of the universe as a whole', *Physical Review*, 37, pp. 1639-1771 (1931) and 'On the theoretical requirements for a periodic behaviour of the universe', *Physical Review*, 38, p. 1758 (1931). 最近、詳細な分析がふたたび行われた。J.D. Barrow and M. Dabrowski, 'Oscillating Universes', *Mon. Not. Roy. Astron. Soc*, 275, pp. 850-62 (1995).

41. たとえば、E.R. Harrison, *Cosmology: the science of the universe*, Cambridge University Press (1981), pp. 299-300 を参照。

42. A. Swinburne, 'The Garden of Proserpine', *Collected Poetical Works*, p. 83.

43. F. Dyson, 'Life in an open universe', *Reviews of Modern Physics*, 51, p. 447 (1979).

44. J.D. Barrow & F.J. Tipler, *The Anthropic Cosmological Principle*, Oxford University Press (1986), chap. 10.

45. 一定量の情報を処理するために必要とされる絶対的なエネルギーの最小値は、熱力学の第二法則によって決まる。ΔI が処理をする情報のビット数であれば、第二法則から、$\Delta I \leq \Delta E/kT\ln 2 = \Delta E/T(\mathrm{ergs/K})(1.05\times 10^{16})$ であることが求められる。ここでTはケルヴィン度の温度、kはボルツマン定数、ΔE は消費される自由エネルギーである。温度が絶対ゼロ度以上なら（熱力学の第三法則で求められるように、$T>0$）、情報一ビットを処理するために消費されるはずのエネルギーの最小値がある。この不均衡はブリュアン帯のために生じる。

46. S.R.L. Clark, *How to Live Forever*, Routledge (1995) を参照。

47. *The Anthropic Cosmological Principle* 前掲書 p. 668 を参照。

48. 現在の観測から、これは私たちの宇宙では起こらないと思われる。宇宙は、局所的には永遠に膨張し続けるように定められているようであり、永遠のインフレーションのシナリオが正しいなら、大局的にも膨張を続けるだろう。最近、ジョアオ・マゲイジョとレイチェル・ビーンと筆者が（'Can the Universe escape eternal inflation?', *Mom. Not. Roy. Astron. Soc*, 316, L41-44 [2000]）、宇宙が加速的な膨張から逃れる方法を発見した。もしも宇宙にスカラー場があり、急な坂道の途中で、局所的最小値をもつ小さなU字形の割れ目のある位置エネルギーの景観を転がり落ちているのなら、スカラー場は、この谷を通過して、短期間のインフレーションを発生させることになる。スカラー場はさらに坂道を登り、それからふたたび坂を下っていく。これが起こると、膨張の加速が止まり、宇宙がその歴史の大半を過ごしてきた、通常の減速的な膨張に戻る。こういう形をもつ位置エネルギーの景観は、高エネルギーでのひも理論において特定されている。これは、宇宙論にも当てはまると、A. Albrecht and C. Skordis, *Phys. Rev. Lett.*, 84, pp. 2076-9 (2000) において述べられているが、終わりのないインフレーションの状態にいたると予想されている。

49. これは少なくとも、三〇〇億年先のことであるはずだ。宇宙定数のエネルギーが崩壊せず、膨張が永遠に続くように思われても、将来、特異点に遭遇することがありうるということを認識しておくべきだ。重力の衝撃波が光の速さで向かってきて、警告もなく私たちにぶつかることもあるだろう。

訳者あとがき

本書は、John D. Barrow, *The Book of Nothing* (Vintage Books: London, 2001) を訳出したものである。著者のバロウは、イギリスの天体物理学者、数理物理学者で、ケンブリッジ大学の応用数学・理論物理学科の教授を務めている。また、宇宙論と数学を中心に、サイエンス・ライターとしても活躍し、邦訳も一〇を超える数が刊行されている。

本書では、「無」(Nothing) をテーマに据えて、哲学的な非存在から、数学的な概念であるゼロ、空気中の真空、宇宙のなかの真空など、あらゆるスケールにおける無について考察している。第一章では、現代人からするとあって当然のように思われる数字のゼロが出現するには何千年もの年月がかかったことが語られている。ゼロの記号を発明したのは三つの文明だけだった。バビロニア文明では紀元前二〇〇〇年頃に位取り記数法が発明されたが、ゼロ記号はまだ存在せず、空間をあけることで対応していた。その後一五〇〇年を経てようやく桁の空白を示すためのゼロ記号が作られた。同じくマヤ文明でも、位取り記数法において何もないことを示すゼロの絵文字がもちいられた。古代インドでは紀元前三〇〇〇年頃に数学が発達し、おそらく西暦五〇〇年前後になってゼロ記号が出現した。インドにおいては、ゼロは桁の空白を示すために使われただけでなく、数字としての性質ももち、ゼロの関わる四則計算の定義まで定められた。このインドで発明された数字のゼロがアラビア文明に伝わり、現在、世界中で使われている。

第三章では、「物理的な真空が存在するか」という疑問をめぐる、古代ギリシアから現在にいたる科学者の考察が記されている。アリストテレスは「自然は真空を嫌う」と述べたが、一七世紀になると、ガリレオの弟子トリチェリや、パスカルが水銀柱を使った実験を行い、真空が生成されることを確かめた。その後、空間はエーテルという希薄な物質で満たされているという説が唱えられ、真空の存在が否定されたが、アインシュタインの特殊相対性理論によってエーテルが必要ではないことが証明された。しかしながら、量子論によって、空間には、取り除くことが決してできない基本的なエネルギー（真空エネルギー）が存在することが明らかにされた。さらに第六章以降では、宇宙の起源や膨張と、真空との関係が論じられ、真空状態の変化（真空のゆらぎ）が、宇宙のインフレーション（膨張の加速化）を引き起こし、宇宙に複雑な構造が発生して銀河や星が形成され、生命の誕生につながったとする宇宙論が展開される。

また、数を数えるにあたりゼロを表記することや、空気のなかに何もない領域（真空）が存在すると主張することが、神が世界を創造する以前に無が存在したのかという宗教の根源にかかわる問題であったなど、科学と宗教間での攻防の歴史についてもくわしく解説されている。このように多岐に渡る分野において、数学のゼロ、神話における世界の起源、物理学の真空、シェイクスピアの無についての言葉遊びなど、無の表れがどんどんと移り変わって論じられていくようすは魅力的だ。

著者は本書に呼応して、『無限の話』(*The Infinite Book*(2005))を執筆している〔松浦俊輔訳/青土社〕。ゼロと無限という、現代では認知され、すっかり理解したつもりになっている二つの概念の根本的な姿と奥行きの深さを知るために、本書とあわせて読むのも楽しいだろう。数学の領域においては、何もないことを示すゼロと、膨大な数をさらに超えるものを指す無限とが、両極端のペアとなっている。また、宇宙の将来には、無限に膨張し続けるか、重力によってつぶれて無に帰すかのいずれのシナリオも考えられる。このように、ゼロと無限は密接に絡み合い、どちらも謎めいている。

本書の翻訳は、青土社の篠原一平氏のお世話で手がけることになった。また、編集の実務については、同社編集部の贄川雪氏に見てもらった。もちろん、同社よりすでに刊行されている著者の邦訳の数々を参考にさせてもらったことは言うまでもない。ここに記して感謝申し上げる。

小野木明恵

二〇一三年九月

索引

あ行

か行

さ行

た行

な行

は行

ま行

や行

ら行

数字・アルファベット

THE BOOK OF NOTHING by John D. Barrow
Copyright © 2000 by John D. Barrow

Japanese translation rights arranged with The Random House Group Limited
through Owls Agency Inc.

無の本　ゼロ、真空、宇宙の起源

2013年10月25日　第1刷印刷
2013年10月31日　第1刷発行

著者　ジョン・D・バロウ
訳者　小野木明恵

発行者　清水一人
発行所　青土社
東京都千代田区神田神保町1−29　市瀬ビル　〒101−0051
電話　03−3291−9831（編集）　03−3294−7829（営業）
振替　00190−7−192955

印刷所　双文社印刷（本文）
方英社（カバー、表紙、扉）
製本所　小泉製本

装幀　岡 孝治

ISBN978−4−7917−6736−6　Printed in Japan